郭魂强 编著

西北大学出版社·西安·

图书在版编目（CIP）数据

走进工匠精神 / 郭魂强编著. -- 西安 : 西北大学出版社, 2024. 10. -- ISBN 978-7-5604-5532-7

Ⅰ. B822. 9

中国国家版本馆 CIP 数据核字第 2024DX6624 号

走进工匠精神

ZOUJIN GONGJIANG JINGSHEN

编　　著　郭魂强
出版发行　西北大学出版社
地　　址　西安市太白北路 229 号
邮　　编　710069
电　　话　029-88303059
经　　销　全国新华书店
印　　装　西安华新彩印有限责任公司
开　　本　787mm×1 092mm　1/16
印　　张　17. 75
字　　数　291 千字
版　　次　2024 年 10 月第 1 版　2024 年 10 月第 1 次印刷
书　　号　ISBN 978-7-5604-5532-7
定　　价　86. 00 元

执着专注
一丝不苟

精益求精
追求卓越

——题记

序　一

翻开《走进工匠精神》这本书时，我们正在学习中共中央、国务院印发的《关于深化产业工人队伍建设改革的意见》，魂强正是以媒体人的视角对我们产业工人进行宣传，以营造崇尚劳模、尊重劳动、尊崇工匠的社会氛围。写序，我的内心有些忐忑不安，但认真翻阅该书并静心思考后，还是有很强烈的感触，于是欣然尝试着与《走进工匠精神》碰撞一下心灵，和大家一起开启一段探索工匠精神真谛的旅程。

在这个浮躁而又快节奏的时代，工匠精神似乎成了一种稀缺而珍贵的品质，它不仅是制造业发展的灵魂，也是推动整个社会进步的重要力量。回想我初入行业时，手中的刀具是那样陌生，感觉刀具技艺是那样高深，而我自己懵懵懂懂却又充满了好奇，正是那份对未知的渴望，驱使着我不断跟着师傅学习，深究其中的奥妙。其实，我的工作非常简单，就是用特制的刀具对固体火箭发动机推进剂药面进行修整，大家都称我是“火药雕刻师”，拿的刀具叫“整形刀”，但我“雕刻”的不是工艺品，而是固体火箭发动机的固体燃料，要是不小心就会瞬间引起燃烧甚至爆炸。而我这把“整形刀”一拿就是30多年，从来没有失误过，也不敢失误。在岁月的长河中，我以工匠的身份见证了技艺的传承与创新，也深刻领悟到工匠精神的内涵与价值。

什么是工匠精神？我的理解就是：不为外界的喧嚣所扰，不为短暂的利益所动，只对技艺极致地追求，将灵魂融入其中，赋予作品以生命。一是要在传承中坚守，我们手中的技艺都是前辈们智慧的结晶，要有一种源自内心的热爱与执着，干任何工作都会有枯燥的时候，但就是在一遍又一遍地重复着枯燥，一次又一次地在挫折中传承坚守。二是精益求精，是对细节的一丝不苟，更是对完美的不懈追求，我们不能只满足基本要求，更要做到极致。三是创新，不仅仅是装备的创新，还有技术的创新。在我看来，我所工作的领域虽然手工操作居多，但未来有望实现机械化，甚至智能化，将操作人员从危险的工作中解放出来。

当然，我们的坚守并非固步自封，而是将传统与现代相结合，让古老的技艺在新时代焕发出新的生机与活力。随着科技的进步与发展，工匠精神还意味着不断创新与突破。“立平刀”就是我看见儿子用电动器削苹果，突然来了灵感而创造发明出来的，后来经过不断摸索和实践，一个半自动整形专用刀具便诞生了，单位将这个刀具命名为“立平刀”。这些年，我设计、制作和改进了几十种刀具，满足了日益复杂的整形型面的加工需求。为了提高安全，我通过自学数控编程、加工技术，并带领团队摸索出使用数控机床加工危险性高的固体推进剂的参数、路径和程序，将先进技术应用于实际生产中，消除了整形过程中的安全隐患，工作效率提升6倍以上。正是在不断追求创新和挑战的道路上，我们不断克服困难和阻力，在一次次的尝试中突破自我，实现从“技术工人”到“大国工匠”的转变。

另外，工匠精神也是一种团队合作的精神。在我们的团队中，没有个人英雄主义，只有集体的智慧和力量。工匠精神不仅体现了个体对工作的高标准要求，也在团队合作中发挥着重要作用，促使团队成员共同追求卓越，实现共同的目标。在把工作安全细致做好的同时，我致力于将更多年轻人迅速培养成技术骨干，把我30多年的工作经验和技能毫无保留地教给青年职工。目前，已培养出5名国家级高级技师，12名国家级技师，班组一直保持着安全生产零事故、危险操作零失误的纪录。只有团结合作，我们才能攻克一个又一个的难关，完成一项又一项的伟大工程。我们看到的那些精美的产品、宏伟的建筑、先进的科技成果，无不是工匠精神的结晶。

《走进工匠精神》这本书，是对工匠精神的一次探索与致敬，或许它无法告诉我们如何成为一名工匠，但它能引领我们走进工匠的世界，展现工匠精神的魅力所在，让我们感受到工匠的那份专注、执着与坚持，让我们明白工匠精神存在于每一个用心做事的瞬间，存在于每一个追求卓越的灵魂之中。或许，眼下还有很多人急于求成，追求眼前的利益，忽略了工匠精神的本质内涵，希望通过这本书激发更多的人去追求工匠精神，坚守那份工匠之心，让这种精神在我们美好的新时代得以传承和发扬。愿每一位读者，都能在自己的人生道路上，找到那份属于自己的工匠精神，用心去雕琢自己的学习、工作和生活，用爱、用双手去创造美好的未来。

幸甚，遂为之序！

徐立平

2024年10月15日

（徐立平，中国航天科技集团有限公司第四研究院7416厂高级技师，陕西省总工会兼职副主席，第十三届、第十四届全国人大代表，曾荣获“大国工匠年度人物”“全国五一劳动奖章”“时代楷模”“感动中国年度人物”“新中国成立70周年最美奋斗者”“三秦楷模”等）

序　二

接到魂强说给新书《走进工匠精神》写序的电话，我正好在清华大学参加大国工匠人才训练营，这是全国总工会为落实习近平总书记关于大国工匠的重要指示而开展的大国工匠培育计划。我是一名来自企业生产一线的技工，重温今年9月和11月两期的培训班所学，翻阅着《走进工匠精神》，我对工匠精神的内涵和作用理解得比以往更加深入、更加透彻了。因此，说是写序，其实对我来说更多的是学习。在书中所列的众多带有传奇色彩的大国工匠前辈和老师面前，我自感还是十分渺小的。所以勉为其难地"班门弄斧"说几句，就算是为我们这个工匠群体尽一份作为人大代表的职责吧。

魂强以媒体人的笔触，聚焦我们工匠这个群体，帮助我们深刻领会工匠精神内涵，宣传弘扬工匠精神，使我们更好地发挥工匠模范带头作用，继而引领广大职工走技能成才、技能报国之路；号召推动全社会关注工匠群体，并为工匠群体培训成长营造良好社会氛围，促使社会涌现出更多的大国工匠，进而推动我国创新型国家和社会主义现代化国家目标的实现。

书中在阐述工匠精神概念时，列举了大量工匠事例，里面既有不少大家耳熟能详的中国古代工匠，像鲁班、梓庆、张衡等，他们都是中国古代匠人的典范人物和所在行业的开山鼻祖，又有近现代令人敬仰的纺织女工郝建秀、抗日援华医生白求恩等，还有意大利、瑞士、德国、日本、美国等国家的工匠事例，可见工匠精神既无断代又无国界。

《弘扬工匠精神的中国楷模》一章所列举的大国工匠之星、中国老牌企业、中国现代企业、三秦工匠之星的事例，都堪称我们这个时代的精神标杆、精神旗帜，大力弘扬和传承这些中国楷模的工匠精神、中国楷模企业的工匠文化，会一传十、十传百，相互感染、竞相仿效，从而在全社会形成学习先进典型的风气。这样,我国也就离重回“匠人之国”“匠品之国”的目标不远了。

我们的“工匠精神”,有的国家叫“劳动精神”,有的国家叫“职业精神”,还有的国家叫“达人精神”,虽然名称有所差异,但精神要义并无本质区别,都在强调精益求精,也都要求日积月累。了解学习别国的工匠精神,有利于我国工匠群体开阔国际视野,有利于我国品牌产品更好地融入世界,有利于我国与世界各国开展工匠文化交流互鉴。

在新时代,我国科技创新实现了突飞猛进的发展,迈入了5G/6G时代,跨入了人工智能时代,这时候还需要继续传承这种看似有些古老的工匠精神吗?该书给出了明确答案。新时代传承和弘扬工匠精神仍具有重大意义,于职工个人成长,于企业占领市场制高点,于国家制造转型升级,于我国参与“一带一路”建设,乃至于以中国式现代化实现中华民族伟大复兴,都有不可缺少的现实意义、发展意义和战略意义。因此,工匠精神永不过时。

一个工匠的培育成功,不是一蹴而就的,而是需要各方面付出巨大心血并持之以恒,古代如此,现在更如此。这需要职工个人、所在企业、全社会乃至国家层面协同发力、共同打造。

我十分推崇书中的一句话——“真正的工匠精神是一种思维状态”。愿我们每位职工,都能时刻保持“执着专注、精益求精、一丝不苟、追求卓越”的思维状态和精神风貌,全神贯注做好各自的工作,且全力做到极致,以历久弥新的匠人之心,创造出愈来愈多的物质文化匠品,共同推动全社会的高质量发展。

田浩荣

2024年10月19日

(田浩荣,宝鸡机床集团有限公司机床性能试验室装配钳工、高级技师,第十三届全国人大代表,曾荣获“全国劳动模范”“改革开放40周年中国机械工业百名工匠”“陕西省首席技师”“三秦工匠”等)

自　序

《走进工匠精神》终于和大家见面了，历时几年，几易其稿，自知才疏学浅，不足驾驭，但内心还是非常渴望编写，并力求系统、全面、准确、可读。

2016年11月8日，记者节当天，我的调查报道作品集《守望》由人民日报出版社出版发行。从那时起，我便暗下决心，再寻找有时代意义和历史价值的选题。偶然间，陕西省纪委马银录老师建议尝试编写工匠精神类的书籍，恰好同年全国两会上，"工匠精神"第一次被写入《政府工作报告》，"鼓励企业开展个性化定制、柔性化生产，培育精益求精的工匠精神，增品种、提品质、创品牌"。我为之振奋，这是以国家的名义传承、弘扬和重塑工匠精神，是更大范围的国家行动，更是新时代的迫切呼唤。于是，我在马银录老师的大力支持下，利用空余时间搜集资料，将其整理编写成书。

其实，工匠精神不是舶来品，中国曾经是世界上最大的"原创之国""匠品之国""匠人之国"。特别是丝绸之路开启后，中国匠品一直都在影响着世界，无论在哪个时代，能工巧匠都能成为那个时代先进生产力的代表。千百年来，华夏工匠创造了令世界仰止的科技文明。"良田百顷，不如薄艺在身""技多不压身"等工匠文化成为民间信仰的重要组成部分，潜移默化中孕育了中国工匠独特的敬业精神。

党的十八大以来，习近平总书记多次论述工匠精神，并强调要大力弘扬工匠精神。党的十九大报告中指出："弘扬劳模精神和工匠精神，营造劳动光荣的社会风尚和精益求精的敬业风气。"当下，工匠精神正成为新时代的热词，而热度的背后是从古老而朴素的文化源头重新出发。2020年12月24日，全国劳动模范和先进工作者表彰大会召开，习近平总书记指出："在长期的实践中，我们培育形成了执着专注、精益求精、一丝不苟、追求卓越的工匠精神。"2021年9月，党中央批准了中宣部梳理的第一批中国共产党人精神谱系,其中,“工匠精神”成为伟大的精神谱系之一,至此,工匠精神经历了从行业规范到政府政策话语,再到意识形态的重大转变。2023年10月23日,在同中华全国总工会新一届领导班子成员集体谈话时,习近平总书记强调:“要大力弘扬劳模精神、劳动精神、工匠精神,发挥好劳模工匠示范引领作用,激励广大职工在辛勤劳动、诚实劳动、创造性劳动中成就梦想。”在2024年五一国际劳动节到来之际,习近平总书记殷切希望广大劳动群众大力弘扬劳模精神、劳动精神、工匠精神,爱岗敬业、创新创造,踊跃投身以高质量发展推进中国式现代化的火热实践,为全面推进强国建设、民族复兴伟业而不懈奋斗。习近平总书记关于工匠精神的重要论述,不但继承和丰富了马克思主义劳动观和劳动价值理论,而且传承了“道技合一”的中华优秀传统文化,更是着眼于实现中华民族伟大复兴中国梦的战略全局而提出的,是习近平治国理政的经验总结与科学升华。

今天的中国在高科技领域有了一席之地,在5G/6G技术、新能源汽车等领域实现了自主技术输出,人工智能、高铁技术、生物技术、航天技术和金融科技等都走在了世界前列。这些成绩的取得,是现代中国人追求极致匠人精神的体现,是对中国古代工匠精神的传承和发扬,同时也是认真鉴别、合理吸收学习世界其他民族先进文化的成果。依靠学习走向未来,成为中国共产党治国理政的一大鲜明特色。“建设学习大国”更是党把自身有关学习的意志和主张上升为国家意志和主张,体现了新时代我们党高度的学习自觉、自信和自强,彰显了中国共产党作为一个成熟型政党的开阔胸怀和世界眼光。

本书主要围绕工匠精神概述、弘扬工匠精神的中国楷模、国外工匠精神及其代表、弘扬工匠精神的新时代意义以及弘扬工匠精神的主要路径等五部分展开。

同时,本书也提出了弘扬工匠精神的建议和意见,用世界的眼光审视当下工匠文化的土壤,呼吁全社会都应该重视和弘扬工匠精神。众所周知,优秀工匠的培育不是一蹴而就的,也不只是停留在口号上,而是要付诸行动,更要在制度上做好设计,通过物质和精神奖励等手段,培养一批有创新思维的专精人才,要对工匠精神赋予新的时代内涵,其早已超越了工匠群体而延伸到更广泛的行业,工匠精神是人们愿意接受、内心崇尚、美好的行为价值观，工匠精神能满足与引领当前社会发展需要。弘扬工匠精神不但需要观念的更新，更需要国家战略、国家意志，提升职业教育地位、重视技能型人才培养、提高工匠福利待遇、培育工匠文化的肥沃土壤，使工匠安心在自己领域里追求极致、精益求精，并将技术与精神一代代传承下去。

古往今来，工匠精神一直都在改变着世界，热衷于技术与发明创造的工匠精神是每个国家活力的源泉。我们弘扬工匠精神不是呼吁大家重回传统工匠手艺，而是在新质生产力和制造业产业链支撑下传承工匠所代表的如痴钻研、精益求精、追求完美品质的精神。真正的工匠精神是一种思维状态，是国家强盛的重要力量。中国的创新驱动发展更呼唤工匠精神的回归，参与经济全球化的市场竞争，中国产品必须以品质取胜。要实现从"制造大国"向"制造强国"、从"中国制造"向"中国智造"的转变，工匠精神正是"中国制造"亟待补上的"精神之钙"，要以新时代工匠精神塑强新质生产力，赋能企业这一市场主体的变革性发展。新质生产力由原创性、颠覆性科技创新推动，应从源头和底层解决关键技术问题，而人才是新质生产力中最积极、最活跃、最根本的因素，支撑创新驱动的根本是创新型人才，其中包括能工巧匠和高级技师。习近平总书记强调，劳动者素质对一个国家、一个民族发展至关重要。技术工人队伍是支撑中国制造、中国创造的重要基础，对推动经济高质量发展具有重要作用。大力弘扬工匠精神，有利于建设创新型国家，也是建设质量强国和文化强国的需要，更是实现中华民族伟大复兴的使命呼唤。

书名经过几次调整，从《弘扬工匠精神》到《走近工匠精神》再到《走进工匠精神》，其中的味道不言而喻。让我们一起用心走进大国工匠的故事里，用情身临其境感受匠人的精神世界，用力引领"匠品之国"的民族自豪感和自信心，用劲高歌"匠人之国"新时代的最强音。

郭魂强

2024 年 10 月于人民日报社陕西分社

目录

CONTENTS

第一章 工匠精神概述

第一节 工匠精神是对古代“匠人之国”的传承与发展 / 2

第二节 工匠精神是对工作的精益求精 / 16

第三节 工匠精神是对责任使命的敢于担当 / 21

第四节 工匠精神是职业精神的集中体现 / 27

第五节 工匠精神是对职业高度的社会认同 / 42

第二章 弘扬工匠精神的中国楷模

第一节 大国工匠之星 / 48

第二节 中国老牌企业 / 78

第三节 中国现代企业 / 86

第四节 三秦工匠之星 / 98

第三章 国外工匠精神及其代表

第一节 意大利工匠精神及其代表 / 132

第二节 瑞士工匠精神及其代表 / 137

第三节 德国工匠精神及其代表 / 144

第四节 日本工匠精神及其代表 / 153

第五节 美国工匠精神及其代表 / 166

第四章　弘扬工匠精神的新时代意义

第一节　弘扬工匠精神是实现员工自我价值的革新要求 / 176
第二节　弘扬工匠精神是帮助企业占领市场制高点的神兵利器 / 182
第三节　弘扬工匠精神是推动中国制造转型升级的强大动力 / 188
第四节　弘扬工匠精神是参与“一带一路”建设的重要抓手 / 192
第五节　弘扬工匠精神是实现中华民族伟大复兴的使命呼唤 / 198

第五章　走进工匠精神的主要路径

第一节　重视人才,建立健全弘扬工匠精神体制 / 204
第二节　完善制度,营造工匠成长的良好社会氛围 / 211
第三节　加强培训,推行终身职业技能培训制度 / 222
第四节　锤炼自己,充分发挥个人主观能动性 / 230

附录一　/ 235
附录二　/ 242
附录三　/ 248
附录四　/ 254
附录五　/ 261
参考文献 / 266
后　记 / 268

第一章

工匠精神概述

工匠，又被称为手艺人、匠人，指的是精通某一技艺，并以该技艺作为生存手段的人，历史上最具代表性的工匠当数春秋末战国初期的鲁班。

工匠精神是指工匠不仅要具有高超的技艺和精湛的技能，还要有严谨、细致、专注、负责的工作态度和精雕细琢、精益求精的工作理念，以及对职业的认同感、责任感、荣誉感和使命感。可以高度概括为“执着专注、精益求精、一丝不苟、追求卓越”。

在2016年全国两会上，国务院总理李克强在《政府工作报告》中指出：“鼓励企业开展个性化定制、柔性化生产，培育精益求精的工匠精神，增品种、提品质、创品牌。”这是以国家的名义重拾“工匠精神”，是第一次把“工匠精神”写入《政府工作报告》。这是国家的行动，更是时代的呼唤。

第一节

工匠精神是对古代“匠人之国”的传承与发展

一、中国古代匠人的典范

2300 多年前，我国就有了工匠精神。《庄子·达生》中朴实无华地讲述了一位中国匠人的精神境界与风骨。

梓庆是鲁国的一位木匠，鐻是古代的一种乐器。梓庆用木头雕刻的鐻，见过的人都觉得其精巧程度堪称鬼斧神工。

鲁王惊叹，于是召见梓庆，问：“先生能做出这么精妙的东西，有什么诀窍吗？”

梓庆谦逊地说：“我只是一个木匠，哪有什么奥妙呢！只不过在做工前，我不敢耗费精神，静养聚气，让心沉静。斋戒三天，我不再怀有庆贺、赏赐，获取爵位和俸禄的想法；斋戒五天，我不再心存非议、夸誉、技巧或笨拙的杂念；斋戒七天，我已不为外物所动，似乎忘掉了自己的四肢和形体。之后我便进入山林，观察各种木料，选择质地好、外形最与鐻相合的，此时鐻的形象已经呈现于我的眼前。最后我将全部心血凝聚于此，精雕细刻，用自己的纯真本性融合木料的自然天性制作，器物精妙似鬼神之工，也许是因为这些吧。”

梓庆的言行充分反映了中国古人的工匠精神：

一是专注身心、追求极致。每一件作品，若想达到精致和完美，都必须把工作的每个环节做细、做到位。梓庆做鐻，先用七天的斋戒使身体和精神达到最佳状态，再走进山林选择木料。选料时已经在脑海中勾画出鐻的形象，认真寻找匹配的木料后才动手取之。一旦进行雕刻，则聚气凝神，全身心地投入。

二是宠辱不惊、忘名忘利。与今天许多人做事希望利益回报立竿见影相比，梓庆的做法体现出中国古代匠人的更高境界。“斋三日，而不敢怀庆赏爵禄；斋五日，不敢怀非誉巧拙。”梓庆在做𫓧之前，把功劳、地位、金钱、非议、毁誉通通放下，只专心于工作，达到了宠辱不惊的境界。

三是敬畏自然、追求天人合一的境界。术到极致，几近于道。梓庆作为一名杰出的匠人，在选材前全然地净化自己，带着对自然和生命的极大敬畏去选材。“斋七日，辄然忘吾有四肢形体也。”在制作𫓧时令自己达到忘记自我、与自然融为一体的境界，灌注匠人的生命之魂去制作产品，这种天人合一的境界不就是“道”吗？

今天，全球那些优秀的企业家和卓越的匠人，不都在毕生追求这一境界吗？

二、工匠精神的不断传承和发展

工匠精神并不是舶来品，从古至今，中国从不缺少匠人精神。中国曾经是世界上最大的原创之国、匠品出口国、匠人之国！准确地说，中国的匠人造就了一部匠品史。

从公元前200年至公元18世纪，2000余年的农耕经济时代，中国一直是全世界最大的产品输出国，中国的丝绸、瓷器、茶叶、漆器、金银器等精美的产品是世界各国王室贵族和富裕阶层的宠儿。

在马王堆汉墓出土的西汉直裾素纱禅衣距今已有2200余年，其薄如蝉翼，用料2.6米^2，仅重49克。中国书法、绘画、雕塑、手工艺术品等，目前仍是许多博物馆引以为傲的镇馆之宝，并不断刷新全球拍卖纪录……

自丝绸之路开启，中国古代能工巧匠所生产的匠品，一直都在影响着世界。古代中国是名副其实的“匠人之国”和“匠品之国”。

步入各大博物馆工艺品展区，目睹那些载入史册的完美之作，就会自然联想到“依天工而开物，法自然以为师”的古代匠人们。千百年来，华夏“大国工匠”，用他们的双手和智慧，创造了令西方仰止的古代科技文明，由他们凝聚起来的工匠精神，也在不断酝酿、发酵，直至成为中华民族传统文化的重要精神支柱之一。

无论在庙堂上还是江湖间,每一个时代巧思运筹的工匠都成为那个时代先进生产力的代表,由他们生发出来的工匠精神亦成为社会的核心价值观之一。韩非子在《五蠹》中提到率先民"构木为巢"的有巢氏和"钻燧取火"的燧人氏,均是因为拥有了独门技艺而得以"王天下"。唐代后期的敦煌文献《谨案二十五等人图并序》中用了这样的文字来描述传统工匠:"工人者,艺士也。非隐非仕,不农不商……虽无四人之业,常有济世之能,此工人之妙矣。"这是对能工者、善工者的歌颂,对工匠精神的至高认同。而在民间,工匠文化同样获得了广泛的认同与尊重,诸如"良田百顷,不如薄艺在身""技多不压身"等说法不胜枚举,工匠文化渐成民间信仰的重要组成部分。正是出于这种朴素认知,民众愿意学手艺,愿意将手艺练得精益求精,潜移默化中也孕育了中国工匠独特的敬业精神。

随着工匠精神蔚然成风,工匠精神的内涵和要义,也在历代人的推敲中逐渐显现出来。"如切如磋,如琢如磨",本是《诗经》里描述工匠制作骨器、象牙、玉石的字眼,至宋代,理学家朱熹对其进行了更高层次的阐述和提升,他说:"言治骨角者,既切之而复磋之;治玉石者,既琢之而复磨之;治之已精,而益求其精也。"精益求精,在现代语境中被认为是"工匠精神"核心和精髓的表述,首次出现在历史文丛中。再后来,清代文学家、史学家赵翼在《瓯北诗话·七言律》中对其做了进一步的引申和阐述:"盖事之出于人为者,大概日趋于新,精益求精,密益加密,本风会使然……"待到民国时期,孙中山将其扩展到近代工业,概括提炼出"精益求精"精神,这成为当代技术道德的重要规范。

精益求精、心无旁骛地专注于手下世界的"工匠精神",被不断内化、延伸至更广的领域。古人还将工匠精神延伸至文化创作领域,于是,就有了"匠心独运"的说法。古人常以"匠心"喻"文心",比如,刘向在《别录》中就说:"驺奭修衍之文,饰若雕镂龙文,故曰'雕龙'。"此外,文化创作中无论是"打磨""勾画",还是"描摹""推敲""咬文嚼字",都是精益求精的"工匠精神"在文化创作中的呈现。

三、新时代工匠精神的国家行动

《礼记·大学》中记载："苟日新，日日新，又日新。"在新时代语境下，从古老而朴素的文化源头重新出发，"工匠精神"正成为新的时代热词，而热度的背后是一场新的出发。

今天的中国，不仅能在高科技领域实现领先，华为、海尔、格力等中国企业也在其领域内位于世界前沿。这些成就的取得，同样是现代中国人追求极致匠人精神的体现。

实际上，今天中国的工匠精神就是中国古代工匠精神的传承，是时代的呼唤。党的十八大以来，习近平总书记多次论述"工匠精神"，为我们建设制造强国提供了根本遵循。系列论述继承和丰富了马克思主义劳动观和劳动价值理论，传承了"道技合一"的中华优秀传统文化，是着眼于中华民族伟大复兴中国梦的战略全局提出的，是习近平治国理政的经验总结与科学升华。2016 年 12 月 14 日，习近平总书记在中央经济工作会议上强调，要引导企业形成自己独有的比较优势，发扬"工匠精神"，加强品牌建设，培育更多的百年老店，增加产品竞争力。

党的十九大报告中指出："要弘扬劳模精神和工匠精神，营造劳动光荣的社会风尚和精益求精的敬业风气。"2017 年全国两会上，李克强总理指出：质量之魂，存于匠心。要大力弘扬工匠精神，厚植工匠文化，恪尽职业操守，崇尚精益求精，培育众多"中国工匠"，打造更多享誉世界的"中国品牌"，推动中国经济发展进入质量时代。此后在党和国家不同层面都多次提及"工匠精神"，全社会掀起了学习"工匠精神"的浪潮。

2019 年，习近平总书记在"新年献词"中对国之工匠给予肯定和表扬。他说，这一年，中国制造、中国创造、中国建造共同发力，持续改造着中国的面貌。嫦娥四号探月器发射成功，第二艘航母出海试航，国产大型水陆两栖飞机水上首飞，北斗导航向全球组网迈出坚实一步。在此，他要向每一位科学家、每一位工程师、每一位大国工匠、每一位建设者和参与者致敬。同年 9 月 23 日，习近平总书记对我国技能选手在第 45 届世界技能大赛上取得佳绩作出重要指示："要在全社会弘扬精益求精的工匠精神，激励广大青年走技能成才、技能报国之路。"

2020年11月24日,习近平总书记在全国劳动模范和先进工作者表彰大会上指出,在长期实践中,我们培育形成了“执着专注、精益求精、一丝不苟、追求卓越的工匠精神”。同年12月10日,习近平总书记致信祝贺首届全国职业技能大赛举办,强调培养更多高技能人才和大国工匠。

2021年,习近平总书记对职业教育工作作重要指示,各级党委和政府要加大制度创新,政策供给、投入力度,弘扬工匠精神,提高技术技能人才社会地位,为全面建设社会主义现代化国家,实现中华民族伟大复兴的中国梦提供有力人才和技能支持。

2022年4月27日,首届大国工匠创新交流大会召开,习近平总书记致信:“……要大力弘扬劳模精神、劳动精神、工匠精神,适应当今世界科技革命和产业变革的需要,勤学苦练、深入钻研,勇于创新、敢为人先,不断提高技术技能水平,为推动高质量发展、实施制造强国战略、全面建设社会主义现代化国家贡献智慧和力量。”

2023年7月26日,习近平总书记在四川考察三星堆博物馆新馆时强调,文物保护修复是一项长期任务,要加大国家支持力度,加强人才队伍建设,发扬严谨细致的工匠精神,一件一件来,久久为功,做出更大成绩。同年10月,在同中华全国总工会新一届领导班子成员集体谈话时,习近平总书记指出,要大力弘扬劳模精神、劳动精神、工匠精神,发挥好劳模工匠示范引领作用,激励广大职工在辛勤劳动、诚实劳动、创造性劳动中成就梦想。

“新时代新征程,希望你们坚守技能报国初心,弘扬劳模精神、劳动精神、工匠精神,苦练内功、提高本领,继续为建设制造强国、推动东北全面振兴贡献智慧和力量。”这是习近平总书记在2024年9月回信勉励中国一重产业工人代表时所期望的。

要想很好地传承古人的“工匠精神”,我们必须要很好地去学习,从中汲取营养,才能古为今用。强国建设,匠心铸就。迈向新征程,广大党员干部当常怀工匠之心,涵养工匠精神,以一往无前的奋斗姿态担起如山使命,凝聚起奋进新征程的磅礴伟力。

四、中国建筑鼻祖、木匠鼻祖——鲁班

鲁班(前 507 年—前 444 年),春秋末战国初期的鲁国人,姬姓、公输氏,名班,人称公输盘、公输般、班输,尊称公输子,又称鲁盘或者鲁般,惯称鲁班。

2400 多年来,人们把古代劳动人民的集体创造和发明都集中到他的身上。因此,有关他的发明和创造的故事,实际上是中国古代劳动人民发明和创造的故事。鲁班的名字实际上已经成为古代劳动人民智慧的象征。

鲁班,出身于世代工匠家庭,从小就跟随家里人参加过许多土木建筑工程劳动,逐渐掌握了生产劳动的技能,积累了丰富的实践经验。

木工师傅们用的手工工具,如钻、刨子、铲子、曲尺、画线用的墨斗,据说都是鲁班发明的。而每一件工具的发明,都是鲁班在生产实践中得到启发,经过反复研究、试验做出来的。

1.锯子。考古学家发现,居住在中国的人类早在新石器时代就会加工和使用带齿的石镰和蚌镰,这些是锯子的雏形。相传,有一次鲁班进深山砍树时,一不小心,脚下一滑,手被一种野草的叶子划破渗出血来。他摘下叶片轻轻一摸,原来叶子两边长着锋利的齿,他的手就是被这些小齿划破的,鲁班从这件事上得到了启发。他想,要是用这样齿状的工具,不是就能很快锯断树木了吗？于是,他经过多次试验,终于发明了锯子,大大提高了人们的工作效率。

2.曲尺。曲尺最早的名称是“矩”,又名鲁班尺。《墨子·天志(上)》中记载:“轮匠执其规、矩,以度天下之方圆。”规矩,即圆规及曲尺。曲尺由尺柄及尺翼组成,相互垂直呈直角,尺柄较短为一尺,主要为量度之用;尺翼长短不定,最长为尺柄一倍,主要为量直角、平衡线之用。

3.墨斗。墨斗是木工用以弹线的工具。此工具以一斗形盒子贮墨,线绳由一端穿过墨穴染色,已染色绳线末端为一个小木钩,称为“班母”,相传为鲁班母亲发明。班母通常离地面约一寸,固定之后,将已染色线绳向地面弹动,工地以此为地平直线标准。又可以班母固定于高处,墨斗悬垂,以墨斗之重量做坠力,将已染色线绳向壁面弹动,以此为立面直线标准。后石匠师傅以斗线定采集下来的岩石形状,再用其他工具把不要的部分敲

掉,以成所需方石、长石等形状的石料。

4.云梯。云梯是古代攻城用的器械,传说也是鲁班发明的。《墨子·公输》中记载:"公输盘为楚造云梯之械,成,将以攻宋。"《战国策·公输般为楚设机》写到,墨子见公输般时说:"闻公为云梯……"《淮南子》中记载:"鲁班即公输般,楚人也。乃天子之巧士,能作云梯。"《淮南子·兵略训》许慎注:"云梯可依云而立,所以瞰敌之城中。"

5.钩强。钩强也称钩拒、钩巨,是古代水战中用的工具,可钩住或阻碍敌方战船,传说也是鲁班发明的。《墨子·鲁问》中记载:"昔者楚人与越人舟战于江,楚人顺流而进,迎流而退,见利而进,见不利则其退难。越人迎流而进,顺流而退,见利而进,见不利则其退速。越人因此若執,亟败楚人。公输子自鲁南游楚,焉始为舟战之器,作为钩强之备,退者钩之,进者强之,量其钩强之长,而制为之兵,楚之兵节,越之兵不节,楚人因此若執,亟败越人。"

6.石磨。据《世本》记载,石磨也是鲁班发明的。传说鲁班用两块比较坚硬的圆石,各凿成密布的浅槽,合在一起,用人力或畜力使它转动就把米面磨成粉了,这就是我们所说的磨。在此之前,人们加工粮食是把谷物放在石臼里用杵来舂捣,而磨的发明把杵臼的上下运动改变为旋转运动,使杵臼的间歇工作变成连续工作,大大减轻了劳动强度,提高了生产效率,这是古代粮食加工工具的一大进步。鲁班发明磨的真实情况已经无从查考,但是从考古发掘的情况来看,龙山文化时期(距今 4000 余年)已经有了杵臼,因此到鲁班的时代发明磨,是有可能的。

《述异记》中记载,鲁班曾在石头上刻制出"九州图",这大概是最早的石刻地图。此外,古时还传说鲁班刻制过精巧绝伦的石头凤凰。

7.拉水的滑轮也是鲁班发明的。当年鲁班看见乡亲们一头挑着瓦罐,一头挑着一团井绳走上井台,一抽一抽得半天提不上一罐子水来。他觉得乡亲们太辛苦了,于是千思万想又想出了拉水的滑轮,滑轮"转"成了辘轳,辘轳又"转"成了风车,风车又"转"成了水车,就这样转呀转呀,转过去了 2000 多个春秋。

在周穆王时已有简单的锁钥,形状如鱼。鲁班改进的锁钥,形状如蠡,内设机关,凭钥匙才能打开,能代替人的看守。

现代成语“班门弄斧”也是与鲁班有关的一个成语，比喻在行家面前卖弄本领，不自量力。这个成语有时也用作自谦之词，表示不敢在行家面前卖弄自己的小本领。

鲁班奖是1987年由原中国建筑业联合会设立的一项优质工程奖。1993年随联合会的撤销转入中国建筑业协会。1996年根据住建部关于“两奖合一”的决定，将国家优质工程奖和建筑工程鲁班奖合并，奖名定为中国建设工程鲁班奖（国家优质工程）。该奖是中国建筑行业工程质量方面的最高荣誉奖，由住建部指导，中国建筑业协会实施评选。

五、东汉时期著名天文学家、发明家——张衡

张衡（78年—139年），字平子，汉族，南阳西鄂（今河南南阳市石桥镇）人，南阳五圣之一，与司马相如、扬雄、班固并称汉赋四大家。东汉时期伟大的天文学家、数学家、发明家、地理学家、文学家，在东汉历任郎中、太史令、侍中、河间相等职。

张衡在天文学方面著有《灵宪》《浑仪图注》等，数学著作有《算罔论》，文学作品以《二京赋》《归田赋》等为代表。《隋书·经籍志》有《张衡集》14卷，久佚。明人张溥编有《张河间集》，收入《汉魏六朝百三家集》。

张衡为中国天文学、机械技术、地震学的发展作出了杰出的贡献，发明了浑天仪、地动仪，是东汉中期浑天说的代表人物之一。

张衡家族世代为当地的大姓。他的祖父张堪，自小志高力行，被人称为圣童，曾把家传余财数百万让给他的侄子。光武帝刘秀登基后，张堪被任命为蜀郡太守，随大司马吴汉讨伐割据益州的公孙述，立有大功。其后又领兵抗击匈奴有功，被拜为渔阳郡太守。曾以数千骑兵击破匈奴来犯的一万骑兵。此后，在他的任期内匈奴再也没敢来侵扰。他又教人民耕种，开稻田八千顷，人民由此致富。所以，有民谣歌颂他：“张君为政，乐不可支。”张堪为官清廉，伐蜀时他首先攻入成都，但他对公孙述留下的堆积如山的珍宝毫无所取。蜀郡号称天府，但张堪在奉命调离蜀郡太守任时乘的是一辆破车，携带的只有一卷布背囊。

张衡像他的祖父一样，自小刻苦向学，少年时便会写作文章。16岁以后曾离开家乡到外地游学。他先到了当时的学术文化中心三辅（今陕西

西安一带)地区。这一地区壮丽的山河和宏伟的秦汉遗址给他提供了丰富的文学创作素材,以后又到了东汉都城洛阳。在那儿,他进过当时的最高学府太学,结识了后来著名的学者崔瑗,并与之结为挚友。张衡兴趣广泛,自学《五经》,贯通了六艺的道理,而且还喜欢研究算学、天文、地理和机械制造等。但在青年时期,他的志趣大半还在诗歌、辞赋、散文上,他才高于世,却没有骄傲之情。

汉和帝时,张衡被推举为孝廉,但他没有接受,公府几次征召也不到。当时,国家太平已久,自王侯以下,没有不奢侈过度的。于是张衡仿照班固的《两都赋》,殚精竭虑十年,才作成《二京赋》,用以讽谏朝廷。大将军邓骘欣赏张衡的才华,多次征召他,张衡都不应命。

永元十二年(100年),张衡应南阳太守鲍德之请,做了他的主簿,掌管文书工作。8年后,鲍德调任京师,张衡即辞官居家。

张衡擅长机械,特别用心于天文、阴阳、历算。平常喜爱扬雄的《太玄经》,对崔瑗说:"我看《太玄经》,才知道扬子云(扬雄)妙极道数,可与《五经》相比,不仅仅是传记一类,使人论辩阴阳之事,这是汉朝得天下200年来的书啊。再过200年,《太玄经》就会衰微吗?因为作者的命运必显一世,这是当然之符验。"汉安帝早就听说张衡善术学,永初五年(111年),张衡被朝廷公车特征进京,拜为郎中,再升任太史令。于是研究天文历法,制作浑天仪,著有《灵宪》《算罔论》,写得较为详细。虽然在汉顺帝即位初年再调动其他职位,但后来又任太史令,张衡任此职前后达14年之久。他许多重大的科学研究工作都是在这一时期完成的。

阳嘉元年(132年),张衡在太史令任上发明了最早的地动仪,称为候风地动仪。据《后汉书·张衡传》记载,地动仪用精铜铸成,圆径八尺,顶盖突起,形如酒樽,用篆文和山龟鸟兽的图案装饰。中有大柱,傍行八道,安关闭发动之机。它有八个方位,每个方位上均有一条口含铜珠的龙,在每条龙的下方都有一只蟾蜍与其对应。任何一方如有地震发生,该方向龙口所含铜珠即落入蟾蜍口中,由此便可测出发生地震的方向。经过试验,与所设置符合如神,自从有书籍记载以来,没有出现过失误。曾经一龙机发,地不觉动,雒阳(今洛阳)的学者都责怪不足信,几天之后,送信人来了,果然在陇西发生地震,于是众人都服其神妙。自此之后,朝廷就令史官记载地动发生的地方。

阳嘉二年(133年),张衡升任侍中,顺帝任用他在自己身边对国家的政事提出意见。顺帝曾询问张衡天下所痛恨的人。宦官们害怕他说自己的坏话,都用眼睛瞪着他,张衡便用一些不易捉摸的话回答。但宦官还是担心张衡以后会成为他们的祸害,于是群起毁谤他。张衡常想着如何立身行事,认为吉凶祸福,幽暗深微,不易明白,于是作《思玄赋》,以表达和寄托自己的情志。

永和元年(136年),张衡被外调任河间王刘政的国相。刘政骄奢淫逸,不遵法纪,又有不少豪强之徒,纠集一起捣乱。张衡到任后,严整法纪,打击豪强,暗中探得奸党名姓,一时收捕,上下肃然。他为政以清廉著称。任职3年后,张衡上书请求辞职归家,朝廷却把他调回京城任命为尚书。

永和四年(139年),张衡逝世,享年62岁。1009年,张衡因算学方面的成就被追封为西鄂伯。

后世称张衡为"木圣"(科圣)。为了纪念张衡的功绩,联合国天文组织于1970年将月球背面的一个环形山命名为"张衡环形山";又于1977年将小行星1802命名为"张衡星";2003年,国际小行星中心为纪念张衡及其诞生地河南南阳,将小行星9092命名为"南阳星";后人为纪念张衡,在南阳修建了张衡博物馆。

六、三国时期杰出的军事家、发明家——诸葛亮

(一)诸葛亮其人其事

诸葛亮(181年—234年),字孔明,号卧龙(也作伏龙),汉族,徐州琅琊阳都(今山东临沂市沂南县)人,三国时期蜀汉丞相,杰出的政治家、军事家、散文家、书法家、发明家。在世时被封为武乡侯,死后追谥忠武侯,东晋政权因其军事才能特追封他为武兴王。其代表作有《出师表》《诫子书》等。曾发明木牛流马、孔明灯等,并改造连弩,叫作诸葛连弩,可一弩十矢俱发。于建兴十二年(234年)在五丈原(今宝鸡岐山境内)逝世。

诸葛亮于汉灵帝光和四年(181年)出生在琅琊郡阳都县的一个官吏之家,诸葛氏是琅琊的望族,先祖诸葛丰曾在西汉元帝时做过司隶校尉,诸

葛亮的父亲诸葛珪在东汉末年做过泰山郡丞。诸葛亮 3 岁时母亲章氏病逝,8 岁时丧父,与弟弟诸葛均一起跟随由袁术任命为豫章守的叔父诸葛玄到豫章赴任。东汉时,朝廷派朱皓取代了诸葛玄的职务,诸葛玄便投奔荆州刘表。

建安二年(197 年),诸葛玄病逝,汉献帝已从长安李傕手中逃出,迁到了曹操所在的许县。诸葛亮此时已 16 岁,平日好念《梁父吟》,又常以管仲、乐毅比拟自己,当时的人对他都是不屑一顾,只有徐庶、崔州平等好友相信他的才干。

他与当时的襄阳名士司马徽、庞德公、黄承彦等有结交。黄承彦曾对诸葛亮说:"听到你要选妻,我家中有一丑女,头发黄、皮肤黑,但才华可与你相配。"诸葛亮应许这门亲事。当时的人都以此作笑话取乐,乡里甚至作了谚语"莫作孔明择妇,正得阿承丑女",但也有一种说法指黄月英本人极美,因此遭到乡里其他年轻女性的嫉妒而诋毁她的容貌。

当时,刘备依附于刘表,屯兵于新野。后来司马徽与刘备会面时表示:"那些儒生都是见识浅陋的人,岂会了解当世的事务局势?能了解当世的事务局势才是俊杰。此时只有卧龙(诸葛亮)、凤雏(庞统)。"诸葛亮又受徐庶推荐,刘备希望徐庶引诸葛亮来见,但徐庶却建议:"这人可以去见,不可以令他屈就到此,将军宜屈尊以相访。"

刘备便亲自前往拜访,去了三次才见到诸葛亮(史称"三顾茅庐")。与诸葛亮相见后,刘备便叫其他人避开,对他提问:"现今汉室衰败,奸臣假借皇命做事,皇上失去大权。我没有衡量自己的德行与能力,想以大义重振天下,但智慧、谋略短小、不足,所以时常失败,直至今日。不过我志向仍未平抑,先生有没有计谋可以帮助我?"

诸葛亮遂向他陈说了三分天下之计,分析了曹操不可取,孙权可作援的形势;又详述了荆、益二州的州牧懦弱,有机可乘,而且只有拥有此二州才可争胜天下;更向刘备讲述了攻打中原的战略。这篇论说被后世称为"隆中对"。刘备听后大赞,力邀诸葛亮相助,于是诸葛亮便出山入幕。刘备常常和他议论,关系也日渐亲密。关羽、张飞等大感不悦,刘备向他们解释道:"我有了孔明,就像鱼得到水般,希望诸位不要再说了。"关羽、张飞等便不再抱怨。诸葛亮所提出的"隆中对"是此后刘备和蜀汉数十年的基本国策。

(二)诸葛亮的发明创造

这里,我们不讲诸葛亮的政治、军事、文学才能,只讲他的发明创造。

1.木牛流马。诸葛亮从汉中北伐曹魏,由于征途崎岖,军队不便运输粮食,出祁山时发明了这种运粮工具,称为木牛流马,其构造极其像牛、马,腿由粗木制成。据说木牛流马运载的粮食可供一年之用,且每天能行二十里,且能够在崎岖不平的山道上行走,木牛流马使得蜀兵能在险恶的蜀道上迅速行军,对当时的军粮运输有很大的贡献。它不仅载重大,而且不需要添加动力。它不吃不喝,不拉不尿,仅凭转动舌头,就可以行走自如。木牛流马的发明和使用,对当时的运输来说是一次重大的改革。只可惜当时的木牛流马的制造工艺是高度的国家机密,没有在民间大范围推广和应用。所以,在发明人诸葛亮死后没多久便告失传,令人惋惜不已。

据推测,其构造原理为绞盘和索道的结合体,其核心部分为一组将水平方向推动的绞盘转为垂直方向转动的一组伞齿轮传动装置,这种工具比现在的还先进,不用能源,也是世界上最早的机器人雏形。木牛流马,绿色环保,高效节能,便捷实惠,造价低廉,无噪声无污染,百公里油耗为“0”,这样的“马”啊,谁不想要一匹!

2.八阵图。八阵图是一个阵法,是诸葛亮出山后自己创造的兵阵,他称之为八卦兵阵。因为蜀国多山,军队以习于山林作战的步兵为主,一旦北上中原,便很难与魏国的骑兵抗衡。诸葛亮为了提高蜀军的战斗力,将古代的八阵加以变化,形成了为后世所传颂的八阵图。八阵图纵横各八行,用辎车作为主要掩体,以鼓声和旗帜等指挥军队,士兵排列为八卦形,八门入,八门出。此阵不易破解,善于迷惑敌人,且可以变化许多阵法。诸葛亮后来又多次改造此阵,并由兵阵演化为石阵、马阵。此阵祭出,任尔兵强马壮,万夫之勇,一旦迷失阵中,皆难取胜。

3.诸葛弩。诸葛弩又称为诸葛连弩,是一种可以连续发射的弓箭,在当时这是很厉害的武器,为诸葛亮根据旧有的技术所制成,一次可以发射十支箭,大大提高了蜀军的战斗力。蜀兵虽少,而能六出祁山,进逼渭河平原,魏兵躲在深沟高垒而不敢应战,又如建兴九年,魏将张郃被蜀兵射杀,皆可证明连弩的功效。这连弩有两个基本特征,一是能连发十矢,二是矢长只有八寸。中国人是世界上最早使用弓箭的，当欧洲人刚用弓箭的时候，中国人已经使用了近千年了。诸葛连弩在当时十分先进，是现代军事武器的雏形，也是世界上最早的半自动武器。

4.馒头。诸葛亮在平定孟获班师的途中，突遇江面上狂风大作，当地人欲用人头来祭奠死者的冤魂。对于这种愚昧而残忍的做法，诸葛亮甚是不屑。而当地人对诸葛亮说："上次丞相渡泸水之后，水边就夜夜鬼哭狼嚎。从黄昏至天明，从不断绝。"诸葛亮心想，看来罪在我身上，怎么能牵连无辜军民呢，于是决定亲自祭供。诸葛亮苦思冥想，终于想出一个用另一种物品替代人头的绝妙办法。他命令士兵杀牛宰羊，将牛羊肉斩成肉酱，拌成肉馅，在外面包上面粉，并做成人头模样，入笼屉蒸熟，这种祭品被称作"馒首"。诸葛亮将这肉与面粉做的馒首拿到泸水边，亲自摆在供桌上拜祭一番，然后一个个丢进泸水。从此以后，人们经常用馒首做供品进行各种祭祀。

由于"首""头"同义，后来就把"馒首"称作"馒头"。馒头做了供品祭祀后被食用，人们从中得到启示，以馒头为食品。如今，馒头遍布中国各地，还传到世界各地，至于其中包含着的诸葛亮的爱民精神，那知道的人也许就不多了。在中国饮食史上，很长的一段时间里馒头指的就是包子，直到近代，包子和馒头才正式分家。今天许多地方依然把包子叫作"肉馒头"。所以确切地说，诸葛亮发明的是我们今天所吃的包子！

5.孔明灯。这是诸葛亮北伐被司马懿困于平阳时发明的一种用来向救兵传递信息的空飘灯，也是热气球的起源。在科技不发达的三国时期，诸葛亮仍能成为世界上第一个发现热气球空飘原理的人，真是名副其实的卧龙！

6.孔明锁。孔明锁相传是诸葛亮根据八卦玄学的原理发明的一种玩具，曾广泛流传于民间。在没有钉子、绳子的情况下，你能将六根木条交叉固定在一起吗？1000多年前的诸葛亮就发明了一种方法，用一种咬合的方式把三组木条垂直相交固定，这种咬合在建筑上被广泛应用，在民间人们把诸葛亮的这种发明制成了一种玩具——孔明锁。原创为木质结构，外观看是严丝合缝的十字立方体，动动脑筋可拆卸，装上可不是那么容易的。诸葛亮的聪明才智对人们生活的影响是巨大的，孔明锁与其说是一种智力玩具，还不如说是诸葛亮对中国建筑贡献的缩影。

7.孔明棋。早在隆中时，诸葛亮就打算发明一种棋。228年，蜀国南方暴乱，诸葛亮作为一国之相，决定亲自率兵前往征讨。然而，情况并没那么好，南方的气候令士兵难以适应，加之军中无趣，南王孟获久久不肯归服。在这样的情况下，诸葛亮发明了孔明棋来缓解士兵烦闷的心情，孔明棋是一种规则简单的智力游戏。九连环也是诸葛亮发明的，加上前面提到的孔明锁，可见武侯对玩具业的发展作出的贡献不可忽视。

8.火兽。传说诸葛亮平定南方时，南王孟获以兽为兵，诸葛亮灵机一动，想到野兽怕火，于是发明了一种外形似兽、朱红色、能喷火的武器来对付孟获的兽兵。

9.搭桥枪。诸葛亮平定南方之后，决定挥师北上，完成刘备复兴汉室的遗愿。通往北方的地形极其艰难，山多河多。爬山还好，关键是渡河，士兵们每次都要花很长的时间搭桥，诸葛亮也为此苦恼。一日，他联想到古人如何造镰钩，从而发明了搭桥枪。搭桥枪的枪杆和红缨枪一样长，枪头呈螺状，通过咬合连接起来，从而达到搭桥的目的，快捷便利，一物两用，令人赞叹！

10.诸葛菜。据说，诸葛亮居住隆中时，有一次小染疾病，便到山上去采药，发现一种像萝卜的东西，拳头大小，上大、下小。他一尝，味道不苦不涩，细品一下，还有点辣甜。于是挖了几个带回家，炒了一盘，全家人品尝后都称好吃。诸葛亮将其命名为“大头菜”。饭后，他又挖了一些栽在躬耕田里。从此，诸葛亮一家人经常吃大头菜。有一年风调雨顺，诸葛亮种的大头菜长得又圆又大，秋后收了一大堆。诸葛亮将大头菜洗净晾干腌了一缸，第二年拿出来一尝，竟比新鲜的还要好吃，而且长期不变质、变味。第三年，他就在躬耕田里种了几亩大头菜苗子，分送给附近的老百姓，并教他们怎样栽、怎样腌。没几年，大头菜在襄阳一带就传开了，为了不忘诸葛亮的功劳，大家就把大头菜叫作“诸葛菜”。据《云南记》记载：嶲州界缘山野间有菜，大叶而粗茎，其根若大萝卜。土人蒸煮其根叶而食之，可以疗饥，名之为诸侯菜。

第二节

工匠精神是对工作的精益求精

精益求精一词出自《诗经·国风·卫风·淇奥》“如切如磋,如琢如磨”。后人注:“言治骨角者,既切之而复磋之;治玉石者,既琢之而复磨之;治之已精,而益求其精也。”

一、木匠和剃头匠的故事

从前,有一个小木匠外出做工,几个月下来整天忙于工作,挣了许多钱。时值秋天,要回家收秋。可是他的头发也很长了,怎么也得剃剃头吧。小木匠挑着自己的家伙什在街上走着,看到一家理发店。只见一位剃头师傅白白胖胖、粗手粗脚,看起来很笨拙,他身穿白大褂,坐在凳子上抽着烟,很悠闲的样子,看来还没生意。

小木匠心想就在这里剃吧。于是他走到剃头师傅面前,放下自己的挑子,摸了摸自己压得难受的肩膀,伸了伸腰说:“师傅,生意可好啊?”

剃头师傅赶忙赔上笑脸:“借你吉言,还好。要剃头吗?”

小木匠说:“是啊,要回家收秋啦,剃个光头吧。”

“好嘞。”剃头师傅边说边倒热水,招呼客人坐下。小木匠稳稳地坐下后,剃头师傅仔仔细细地给小木匠洗好头,不慌不忙地拿好剃头刀说:“师傅有三个月没理发了吧?”

小木匠略一掐算:“师傅好眼力,整整三个月,一天不差。”

剃头师傅说:“师傅喂,我要开始剃啦!”说着,将剃头刀子在小木匠的眼前一晃,手指一搓,向上一扔,只见剃头刀滴溜溜打着转,带着瘆人的寒风向空中飞去，当刀落下时，只见剃头师傅眼疾手快，一伸手稳稳地接住剃头刀子，顺势砍向小木匠的头，这下可把小木匠给吓坏啦。“啊”声还没叫出，只觉头皮一凉，紧接着听到“嚓”的一声，一缕头发已经被削下，这时小木匠才“啊”的一声，刚要一闪：“你要干什么？”剃头师傅用肥胖的手往下一摁，说：“别动！”接着，刀又旋转着飞向空中，小木匠用力挣扎着要闪躲，可是被剃头师傅按得紧紧的不能动弹，说时迟那时快，剃头师傅接住旋转的刀，“嚓”的一声又是一缕头发落地。小木匠的脸都吓白了，又不能挣脱，只好闭上眼睛，心想：“这下完了，小命儿不保啦。”只见剃头师傅就这样一刀接一刀，三下五除二，不一会就给小木匠剃好了头，拿过镜子一照，嘿，一点没伤着，而且剃得锃光瓦亮。

这时，小木匠才长舒一口气，从惊悸中苏醒过来，但身体还在颤抖。突然，一只苍蝇嗡嗡叫着正好落在剃头师傅的鼻子尖上，小木匠眼疾手快，从自己的挑子中抽出锛子抡圆了朝着剃头师傅砍去。这时剃头师傅刚要用手赶走落在鼻子上的苍蝇，只见小木匠双手一起，不知什么东西砸向自己，只感到眼前一晃，一阵风从面前吹过。剃头师傅更是吓了一跳，还没回过神来，只见小木匠将锛子头向他面前一伸，锛子上面半只苍蝇的两只翅膀还在呼扇，小木匠又拿了镜子给剃头师傅一照，剃头师傅又看见另一半苍蝇仍在自己的鼻子上，两条前腿还在动着。原来，活活的一只苍蝇被小木匠这一锛子劈为了两半。之后两个人哈哈大笑，相互佩服对方的精湛技艺。

这个故事充分反映了木匠和剃头匠的高超技艺。若没有高超的技艺，他们岂敢在头上耍刀、在鼻子上砍苍蝇！他们是典型的“精益求精”的技术达人！

二、精益求精的医生——白求恩

毛主席在《纪念白求恩》一文中说：“白求恩同志是个医生，他以医疗为职业，对技术精益求精；在整个八路军医务系统中，他的医术是很高明的。这对于一班见异思迁的人，对于一班鄙薄技术工作以为不足道、以为无出路的人，也是一个极好的教训。”

白求恩的医术确实高明。白求恩在来中国前，先后于 1933 年被聘为加拿大联邦和地方政府卫生部门的顾问,1935 年被选为美国胸外科学会会员、理事,是享誉北美的著名外科专家。他在二十世纪二三十年代发明了一系列医疗手术器械,其中最著名的是“白求恩肋骨剪”。1931 年夏天,他和美国费城皮林父子公司签署了特许专利协议,后者负责全权制造和销售由白求恩发明并以“白求恩器械”命名的外科手术器械。这类器械共有 22 种之多,其中一些至今仍在广泛使用。

“白求恩在中国战斗生活了 22 个月,在我省就达到 14 个月之久。”河北省白求恩精神研究会会长杜丽荣表示,白求恩的足迹遍及河北平山、唐县、阜平、涞源、易县、顺平、河间县(现为河间市)、曲阳等地,而他在河间县真武庙所做的手术创造了当时最高的治愈率世界纪录。

“白求恩是创伤外科最早的开拓者和推动者,我们今天许多基本外科手术方法和原理,都是白求恩奠定的。”对于白求恩在外科专业的权威地位,加拿大原外科学会会长、创伤外科专家格兰特·斯图尔特如此评价。

而作为历史研究者,戴维森在评价白求恩的医术时脱口而出一个单词:“Fast(快)!”

“白求恩做手术不但干净利落,而且速度极快,在当时的外科医生里,他可以说是手术速度最快的。而在争分夺秒、不断有伤员集中出现的战场上,快就意味着能挽救更多生命。”戴维森这样解释。研究者表示,白求恩曾提出战地外科手术三原则 CEF,也就是 Close(靠近,离前线越近越好)、Early(早,手术越早越好)和 Fast(快,手术速度越快越好)。这三点至今被奉为战场急救圭臬。

白求恩做手术的速度和敬业精神,在他 1938 年 12 月 7 日发给时任晋察冀军区司令员聂荣臻的一份报告中也有体现:“11 月 28 日下午 5 点 15 分,我们接收了第一名伤员,这时他已经受伤 7 小时 15 分了,我们连续工作了 40 个小时没有休息,做了 71 个手术……”在之后的齐会战斗中,他又不顾周围同志劝阻连续三天三夜工作,创下坚持工作 69 小时、为 115 个伤员做手术的纪录。

除外科手术,白求恩在输血领域也是成绩斐然。在西班牙,他创制了流动输血车和野战伤员急救系统,这被认为是今天各国现代军队普遍采用的野战外科医疗方舱(MASH)的雏形。在中国敌后抗日根据地,他也是战地输血的开创者。

白求恩的助手游胜华时任晋察冀军区卫生部副部长，他的女儿游黎清曾向《河北日报》记者王思达描述了她父亲和其他当事人的回忆：1938 年 5 月 16 日到 22 日，白求恩途经陕西省神木县贺家川八路军 120 师的后方医院，短短几天，白求恩对 200 多名伤病员进行了诊治，给 20 多名重伤员做了手术。也是这一次，八路军的医务人员第一次接触到了输血技术。当时，白求恩给一个重伤员做下肢截肢手术，需要输血治疗，白求恩果断地说："我是 O 型血，输我的吧！"在白求恩的带动下，后来又有一个医生和两个护士给伤员输了血。之后，输血技术在敌后抗日根据地的医院逐渐推广。

难怪毛主席亲自为白求恩写悼词："白求恩同志毫不利己、专门利人的精神，表现在他对工作的极端的负责任，对同志、对人民的极端的热忱。每个共产党员都要学习他。不少的人对工作不负责任，拈轻怕重，把重担子推给人家，自己挑轻的。一事当前，先替自己打算，然后再替别人打算。出了一点力就觉得了不起，喜欢自吹，生怕人家不知道。对同志对人民不是满腔热忱，而是冷冷清清，漠不关心，麻木不仁。这种人其实不是共产党员，至少不能算一个纯粹的共产党员。从前线回来的人说到白求恩，没有一个不佩服，没有一个不为他的精神所感动。晋察冀边区的军民，凡亲身受过白求恩医生的治疗和亲眼看过白求恩医生的工作的，无不为之感动。"

三、精益求精的纺织工——郝建秀

郝建秀，1935 年 11 月生，青岛人。1949 年进入青岛国棉六厂做工。

1951 年 3 月 15 日，《大众日报》在头版头条位置刊出消息——《国棉六厂女工郝建秀创造出白花新纪录》，内容为：自 1950 年开始红五月劳动竞赛起，数青岛国棉六厂 16 岁的细纱女工郝建秀放白花量最少（细纱上少放白花，就等于多纺纱），平均每日出皮辊花六两左右。她介绍经验说，因为毛主席解放了她，她感到很幸福，工作起来就特别上心，用心研究，操作技术上精益求精，腿勤手勤……

不久，许多报纸再次报道，郝建秀又创新纪录：皮辊花量降至二两，皮辊花率仅为 0.25% ,国棉六厂再次掀起向郝建秀学习的新潮,全厂皮辊花率达到了惊人的 0.497%。

郝建秀纪录具有什么价值呢?第六任郝建秀小组组长郭爱珍通俗地解释了“白花”——皮辊花。细纱由棉花纺成,同样多的棉花,纺成的细纱越多,效率越高;也就是说,纺纱后依然是棉花的比例越少,效率越高。所谓皮辊花,即纺纱后仍然是棉花的那一部分。

当时的中国纺织工会全国委员会主席陈少敏,曾对郝建秀创造的经济价值这样描述:假设全国细纱工都达到青岛国棉六厂员工的水平,多创造的年利润就可购买 68 架战斗机支援抗美援朝。

1951 年 8 月,中国纺织工会召开青岛市棉纺细纱职工代表大会,向全国纺织系统推广郝建秀工作法,全国重点纺织城市皆派代表参加。

郝建秀工作法的主要特点:一是规范了巡回路线,找出了巡回规律,工作有计划性、有预见性,把以前的机器支配人变为人支配机器;二是改进操作方法,按轻重缓急合理分配时间,并将几项工作交叉结合进行,提高工作效率;三是抓住细纱工作的主要环节,及时做好清洁工作,确保机台整洁,减少断头,降低白花率。

在郝建秀工作法创建之前,传统的细纱工在操作时没有统一的工作法,人随着机器转,看到什么干什么,本来刚转过的地方又出来一处断头,又得折回去接,时间一长,前面的断头就漏接了。

陈少敏描述当时纺织女工的劳动状况:“机器支配人,不是人支配机器。”郝建秀工作法的实质是人支配机器。

青岛市棉纺细纱职工代表大会结束以后,郝建秀工作法在全国迅速推行,郝建秀——一个普通纺织女工,成为全国工人竞相学习的楷模。

1951 年国庆节,郝建秀应邀参加了国庆宴会,并在宴席上代表全国纺织工人向毛主席敬了酒;周恩来总理给她亲笔签名。之后,郝建秀又受到了刘少奇等国家领导人的多次接见。(《大众日报》2009 年 9 月 2 日)

第三节

工匠精神是对责任使命的敢于担当

责任是什么？责任是人与生俱来的一种约束力、一种使命感。责任通常具有两层意义：一是指分内应做的事，如职责、岗位责任等；二是指没有做好自己的工作，而应承担的不利后果或强制性义务。

担当是什么？担当就是承担责任。敢于担当、勇于担当的管理者和企业员工在企业中起着重要作用。遇到矛盾不绕道、碰到困难不退缩，这是管理者和企业员工品德的体现，是精神的升华，是不屈的意志。

敢于担当就是敢于负责、敢于担责。企业员工不论职务高低，均存在着自身的一份责任，这份责任就是岗位职责。要履行好自己的职责，就必须将岗位当成阵地，敢于承担起这份职责所应承受的风风雨雨，敢于直面这份职责所面临的困难，敢于正视履行这份职责所带来的得失。面对矛盾敢于迎难而上，面对困难敢于挺身而出，面对失误敢于承担责任，面对歪风邪气敢于坚决斗争，这才是管理者和企业员工的素质与风范。

一个具有强烈工作责任心的管理人员，应在其位尽其责，把困难当成动力，把问题看成磨砺。只有敢于担当自身的职责，将问题和困难视为履职生涯中的一个既定环节，一道必须迈过的沟坎，困难和问题才能被意志所克服。在日常工作中不敢担当，任何工作都会成为拦路虎。遇到问题讲客观，解决问题讲条件，回避问题找借口，工作就无法推动。作为管理人员，不但要正视问题和困难，更要有敢于解决问题和克服困难的决心，坚定信念，不虚与委蛇。在一些企业中，有些管理人员在矛盾与问题前不讲原则，当好好先生、回避问题、躲避困难，从深层次分析，这就是失职、渎职的外在表现。企业的管理人员是普通员工的方向标,一举一动都影响着员工的思想动态。敢于担当、敢于履职,才能稳定团队、带动团队,使团队形成合力,朝正确的目标迈进。

在企业中,管理人员承担着更大的责任,仅仅敢于担当还不够,还要勇于担当。企业的管理人员要把勇于担当作为一种基本素养,不当评论员、不当旁观者,而要强化责任意识,当面对超出自身职责的危机与风险时,有挺身而出的勇气,能够主动履职,不拖延、不敷衍、不推诿,体现出团队之间的互补与协作。尺有所短,寸有所长,工作有难易,能力有高低,只有充分发挥自身的优势,在自身优势领域勇于担当,才能在自身弱势领域内获得他人的谅解与帮助,协调统一使团队达到完美结合。

在我们的工作中,如果只顾及局部利益甚至自身得失,也许会导致已经完成的工作化为流水,团队的付出功亏一篑。作为一名管理人员,要时刻保持清醒的头脑,根除"事不关己,高高挂起,明哲保身,但求无过"的思想,以大局意识、整体意识来强化工作责任心,有主动承担责任的勇气,有关键时候站出来的顶天豪气。以身作则,率先垂范,用实际行动带动职工,用自身的人格魅力感染群众,使团队的凝聚力得以不断加强。

勇于担当需要勇气,善于担当则需要能力。没有较强的能力作保障,敢于担当只能是空话、大话。一个管理者即使有敢于担当的勇气,有勇于担当的觉悟,但缺乏相应能力,工作就会力不从心。能力是支撑自身完成使命、正确履职的条件,是担当的底气和根基。没有能力的担当,可能会事与愿违,出现好心办坏事的后果,甚至酿成大错、大祸。

具备正确履职的过硬本领,就要求管理人员下大气力苦练内功,不但要注重政策的学习、制度的掌握、业务的提升,还要在工作过程中注意工作方式的总结与提升,不断提高履职尽责能力,使自己在工作过程中能从容履职、正确履职,避免蛮干、胡乱表态。作为管理者,精湛的业务技术、超强的掌控能力更能令下属信服,更能使管理者的表率作用发挥得淋漓尽致。管理者只有综合能力达到相应的高度,才能具备正确担当、善于担当的能力,才有带领团队从容向前的基础,避免自己成为勇者无智的庸才。

"大事难事看担当,逆境顺境看襟度。"担当是责任的彰显,更是管理者智慧与品德所绽放的人格魅力。它沉淀于优秀管理者的骨子里,体现在日常的工作与生活中。

管理者要担当责任，职工同样要担当责任。美国著名人际关系学大师、美国现代成人教育之父、西方现代人际关系教育的奠基人、被誉为20世纪最伟大的心灵导师和成功学大师卡耐基说过：“有两种人绝对不会成功：一种是除非别人要他做，否则绝不会主动负责的人；另一种则是别人即使让他做，他也做不好的人。而那些不需要别人催促，就会主动负责做事的人，如果不半途而废，他们将会成功。”

在这个世界上，每一个人都扮演着不同的角色，每一种角色又都承担着不同的责任。生活总是会给每个人回报的，无论是荣誉还是财富，条件是你必须转变自己的思想和认识，努力培养自己勇于负责的工作精神。一个人只有具备了勇于负责的精神，才会产生改变一切的力量。人可以不伟大，人也可以清贫，但不可以没有责任。任何时候，我们都不能放弃肩上的责任，扛着它，就是扛着自己生命的信念。责任让人坚强，责任让人勇敢，责任也让人知道关怀和理解。因为当我们对别人负有责任的同时，别人也在为我们承担责任。

谁也不能改变谁，只有自我改变，才能使身边的万物改变，不要抱怨什么埋怨什么，一定要对自己说没有什么不可能的，只要肯做、坚持、自信、执着，明天的路一定会更加美好。

做任何工作，都要在岗一日，尽责一天，认真执行，不找借口。要以高度的责任感对待自己的工作，追求完美，尽量把每个细节做好。用自己的特长和学到的理论指导工作，以高度的责任感去面对工作中的种种挑战。

怀着感恩的心去工作，对事业忠心耿耿，对工作积极负责，用奔放的热情、洋溢的激情、满腔的赤诚去对待工作，你就不会产生抱怨、感到乏味。因为在工作中，我们可以找到自信，并从中获得经验和乐趣。当然，无数的艰难困苦会时时考验我们的心智，工作的压力也会令我们有不堪重负之感，但只要相信，生活在给予我们挫折的同时，也赋予了我们坚强，拥有感恩的心，我们就能够积极地应对工作中的各种困难，顺利到达成功的彼岸。

人学会了担责就要学会感恩，感恩父母、感恩老师、感恩单位、感恩同事、感恩朋友,是他们给了我们一个个平台和空间。学会感恩是担当责任的基础,成功不是一种机会,而是一种选择,我们要学会感恩,选择责任。

工作就是责任,是一个人对待工作的态度和完成工作的决心。它与学识、能力和爱好没有直接的关系。常常听到一些员工在单位唠叨,我不是学这个专业的,我对这个专业不感兴趣等。试想一下,带着这样那样的情绪,工作能干好吗?美国证券界的风云人物苏珊博士自幼非常喜欢音乐,却进入经济管理领域。在被人问到为什么她能在自己不喜欢的领域里取得成就时,她说道:“不管喜欢不喜欢,都是需要面对的,因为工作就意味着你的责任。”海尔集团创始人张瑞敏的话,更让人寻味,他说:“如果让一个日本人每天擦6遍桌子,他一定会始终如一地做下去;而如果是一个中国人,一开始他会按照安排擦6遍,慢慢地他就会觉得5遍、4遍也可以,最后索性不擦了。部分中国人做事的最大毛病是做事不认真、不负责。每天工作欠缺一点,天长日久就成为落后的顽症。”可见,工作能力的大小,专业知识的优劣,并不是一个人成功的关键。只有全身心地投入工作中,凡事都能尽职尽责,追求完美,才会做出优异的成绩。抱怨和埋怨,正是工作不负责任的表现。

附录:习近平总书记关于担当精神的重要论述

要强化改革责任担当,看准了的事情,就要拿出政治勇气来,坚定不移干。要充分调动各方面积极性,改革任务越繁重,我们越要依靠人民群众支持和参与,善于通过提出和贯彻正确的改革措施带领人民前进,善于从人民的实践创造和发展要求中完善改革的政策主张。

——2014年1月22日,习近平主持召开中央全面深化改革领导小组第一次会议时强调

创业要实,就是要脚踏实地、真抓实干,敢于担当责任,勇于直面矛盾,善于解决问题,努力创造经得起实践、人民、历史检验的实绩。

——2014年3月9日,习近平在参加十二届全国人大二次会议安徽代表团审议时强调

我们共产党人的忧患意识,就是忧党、忧国、忧民意识,这是一种责任,更是一种担当……要教育引导全党同志特别是各级领导干部坚持“两个

务必”，自觉为党和人民不懈奋斗，不能安于现状、盲目乐观，不能囿于眼前、轻视长远，不能掩盖矛盾、回避问题，不能贪图享受、攀比阔气。

——2014年6月30日，习近平在中共中央政治局第十六次集体学习时强调

今天，历史的接力棒传到了我们手里，责任重于泰山。全党一定要紧密团结起来，敢于担当、埋头苦干，团结带领全国各族人民，以与时俱进、时不我待的精神不断夺取新胜利，不断完善和发展中国特色社会主义，不断为人类和平与发展的崇高事业作出新的更大的贡献。

——2014年8月20日，习近平在纪念邓小平同志诞辰110周年座谈会上的讲话

让我们一起来重温毛泽东同志60年前在第一届全国人民代表大会第一次会议上讲的一段话，他说：“我们有充分的信心，克服一切艰难困苦，将我国建设成为一个伟大的社会主义共和国。我们正在前进。我们正在做我们的前人从来没有做过的极其光荣伟大的事业。我们的目的一定要达到。我们的目的一定能够达到。”

当代中国共产党人和中国人民一定要把这个崇高使命担当起来，不断发展具有强大生命力的社会主义民主政治，在实现中国梦的伟大奋斗中，共同创造中国人民和中华民族更加幸福美好的未来，大家一起努力吧！

——2014年9月5日，习近平在庆祝全国人民代表大会成立60周年大会上的讲话

……要做发展的开路人，勇于担当、奋发有为，适应和引领经济发展新常态，把握和顺应深化改革新进程，回应人民群众新期待，坚持从实际出发，带领群众一起做好经济社会发展工作，特别是要打好扶贫开发攻坚战，让老百姓生活越来越好，真正做到为官一任，造福一方。

——2015年6月30日，习近平在会见全国优秀县委书记时的讲话

当前，两岸关系发展面临方向和道路的抉择。两岸双方应该从两岸关系发展历程中得到启迪，以对民族负责、对历史负责的担当，作出经得起历史检验的正确选择。

——2015年11月7日，习近平在同马英九会面时指出

要创新手段，善于通过改革和法治推动贯彻落实新发展理念，发挥改

革的推动作用、法治的保障作用。要守住底线，在贯彻落实新发展理念中及时化解矛盾风险，下好先手棋，打好主动仗，层层负责、人人担当。

——2016年1月18日，习近平在省部级主要领导干部学习贯彻十八届五中全会精神专题研讨班开班式上发表重要讲话强调

让和平的薪火代代相传，让发展的动力源源不断，让文明的光芒熠熠生辉，是各国人民的期待，也是我们这一代政治家应有的担当。中国方案是：构建人类命运共同体，实现共赢共享。

——2017年1月18日，习近平在联合国日内瓦总部演讲时指出

改革开放40年来，我们以敢闯敢干的勇气和自我革新的担当，闯出了一条新路、好路，实现了从"赶上时代"到"引领时代"的伟大跨越。

——2018年2月14日，习近平在2018年春节团拜会上的讲话

要严格把好选人用人政治关、廉洁关、能力关，加强对敢担当、善作为干部的激励保护，教育引导各级领导干部树立正确的权力观、政绩观、事业观，力戒形式主义、官僚主义。

——2020年7月22日，习近平总书记在吉林考察时强调

只有全党继续发扬担当和斗争精神，才能实现中华民族伟大复兴的宏伟目标。

——习近平总书记在2022年春季学期中央党校中青班开班式上的讲话

要统一思想认识，强化使命担当，狠抓工作落实，努力开创一体化国家战略体系和能力建设新局面。

——2023年3月8日，习近平在出席解放军和武警部队代表团全体会议上的讲话

今年是新中国成立75周年，是五四运动105周年。广大青年要继承和发扬五四精神，坚定不移听党话、跟党走，争做有理想、敢担当、能吃苦、肯奋斗的新时代好青年……

——2024年5月3日，习近平寄语新时代青年强调

第四节

工匠精神是职业精神的集中体现

社会发展的进程表明,人类的职业生活是一个历史范畴。一般来说,所谓职业,就是人们由于社会分工和生产内部的劳动分工,而长期从事的具有专门业务和特定职责,并以此作为主要生活来源的社会活动。人们在一定的职业生活中能动地表现自己,就形成了一定的职业精神。

一、职业对社会成员精神生活和精神传统的影响

职业分工及由此决定的从事不同职业的人们对社会所承担的责任不同,影响着人们对生活目标的确立和对人生道路的选择,以至很大程度上影响着人们的人生观、价值观和职业观。

人们的职业活动方式及其对职业利益和义务的认识,对职业精神的形成有着决定性作用。一个人一旦从事特定的职业,就直接承担着一定的职业责任,并同他所从事的职业利益紧密地联系在一起。他对一定职业的整体利益的认识,促进其对于具体社会义务的文化自觉。这种文化自觉,可以逐步形成职业道德,并进而升华为职业精神。

职业活动的环境、内容和方式,以及职业内部的相互作用,强烈影响着人们的兴趣、爱好以及性格、作风。其中包含着特定的精神涵养和情操,反映着从业者在职业品质和境界上的特殊性。可见,所谓职业精神,就是与人们的职业活动紧密联系、具有自身职业特征的精神,反映出一个人的职业素质。

二、职业精神的实践内涵

(一)敬业

敬业是职业精神的首要实践内涵,即社会成员特别是从业者对适应社会发展需要的各类职业,特别是自己所从事的职业的尊敬和热爱。敬业本质上是一种文化精神,是职业道德的集中体现;是从业者希望通过自身的职业实践,去实现自身的文化价值追求和职业伦理观念。敬业与人的存在方式、人的本质、人的全面发展都有着直接的联系,并共同构成职业精神的完整价值系统。从事职业活动,既是对社会承担职责和义务,又是对自我价值的肯定和完善。职业精神所要求的敬业,承载着强烈的主观需求和明确的价值取向,这种主观需求和价值取向构成从业者实践活动的内在尺度,规定着职业实践活动的价值目标。

马克思在其中学毕业论文《青年在选择职业时的考虑》中写道:“在选择职业时,我们应该遵循的主要指针是人类的幸福和我们自身的完美。不应认为,这两种利益是敌对的、互相冲突的,一种利益必须消灭另一种的;人类的天性本来就是这样的:人们只有为同时代人的完美、为他们的幸福而工作,才能使自己也达到完善。”“如果我们选择了最能为人类服务的职业,我们就不会为任何沉重负担所压倒,因为这是为全人类作出牺牲;那时我们得到的将不是可怜的、有限的和自私自利的快乐,我们的幸福将属于亿万人,我们的事业虽然并不显赫一时,但将永远发挥作用,当我们离开人世之后,高尚的人将在我们的骨灰上洒下热泪。”马克思在青年时期就树立的为全人类服务的崇高敬业精神,为我们树立了光辉的榜样。

(二)勤业

唐朝韩愈在《进学解》中写道:“业精于勤,荒于嬉;行成于思,毁于随。”大概意思是说:学业由于勤奋而精通,但它却荒废在嬉笑玩耍中;事情由于反复思考而成功,但它却能毁灭于随大流。

古往今来,多少成就事业的人来自“业精于勤,荒于嬉”。有一个很好的典故说的也是这个道理。战国时期的苏秦,虽有雄心壮志,但由于学识浅薄,一直得不到重用。后来他下决心发奋读书,有时读到深夜,实在疲倦、快要打盹的时候,就用锥子往自己的大腿上刺去,刺得鲜血直流。他用这种“锥刺股”的特殊方法驱逐睡意，振作精神，坚持学习，后来终于成了著名的政治家。“不劳而获黄粱梦”这句话就说明天下没有免费的午餐，比如学习，靠的是多学、多练、多思，若是只顾着玩，学习便会退步，如逆水行舟，不进则退。“业精于勤，荒于嬉”也表明，精湛的业技靠的是勤学、刻苦努力。

（三）创业

我们开展的以中国式现代化全面推进中华民族伟大复兴是一项全新的事业。在这个意义上，我们仍处在持续不断的创业进程之中，需要继续发扬创业精神。“创新是一个民族的灵魂，是一个国家兴旺发达的不竭动力。”

职业发展的动力在于创新。面对世界科技进步日新月异的挑战，面对我国现代化建设提出的巨大需求，我们的职业活动必须开阔眼界，紧跟世界潮流，抓住那些对经济、科技、国防和社会发展具有战略性、基础性、关键性作用的重大课题，抓紧攻关，自主创新，不断有所发现，有所发明，有所创造，有所前进。历史反复证明，推进职业发展，关键要敢于和善于创新。有没有创新能力，能不能进行创新，是当今世界范围内经济和职业竞争的决定性因素。我们要坚持解放思想、实事求是，一切从实际出发，主观与客观相一致，理论与实践相统一，及时提出适应职业实践发展要求的方针政策，及时改革生产关系中不适应生产力发展、上层建筑中不适应经济基础发展的环节，不断从人民群众在实践中创造的新鲜经验中吸取营养，改进和完善我们的工作。

（四）立业

中国特色社会主义进入新时代，以中国式现代化全面推进中华民族伟大复兴是我们目前所要“立”的根本大业。各行各业的职业精神必须服从和服务于这个大业。需要清醒地看到，我国正处于并将长期处于社会主义初级阶段，但综观全局，对我国来说，当前和今后一个时期是一个必须紧紧抓住并且可以大有作为的重要战略机遇期。我们一定要高扬社会主义职业精神，集中各方力量，加速追赶超越，使经济更加发展、民主更加健全、科教更加进步、文化更加繁荣、社会更加和谐、人民生活更加殷实。我们核心的职业任务就是用习近平新时代中国特色社会主义思想指导职业实践，全面推进社会主义物质文明、政治文明和精神文明建设,努力开创中国特色社会主义事业新局面。

三、榜样的力量是无穷的,职业精神的代表人物——雷锋

雷锋,1940年12月18日出生于湖南长沙。中国人民解放军战士、共产主义战士。1954年加入中国少年先锋队,1960年参加中国人民解放军,同年11月加入中国共产党。1961年5月,雷锋作为全团候选人,被选为辽宁省抚顺市第四届人民代表大会代表。1962年2月19日,雷锋以特邀代表身份,出席沈阳军区首届共产主义青年团代表会议,并被选为主席团成员在大会上发言。1962年8月15日,雷锋因公殉职,年仅22岁。

辽宁省档案馆研究人员李影介绍,雷锋的一个重要品质就是干一行爱一行、专一行精一行。雷锋是我们大家都应该学习的榜样。

1958年11月初,鞍山钢铁公司(以下简称“鞍钢”)招工人员刚刚到达湖南省望城县,雷锋便马上向农场领导提出请求:“让我到鞍钢去当个炼钢工人吧!”雷锋是望城县培养出的第一批拖拉机手,而且思想进步,在青年中间威信很高,大家都舍不得他离开。有人劝他:“东北可冷呢,听说撒泡尿都能冻成冰。南方人到那里去怕受不了啊!”雷锋却说:“我才不信呢,在东北的人多得很,哪听说有冻死的。为了建设祖国,青年人就应该到艰苦的地方去。”在他的一再申请下,雷锋终于如愿进入鞍钢。

1958年9月,18岁的雷锋来到了日思夜想的鞍钢。组织上考虑到他是一名拖拉机手,便分配他到化工总厂洗煤车间当推土机学徒。没能当上炼钢工,心有不甘的雷锋找到洗煤车间主任说:“我一心一意来炼钢,为啥非让我开推土机?”经过主任的耐心解释,雷锋认识到大工业生产就像一架大机器,每一项工作就像一颗螺丝钉,便欣然接受了工作安排。

雷锋当时驾驶的是“斯大林80号”推土机,因为车头高大,身材较矮的雷锋坐进去几乎看不到前面的土铲,站起来头又直顶天棚,每天只能猫着腰操作。值班主任见他开大车太吃力,想给他换辆小型推土机,雷锋却坚决不肯,说:“开大车比小车推得多,这点困难算什么,我能克服!”

1959年3月,鞍钢对各厂学徒工进行技术考核,雷锋获得了“冶金工业部鞍山钢铁公司安全操作允许证”,原本需要一年时间才能出徒,他只

用了4个月就成为一名熟练的推土机手,并成为模范工人。

同年8月,鞍钢决定在弓长岭新建一家焦化厂,雷锋主动请缨,要求到条件艰苦的弓长岭矿去。当时的弓长岭矿远离市区、一片荒芜,连工人宿舍都没有。雷锋和小伙伴们来到弓长岭矿的第一项任务便是修建宿舍。上山采石头,雷锋拣重的挑;运木料,雷锋挑大的扛。入冬后气温降低,和泥进度明显变慢。情急之下,雷锋卷起裤管,脱下鞋子,两脚跳进泥浆使劲地踩踩。在雷锋的带动下,大家纷纷跳进泥浆……

"雷锋白天忘我地工作,晚上如饥似渴地读书,他的每一天都过得紧张而充实。"李影说。

一天晚上,正在调度室值班学习的雷锋,忽然发现外面下起大雨,听说工地上还有六节敞车水泥露天放着,雷锋立即带领20余名小伙子临时组成抢救水泥突击队,忙着找来雨布、芦席,抬的抬,盖的盖。盖到最后一批水泥时,雨布、芦席都用光了,雷锋毫不迟疑地脱下衣服盖在上面……

雷锋在鞍钢工作的一年多时间里,先后3次被评为厂先进工作者,5次被评为红旗手,18次被评为生产标兵,3次被评为节约能手,并荣获"青年社会主义建设积极分子"光荣称号。

李影说,雷锋于1960年1月8日入伍。夏季,辽阳遭受了百年不遇的洪水侵袭。雷锋得知消息后,把积攒的100元钱寄给了灾区。他在信中这样写道:"现在国家和人民有困难,我是一名中国人民解放军战士,我一定要挺身而出,以实际行动来支援灾区人民。"

当年8月的一个傍晚,雷锋正在和战友学习汽车理论。突然,西边一栋楼冒出浓烟,雷锋立即带领战友冲了过去,爬上房脊挥起扫帚灭火。灭完火才发现鞋子、衣服都烧坏了,双手也烧伤了。几天后,当地山洪暴发,正在拉肚子、手伤未愈的雷锋没有听从连长李超群"留守值班"的安排,又赶到了水库大坝抢险。

1960年11月,雷锋作为唯一的新兵和100余名老兵一起入党。这在当时,无疑是一次破例。这一天,他在日记中写道:1960年11月8日是我永远不能忘记的日子,今天我光荣地加入了中国共产党,实现了自己崇高的理想。

在李影摊开的一封抚顺市和平人民公社给雷锋所在部队的感谢信中,

我们看到这样的话:“你部十五小队雷锋同志,怀着兴奋的心情,带着不知积蓄了多久的200元人民币来到我社筹建办公室……他这种精神,使我们深受感动。”

李影说,那是1960年8月的一天,雷锋从广播中得知抚顺市望花区成立人民公社,便准备把自己节省下来的津贴费和在鞍钢工作时的全部积蓄共200元钱捐给公社。这在当时的困难时期,可是一笔不小的数目。工作人员劝他把钱寄回家,他说:“公社就是我的家,这钱是给家的。”话不多,却真诚、朴实和感人。工作人员被他感动,同意只收下100元。雷锋把剩下的100元寄给了遭受百年不遇特大洪灾的辽阳市。

1960年12月1日,沈阳军区《前进报》首次发表雷锋从1959年8月30日至1960年11月15日的15篇日记。“‘如果你是一滴水,你是否滋润了一寸土地……’这篇日记的复印件保存在省档案馆中。”李影说,“这句话也成为半个世纪以来,每一个中国人对人生价值的叩问——一个人该如何活着?”

李影说,雷锋在抚顺的军营里度过了两年零七个月的时光,先后荣立二等功1次、三等功2次、团营嘉奖多次,还获得了“模范共青团员”称号,1961年5月当选为抚顺市人大代表。

1962年6月上旬,沈阳军区政治部批准雷锋作为沈阳军区代表赴北京参加10月1日的国庆观礼,然而,在8月15日这一天,雷锋因公殉职。

1963年3月5日,毛泽东等中央领导人题词、发出“向雷锋同志学习”的伟大号召,每年的3月5日成为“学雷锋纪念日”。从此,人们高声唱着“学习雷锋好榜样”的歌曲,学习雷锋干一行爱一行、专一行精一行的精神。

四、职业精神的代表团队——赵梦桃小组

赵梦桃小组是1963年4月27日以已故全国劳动模范赵梦桃同志名字命名的全国先进班组。半个世纪以来,赵梦桃小组坚持以“高标准、严要求、行动快、工作实、抢困难、送方便”的“梦桃精神”建组育人,长期保持全国先进班组称号,历任13任组长均为全国或省部级劳动模范,有11人分别出席过中国共产党全国代表大会、全国人民代表大会、中华全国总工

会代表大会、中华全国妇女代表大会。

2017年，赵梦桃小组被中宣部、中央文明办、中华全国总工会授予全国十大“最美职工”荣誉称号。同年9月，赵梦桃小组又被评为陕西省纺织服装行业“十大工匠”。

据中国文明网等媒体报道，半个多世纪的岁月沧桑，赵梦桃小组靠着对责任的担当，靠着对事业的奉献，一批又一批梦桃的传人在“梦桃精神”的哺育下茁壮成长，吴桂贤、翟福兰、王广玲、韩玉梅、周惠芝，这些模范先进人物踏着梦桃的足迹，使梦桃小组在历经我国新旧经济体制的历史巨变，在践行社会主义核心价值观的伟大实践中，在企业改制破产重组、搬迁入园的重大改革发展过程中，始终红旗不倒，保持着先进小组的荣誉。小组曾先后荣获全国“三八”红旗集体、全国工人先锋号、全国女职工建功立业标兵岗、全国模范职工小家、全国先进班组卓越贡献奖、全国纺织工业先进集体、陕西省青年文明号标兵、陕西省巾帼文明示范岗、陕西省岗位学雷锋示范点等三四十项全国、省市级先进荣誉称号。

（一）坚持传承和弘扬“梦桃精神”，狠抓育人建组再上新台阶

一直以来，“梦桃精神”都是梦桃小组发展的精神支柱。虽然组长换了十几任，组员换了数百人，但梦桃的传人们始终高扬梦桃的旗帜，薪火相传，生生不息，把“梦桃精神”融入血脉，化为行动，干纺织、爱纺织、献身纺织，做出了优异成绩，形成了好组风，带出了好队伍，创出了好经验。

2014年底，企业响应政府号召，实施退城入园，小组原所在的企业西北国棉一厂搬迁至咸阳纺织集团有限公司成为集团公司一分厂，小组也由西北一棉细纱车间乙班赵梦桃小组变更为咸阳纺织集团一分厂纺部车间乙班赵梦桃小组。在企业搬迁的过程中，大量的熟练工离开了工作岗位。面对小组工作遇到了“80后”“90后”新一代组员接班，其价值观念多元化，责任感、使命感相对淡漠，整体技术水平和综合素质不能适应小组建设和企业发展的需要等一系列挑战，为了使组员尽快融入小组，小组采取“三个坚持”育人建组，即坚持以“梦桃精神”教育人，坚持以小组优良传统凝聚人，坚持以小组多年的好作风、好方法管理人；并组织开展了“构建‘三种环境’，融入‘三大教育’”等班组系列教育活动，即“构建温暖温馨生活环境，进行梦桃精神和优良传统教育”“构建积极、规范的集体环境，

进行企业文化教育”“构建诚实劳动、岗位成才的职业环境，进行理想使命教育”。

梦桃小组还对组员做到“一成不变”，那就是对组员的关心、体贴和爱护人的做法“一成不变”，使班组成员在谈心家访、生病探亲中真实感受到集体的温暖，全组组员心往一处想，劲往一处使，为永葆小组的先进性奠定坚实的思想基础。小组因此被授予“全国工人先锋号”称号。

（二）狠抓组员操作技术水平，不断提升小组工作效率

企业搬迁入园后，不仅职工队伍全面更迭，而且在生产过程中，员工面对的是全新的环境、全新的设备、全新的工艺、全新的操作法。作为全国先进班组，梦桃小组的每名组员深感肩上的责任重大。如何做好小组工作，继续发挥好模范带头作用是小组首先思考的问题。为此，小组多次召开会议讨论研究，最终，小组得出结论：要用一流的设备生产出一流的产品，必须有一流的操作技术水平。为此，小组开展了 3 个月的技术练兵。

3 个月 90 天，小组组长王晓荣天天和组员们在一起，充分发挥她具有高超的操作技术的特长，带着组员们班中练、班后练、业余时间练，并根据每个人技术的差距有针对性地进行示范与手把手帮教。在 3 个月的集中培训期，王晓荣发现组员成梦梦是一位有潜力的好苗子，便一边耐心地给她讲解动作要领，一边不厌其烦地做示范，把她完全当成年轻时的自己。作为新工的薛肖肖看在眼里、记在心里，她坚持班中空闲时间练习，班后加班反复琢磨练习，技术水平提高飞快，在企业举办的操作比赛中取得了优异成绩。小组其他组员也比学赶帮超，苦练操作技术，半年后，小组整体操作优一级率由原来的 75% 上升到 92%，全体新组员很快成为小组生产的中坚力量。在此基础上，小组积极配合车间创新细纱长车值车、落纱工作法，为新型细纱机的值车、落纱工作法在车间的全面实施起到了模范带头作用。小组因此被授予“全国三八红旗集体”“全国女职工建功立业标兵岗”称号。

（三）围绕生产创新管理，确保小组各项指标领先完成

为了充分调动小组职工特别是新工工作的积极性，小组创新管理，积极开展各种竞赛活动，以党员“四长骨干”带头，先后开展了“清洁百分赛”

"白花节约明星赛""拾杂捉疵明星赛"等一系列活动,并在老组员和新组员中开展了"一帮一"帮教结对子活动,而且把以往值车工自由调车的规定改变为新工和技术苗子不调车,老组员们对此毫无怨言,这些管理措施的实施极大地调动了大家的工作积极性。在此基础上,小组还把各项指标层层落实到每个岗位、每名组员。由小组"四长委员"分工检查落实各项指标的完成,每周召开一次生产分析会,对每名组员计划完成、节约降耗等进行综合讲评,并把各项考核指标与个人奖金、先进评比等挂钩,增强了组员的工作积极性,从而保证了小组生产指标的顺利完成,实现了质量无差错、安全无事故,生产指标名列前茅。小组因此获得全国先进班组卓越贡献奖和"全国纺织工业先进集体"的荣誉称号。

(四)全面贯彻精益管理理念,努力降低小组生产成本

目前,纺织市场供大于求,竞争激烈,为了降低成本,增加效益,集团公司积极倡导精益管理理念,即在创造价值的目标下不断消除浪费。梦桃小组多次组织组员学习集团公司领导关于精益化管理的有关讲话和精益化管理的专业知识,教育全体组员时刻树立节约意识、成本意识,从节约每一度电、每一根纱、每一两白花、每一个机配件做起,加强巡回,减少空锭,将每个岗位的空锭率控制在2‰以内,换粗纱保证在一层以内。杜绝浪费,降低消耗,不断提高成本综合利用率,为企业实现价值最大化作出了贡献,小组的回花率一直控制在1.7%以内,粗纱头率控制在0.5%以内,每年平均生产棉纱1600吨,节约回花1.2万千克。小组因此被授予"陕西省青年文明号标兵""陕西省巾帼文明示范岗"称号。

(五)始终坚持人性化管理,不断增强小组的凝聚力

多年来,赵梦桃小组始终秉承"梦桃精神",历任小组组长肩扛责任,带领小组拼搏奋勇争先。时任梦桃小组组长王晓荣始终把"和谐班组"作为小组建设的重要目标,坚持以人为本的管理理念,传承和弘扬梦桃小组"五必访""六必谈""七知道"等人文关怀的优良传统,把思想政治工作贯穿到小组的日常管理中,做到小组姐妹的心坎上。每当有新组员进组,王晓荣给她们上的第一堂课总是"梦桃精神"课,带领她们参观梦桃展室,为梦桃扫墓,聆听梦桃的生前录音。

王晓荣还把老组长赵梦桃的精神和小组的传统体现到"五不忘"中:

说话不忘组长身份，遇到困难不忘依靠组员，同志有病、有难不忘看望慰问，处理问题不忘态度好、尊重人，外出回来不忘立即上班。组长王晓荣既把组员当作工作中的同事，又把她们看作生活中的朋友，甚至是自己的姐妹。新工陈金娟刚来小组没几天就想念家人，因自己不会计划，工资很快花光了，急于回家却没有钱买车票。王晓荣知道这事后，及时送钱给她做路费。其他同事开玩笑说："现在新工说不来就不来了，小心钱打了水漂。"王晓荣也半开玩笑地讲："现在新工不好留，给了钱有可能回来，但不给钱就可能真不回来了。"

有时小组组员不安心进行本职工作，王晓荣会花大量时间与她们谈心、做家访、做深入细致的思想政治工作。小组姐妹有家庭纠纷时，她积极做调解疏导工作。在企业实施搬迁过程中，她组织小组姐妹认真学习有关政策法规，充分领会并积极向车间其他班组成员宣传和解读政策，引导大家理解并支持企业搬迁。在她的带动下，组员们长期自觉提前上岗、班后练兵，生产紧张时扩台扩岗，自觉参加捐款、捐物等各类社会救济活动。

为了让"梦桃精神"深深根植企业，广泛传播于社会，小组还积极开展志愿服务活动，努力为构建和谐社会贡献力量。小组先后加入了陕西省慈善协会、咸阳市总工会志愿者服务队，开展义务植树、除草、看望孤寡老人、去儿童福利院送书等活动。

自 2014 年小组成为《今日咸阳》特约志愿者服务队以来，先后开展了绿色出行巡游、担当义务交通协管员、为环卫工人送清凉等志愿服务活动 8 次。小组用实际行动诠释着社会主义核心价值观中"爱岗、敬业、诚信、友善"的核心价值。小组因此获得"全国模范职工小家""陕西省岗位学雷锋示范点"荣誉称号。

在全国人民齐心协力为"十四五"发展目标而不懈奋斗的新形势下，赵梦桃小组成员深深牢记老组长赵梦桃"高标准、严要求、行动快、工作实、抢困难、送方便、不让一个姐妹掉队"的嘱托，坚持"举旗要有新思路，继承要有新内涵，管理要有新方法，先进要有新贡献"的传承理念，虚心学习和借鉴兄弟班组的先进经验和做法，创新实践新形势下班组建设的新模式，以实际行动和更加优异的成绩将"梦桃精神"不断发扬光大，让"梦桃精神”这面旗帜在新时期更加鲜艳夺目，为企业经济效益的提高和陕西乃至全国纺织经济的发展作出重要贡献，是我国纺织工业战线上熠熠生辉的楷模集体！

附录：习近平总书记勉励赵梦桃小组争做新时代的最美奋斗者

近日，习近平总书记对咸阳纺织集团赵梦桃小组亲切勉励，希望大家在工作上勇于创新、甘于奉献、精益求精，争做新时代的最美奋斗者。

在新中国成立70周年前夕，咸阳纺织集团赵梦桃小组全体成员给习近平总书记写信汇报了赵梦桃小组的发展历程和近年来的工作成绩，表达不忘初心、将“梦桃精神代代相传”的决心和扎实做好班组建设与生产工作的信心。近日，习近平总书记对赵梦桃小组亲切勉励，希望大家继续以赵梦桃同志为榜样，在工作上勇于创新、甘于奉献、精益求精，争做新时代的最美奋斗者，把梦桃精神一代一代传下去。

11月12日，省委书记胡和平到咸阳纺织集团向赵梦桃小组转达习近平总书记的亲切勉励，并主持召开座谈会。大家认真学习习近平总书记的亲切勉励，激动之情溢于言表。赵梦桃小组第十三任组长何菲，组员赵菲菲、唐国燕，咸阳市委、咸阳纺织集团负责同志分别发言。大家倍感温暖、无比振奋，表示一定牢记习近平总书记的亲切勉励和谆谆教导，爱党信党跟党走，不忘初心、牢记使命，发扬梦桃精神，撸起袖子加油干，努力为祖国纺织工业振兴发展、推动新时代陕西追赶超越贡献力量。

胡和平指出，在全省上下认真学习贯彻党的十九届四中全会精神之际，习近平总书记对赵梦桃小组给予亲切勉励，对梦桃精神充分肯定，对全省广大职工和劳动者提出殷切希望，为我们推动新时代陕西追赶超越增添了强大精神动力。全省各级要把学习贯彻习近平总书记的亲切勉励与学习贯彻习近平新时代中国特色社会主义思想和党的十九届四中全会精神结合起来，进一步增强“四个意识”、坚定“四个自信”、做到“两个维护”，始终同以习近平同志为核心的党中央保持高度一致。

胡和平强调，全省广大职工要结合“不忘初心、牢记使命”主题教育，深刻学习领会习近平总书记的亲切勉励，自觉汲取动力和力量，传承和弘扬好梦桃精神，坚守爱国情怀，坚定奋斗意志，在新的征程中奋力奔跑，不断取得新进步、创造新业绩，争做新时代的最美奋斗者。要勇于创新，进一步解放思想观念，强化创新意识，培养创新思维，主动适应结构调整、产业升级需求，把创新融入产品制造、技术攻关等各方面，最大限度地焕发创造活力、释放创新潜能，不断创造出更多更好的创新成果。

胡和平要求，要甘于奉献，珍惜荣誉、再接再厉，弘扬社会主义核心价值观，树立良好的社会公德、职业道德、家庭美德、个人品德，大力弘扬劳模精神、劳动精神，唱响劳动最光荣、劳动最崇高、劳动最伟大、劳动最美丽的主旋律，在平凡的岗位上做出不平凡的业绩。要精益求精，积极践行工匠精神，强化质量意识，涵养专心专注、严谨细致、追求卓越的理念，在勤学苦练中掌握技能，在潜心钻研中增长才干，真正做到干一行、钻一行、精一行，在新时代的长征路上再立新功。

1952 年，国营西北第一棉纺织厂成立，17 岁的赵梦桃积极响应党和国家号召，以忘我的工作热情，积极投身到新中国的社会主义建设中，在此后的 11 年时间把毕生心血都倾注给了纺织事业，由于表现优异、贡献突出，她被评为全国劳动模范，并光荣地出席了党的第八次全国代表大会。1963 年，陕西省授予赵梦桃“优秀共产党员、模范共青团员、先进工人的典范”荣誉称号，命名赵梦桃所在的班组为“赵梦桃小组”。56 年来，几代赵梦桃小组组员传承“高标准、严要求、行动快、工作实、抢困难、送方便”的梦桃精神，在工作中作表率、当先锋，生产指标月月领先，工作任务年年超额完成，为全省和全国班组建设树立了旗帜。今年，在新中国成立 70 周年之际，赵梦桃荣获全国“最美奋斗者”称号。陕西省委号召全省广大干部群众要向赵梦桃小组学习，积极投身新时代陕西追赶超越生动实践，将梦桃精神一代一代传下去。(《陕西日报》2019 年 11 月 12 日)

习近平总书记亲切勉励赵梦桃小组在咸阳引起热烈反响

习近平总书记对咸阳纺织集团有限公司赵梦桃小组的亲切勉励，在咸阳引起热烈反响。习近平总书记希望大家继续以赵梦桃同志为榜样，在工作上勇于创新、甘于奉献、精益求精，争做新时代的最美奋斗者，把梦桃精神一代一代传下去。

咸阳市委书记岳亮在接受采访时表示："习近平总书记对赵梦桃小组的亲切勉励，语重心长、充满感情，既是对赵梦桃小组的高度赞誉，更是殷切希望；既是对广大职工和劳动者的关心厚爱，更是对'高标准、严要求、行动快、工作实、抢困难、送方便'和'不让一个伙伴掉队'的梦桃精神的充分肯定，给了我们巨大鼓舞和深刻教育，为咸阳在新时代追赶超越增添了强大精神动力。下一步我们要把学习领会习近平总书记的亲切勉励作为当前全市上下的一项重大政治任务，迅速纳入'不忘初心、牢记使命'主题教育，准确、深入、全面领会亲切勉励的内涵要义，确保每一个党支部、每一名党员都受到亲切勉励的激励、鼓舞和鞭策。同时，教育引导党员干部在工作上勇于创新、甘于奉献、精益求精，牢记'幸福都是奋斗出来的'，以主人翁姿态不懈奋斗、艰苦奋斗、团结奋斗。"

咸阳纺织集团有限公司党委书记、董事长范振华表示："得知习近平总书记对赵梦桃小组亲切勉励的消息后，我们全体职工都无比激动。习近平总书记的亲切勉励，字字暖心、催人奋进，既是谆谆教导，也是殷切期望，是对我们纺织工人的亲切关怀，给予了我们极大的鼓舞。我们将从习近平总书记的亲切勉励中汲取养分、激发干劲、凝聚力量，在打赢企业转型升级攻坚战、推进高质量发展的征程上砥砺奋进。"

全国道德模范、咸阳道北中学教师呼秀珍表示："习近平总书记对赵梦桃小组的亲切勉励，让我感到无比的喜悦和激动。作为一名教师，我要学习梦桃精神，在工作中勇于创新、甘于奉献、精益求精，以创新的思维、开阔的眼界和奉献的精神引领学生追梦、圆梦。赵梦桃是一个时代的精神坐标，梦桃精神将不断激励我不忘初心、砥砺前行，把一切奉献给我所热爱的教育事业，努力肩负起培养社会主义接班人的时代重任。"

咸阳纺织集团有限公司一分厂赵梦桃小组时任组长何菲在得知习近平总书记给予她们亲切勉励后十分激动。她说："总书记的亲切勉励让我感到格外振奋，因为这是对梦桃小组每一个组员最大的精神鼓舞。总书记勉励我们，要以老组长赵梦桃为榜样，在工作中勇于创新、甘于奉献、精益求精，争做新时代的最美奋斗者，把梦桃精神一代一代传下去。作为新时代的纺织青年、梦桃精神的传人，我们一定不负众望，将梦桃精神继续传承好、发扬好，在平凡的岗位上做出不平凡的业绩。"

咸阳市总工会副主席任恒敏表示:“习近平总书记的亲切勉励,充分体现了总书记对赵梦桃小组的亲切关怀和殷切期望。作为工会干部,我们要认真学习贯彻习近平总书记的亲切勉励,继续弘扬传承梦桃精神、劳模精神和工匠精神,努力营造崇尚劳动、尊重劳动的良好社会氛围。”(《陕西日报》2019 年 11 月 13 日)

附录:中共陕西省委办公厅关于开展向“三秦楷模”施秉银、付凡平同志和赵梦桃小组学习活动的决定

为深入学习贯彻习近平总书记关于统筹推进新冠肺炎疫情防控和经济社会发展工作的重要讲话、重要指示,充分发挥先进典型的示范引领作用,积极践行社会主义核心价值观,培养担当民族复兴大任的时代新人,为夺取疫情防控和实现经济社会发展目标双胜利凝聚强大力量,经省委同意,决定在全省开展向“三秦楷模”施秉银、付凡平同志和赵梦桃小组学习活动。

施秉银,男,1959 年生,中共党员,系西安交通大学第一附属医院院长,内分泌科主任医师,博士生导师。施秉银同志是不忘初心、勇于担当、胸怀家国的优秀医务工作者。从医 37 年来,他始终把病人利益摆在第一位,探索构建全国医疗体新模式,利用互联网免费为 5 万余名患者在线问诊,牵头实施西北慢病防控重大专项,为研制人类甲亢疫苗艰辛探索。新冠肺炎疫情发生后,他身先士卒,不畏风险,率领西安交大一附院 142 人医疗队驰援武汉,与时间赛跑,同病魔较量,全力救治患者,已连续奋战 30 多天,为疫情防控“武汉保卫战”作出突出贡献。他先后获得全国五一劳动奖章、中国医师奖、全国医德标兵等荣誉。

付凡平,女,1972 年生,系延安市宜川县云岩镇辛户行政村高楼村人。付凡平同志是身残志坚、自强不息、脱贫致富的带头人。18 岁时一场大火,使她失去了双手,丧失了劳动能力。她以顽强的毅力,克服重重困难,创建了宜川县蒙恩农场农产品经销有限责任公司,建立蒙恩农场残疾人扶贫基地,带动 150 余户贫困户和 400 多名残疾人脱贫致富。疫情发生后,她向奋战在武汉一线的防疫和医护人员捐赠了 620 箱酥梨,用爱心传递力量,赢得广泛赞誉,同时安排公司及时复工,恢复电商平台运营,积极带领

群众巩固脱贫成果。她先后获得全国农村青年致富带头人、全国自强模范、陕西省道德模范等荣誉。

赵梦桃小组是以全国劳模赵梦桃的名字命名的先进班组。1963 年以来,赵梦桃小组历经企业改制重组、搬迁入园等发展历程,坚守纺织报国的初心使命,始终秉承梦桃精神代代传,以劳模精神建组育人,以创新管理加强建设,以集体智慧建功立业。2019 年 11 月,习近平总书记给赵梦桃小组亲切回信,勉励大家继续以赵梦桃同志为榜样,在工作上勇于创新、甘于奉献、精益求精,争做新时代的最美奋斗者,把梦桃精神一代一代传下去。疫情发生以来,她们迅速行动,为湖北疫情防控捐款捐物,积极复工复产,跑出提高产能加速度,为疫情防控和实现纺织行业发展双胜利作出贡献。57 年来,赵梦桃小组培养出了 10 余位国家级、省部级劳模和 19 位省部级技术标兵、操作能手,先后荣获全国先进班组、全国工人先锋号等多项称号。

省委号召,全省广大干部群众和各行各业要向"三秦楷模"施秉银、付凡平同志和赵梦桃小组学习。

学习他们坚守初心使命、永远奋斗的优秀品格,始终保持为党和人民事业奉献一切的精神,争做习近平新时代中国特色社会主义思想的坚定信仰者和忠诚实践者;

学习他们舍身忘我、矢志奉献的崇高境界,始终把人民群众的健康安全、幸福生活放在首位,用实际行动诠释时代新人的价值追求;

学习他们恪尽职守、埋头苦干的朴实作风,把自身努力融入到全省改革发展的生动实践当中,在平凡岗位上作出不平凡业绩;

学习他们勇于担当、冲锋在前的拼搏精神,在关键时刻站得出来、危急关头顶得上去的担当作为。

全省各级党组织要以习近平新时代中国特色社会主义思想为指导,加强组织领导,全面深入推进,认真开展向"三秦楷模"施秉银、付凡平同志和赵梦桃小组学习活动,把学习活动与巩固深化"不忘初心、牢记使命"主题教育成果结合起来,与贯彻落实中央决策部署,省委关于做好统筹推进新冠肺炎疫情防控和经济社会发展工作安排、坚决完成脱贫攻坚任务结合起来,与抓紧经济社会发展各项工作、落实"六稳"措施、全力组织春耕生产、抓好项目建设和产业发展、深化改革开放、加大保障民生结合起来，充分发挥“三秦楷模”的示范引领作用，激励全省广大党员干部群众以更加坚定的信心、更加顽强的作风，众志成城，迎难而上，共克时艰，努力把疫情影响降到最低，为决胜全面建成小康社会、决战脱贫攻坚，夺取疫情防控和实现经济社会发展目标双胜利作出更大贡献。(《陕西日报》2020 年 3 月 23 日)

第五节

工匠精神是对职业高度的社会认同

职业认同是指一个人从内心认为自己从事的职业有价值、有意义，并能从中找到乐趣。职业认同一般是在长期从事某种职业活动过程中，对该职业活动的性质、内容，职业社会价值和个人意义，甚至对职业用语、工作方法、职业习惯与职业环境等都极为熟悉和认可的情况下形成的。

热爱自己的工作，为自己的工作骄傲是现代工匠精神最重要的方面，这种骄傲并非建立在辉煌成就或高报酬的基础上的，因为工匠并不一定是拥有伟大成就的人，也不一定是拥有好多财富的人。如果一个人对职业的认同是建立在高收入或名气的前提下，这样的人往往不能称之为“工匠”，也不可能成为“工匠”。无论是传统工匠还是现代工匠，高超的技艺、超一流的水平都是其基本表现，而这都非一朝一夕之功，需要持久的磨炼和探索，需要耐得住寂寞，守得住清贫，受得住嘲讽，承受得了失败的风险，正如美国亚力克·福奇所说，“真正的工匠精神意味着风险和非常规的行为”。

因此，现代工匠精神首先就表现为高度的职业认同，把工作视为一种信仰，一种兴趣和爱好，而不是谋生的工具。如中国商飞集团高级钣金工王伟,因为热爱而坚守,在原有企业解散下岗另谋生计后从未放弃自己的原有技艺,每天坚持敲打,当听到中国要造自己的大飞机需要钣金工时,立即放弃自己较高收入的工作,以 3 个月试工,1000 余元月薪的低廉条件重操旧业。

“大国工匠”王伟敲出大飞机精美弧线。2016 年 10 月 19 日《大飞机报》报道,王伟,1967 年出生,中共党员,钣金高级技师,2007 年 12 月入职上飞公司,现任公司钣金制造车间钣金七组组长,从事 ARJ21 新支线飞机和 C919 大型客机钣金零件制造及波音 787 系列、空客 A320 货舱门及民品项目钣金零件的生产。荣获“中国商飞技术能手”“全国技术能手”“大国工匠”称号,获得国务院政府特殊津贴。

二十世纪八九十年代,随着一系列民用飞机生产线的陆续下马,上飞公司遇上了一次产业工人转岗潮。身为钣金工的王伟也在其中,但临走时,他带上了一块废弃的金属板,平时在家用木槌练习,锻炼基本功。

“受我爸影响,我也喜欢飞机,相信国家以后还会造飞机,这份手艺不能丢。” 王伟的父亲如今已经 81 岁高龄,在他家那间几乎没多少装饰物的客厅内,“王世达同志,光荣退休”的证书被挂在墙上,十分抢眼。

这位原上飞厂的退休工人,至今仍然记得当年自己参加过的“708”工程,在“运十”起飞时,跑道两旁人群欢呼的身影。“天道酬勤,做人、学本事都要脚踏实地。先做人,再做事,要尊重师傅,千万不能骄傲!”这是当时身为木模八级技工的父亲从小教育王伟的话,长期的耳濡目染,让王伟渐渐对“飞机”有了兴趣,也植入了一种精湛技艺的基因。

“知道我爸是造飞机的,当时我很自豪!”王伟父亲曾经在四川绵阳为“运十”的风洞试验制作 1 : 20 的等比例木质模型,王伟为自己的父亲骄傲,“小时候就在想,要么长大了能开飞机,要么能去制造飞机。”在直播对话网友时,王伟透露了他从小的梦想。在岁月的跌宕之后,王伟重新选择了国产民机事业,这是事业的传承,也是匠心的传承。

“看到我们的 ARJ21 新支线飞机交付运营、C919 大型客机下线,我爸很开心,他至今仍然有这么一个愿望,希望他在‘708’工程上的遗憾,我可以帮他在大飞机项目上实现。”这是上一代老航空人的梦,也是我国一代民机人的梦想。

2007年底，得知中国确立了大飞机项目，王伟用最短的时间联系上了自己当年的师傅。他回来了，钣金工，打造大飞机的零件，他喜欢这个工作。

“钣金的技巧在于对金属成形的控制，手上工具的应用，以及力的掌握，平时不断练习，可以锻炼钣金工的基本手艺——‘收’和‘放’。”在钣金成形中，对伸展、膨胀的金属进行收缩，简称“收”；而对收缩、拉紧的金属进行延展，简称“放”。这个基本加工技艺，王伟练得很熟。

通过社会招聘进入钣金制造车间，面对新的标准和任务，这位当时已经40岁的中年工人，并没有一丝手法上的生疏。以往的经验和没有丢弃的手艺，加上新入职后的勤奋与实践锻炼，王伟在当年的公司劳动竞赛中获得了优胜个人奖。2011年，一个新的机遇摆在他面前，王伟报名参加了全国技能竞赛。从报名那天起，每天晚上车间总有他苦练基本功、钻研钣金加工技术的身影。4月28日，他获得了“全国技术能手”荣誉称号，并在2012年度以工人的身份，获得国务院政府特殊津贴。

“当时，不管是车间领导还是班组长都很信任我，把困难的活交给我。”挑战难活，从王伟入职开始，就成了他习以为常的事情。

2014年，钣金制造车间突然接到C919大型客机首架机一处蒙皮的制造任务，项目节点要求很紧，除检验夹具和简易卡板之外，连申请任何辅助工装的时间也没有。但零件的制造难度却很高：不仅是长达3米的大尺寸变厚度蒙皮，而且采用了新材料铝锂合金，其材料的塑性和成形性能相对更低，对于需要成形的钣金零件来说，并不是理想材料，但其加工误差要求在0.25毫米以内。

“没有任何以往的生产经验可供借鉴，但活还要做，我和组员们一起组成了零件攻关团队。”这个“烫手山芋”，王伟接下了，他要挑战的是别人眼中的“不可能”。

讨论并确定制造工艺后，王伟带领团队从摸清铝锂合金的成形性能入手，先后找了五六种成形垫料进行变厚度零件的轧压成形试验来确定辅助垫料。由于没时间通过软件做模拟仿真，王伟只能一方面依靠前期试验所得的一些数据，另一方面通过自身从业经验，给出较为合适的成形补偿量，成功轧压出了蒙皮的大致弧度。

最后一道工序是最困难的，由于零件的不同厚度区域多，应力分布不均，单纯依靠机械轧压无法完全成形到位，还必须手工校形。“只有一次机会，校形过头就救不回来了！”王伟的话语很重，这对于校形者的技术以及心理素质提出了极高的要求。

凭借爱钻研的劲头以及几十年实践所练就的校形硬功夫，通过细扣每一锤的力度和着力点，在不同部位采用不同的校形工具和手法的考究，边校边量，边量边校，谨慎细致地对待每一锤，两天之后，王伟用塞尺进行检验。“零件在检验夹具上与卡板的间隙是 0.09 毫米，小于工程允许的 0.25 毫米公差。”王伟敲击的舱体与工装之间的缝隙，让 9 丝的塞尺都无法通过，他已经将公差缩小到了接近标准公差的三分之一。

“天道酬勤”“精益求精”，这两个词，王伟时常挂在嘴边，或许，这正是对他不断打磨自己手艺的最佳诠释。现已为钣金四组组长的陈胜超至今仍然很感激王伟，问及如何评价自己的师傅，他用了“睿智”一词。

“记得在 2013 年一场公司级比赛中，我因低级失误无缘前六名，以为寄予我厚望的师傅肯定会责骂我，可他却说了一句让我至今仍然记得的话，也因如此，我后来更加看清了自己，夺得了国家级比赛的冠军。”令陈胜超记忆深刻的是王伟的言传身教，“以你的入职时间来说，这不算失败，是我没把你教好。”

从刚入职时的中级工，到如今的钣金高级技师、钣金七组组长，王伟不仅在个人技艺上有着突出成绩，而且已经成为徒弟们心中的导师，一位称职的班组长。

自 2009 年钣金七组组建以来，从该班组先后走出了 2 名全国技术能手、1 名上海市杰出技术能手、1 名高级技师、3 名技师，钣金七组为车间培养输送了 5 位班组长和 2 名生产骨干，已经成为钣金制造车间名副其实的高技能人才培养熔炉。

“班组管理关键在人，把人才带好了，班组也就好了。”同样一步步走来，王伟总结出自己的带教“三步走”战略。

在如今的钣金制造车间，午餐后的休息时间里，乒乒乓乓的练习声敲得最热火朝天的班组，一定是钣金七组，而这就是王伟培养人才的第一步——自主训练。在指派骨干作为带教师傅之余，王伟会亲自与每位新人谈心，根据需要及时调整带教方式，通过每周布置练习作业，让新人们在实践中快速成长。

C919大型客机全机系统支架生产是一个数量庞大的工作任务，钣金七组负责制造的零件近4000项，在有限的时间里，工作难度不小。“全组人员一起上，这对新人们也是一次实战磨炼，我相信他们。”王伟敢于启动新人，正是对他们基本功的信任，而事实上，这也给了我们答案：这些零件的一次提交合格率达到100%。项目的实践引领，是王伟培养人才的第二步。

而培养人才的第三步，就是技能竞赛。“参与比赛的过程不仅可以同台竞技、相互交流，其间所暴露出的短板，同时也可以为他们指明努力提升的方向。”王伟鼓励组员们积极参与，自2012年起，在车间每年举办两次的技能竞赛中，钣金七组累计共有42人次获得各级比赛的前六名，约占车间获奖总人数的61%；共有5人次获得关于等级工提前晋升或免操作考等相应的优惠政策；在前两届全国钣金职业技能竞赛中，共有6人次获得前六名，其中有3人比赛成绩突出，直接晋升为技师。

“零件生产离不开技能工人，技能工人技能水平的提高，才能保证我们产品的质量。要把他们的创新理念一点点带出来。”或许多年前的王伟也未曾想到，如今的他，正继承着一代航空人的梦想，薪火相传地谱写着航空报国的荣光。

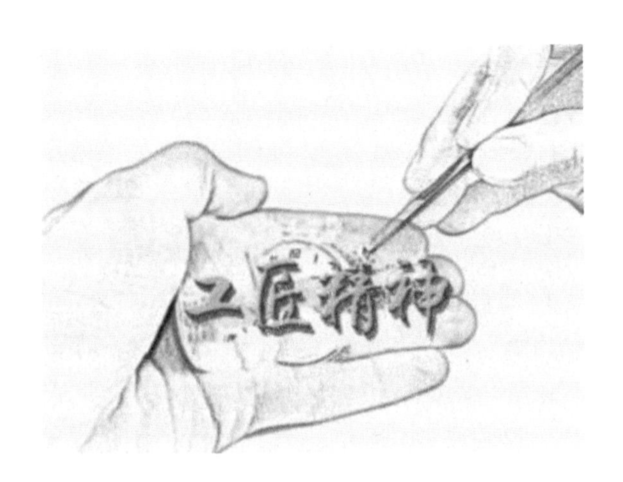

第二章 弘扬工匠精神的中国楷模

先进典型是一个时代的精神标杆，是一面高高飘扬的精神旗帜，他代表着方向，凝聚着力量。学习具体的典型榜样，往往比接受抽象的原则方法要方便得多，特别是如果榜样就在身边的话，我们会不知不觉受到影响，这样由一到十、由十到百、由点到面，相互感染、竞相仿效，最终的结果自然是先进典型的普及。

第一节

大国工匠之星

一、焊接火箭“心脏”的中国第一人——高凤林

高凤林，男，汉族，1962年3月生，中共党员，中国航天科技集团公司第一研究院首都航天机械公司高凤林班组组长、中华全国总工会兼职副主席。

2019年2月19日中工网报道，1970年我国第一颗人造卫星的成功发射，在高凤林幼小的心中埋下了航天报国的种子。1980年至今，在火箭发动机焊接岗位上，高凤林练就“神技天焊”，在0.16毫米上创造火花艺术，肩负起航天报国使命，他焊接过的火箭发动机占我国火箭发动机总数的近四成。

2015年，这位火箭“心脏”焊接人作为中央电视台纪录片《大国工匠》“第一人”亮相，成为公众瞩目的工匠明星，更成为弘扬工匠精神的践行者。2019年，在由全国总工会、中央广播电视总台联合举办的2018年“大国工匠年度人物”发布活动中，高凤林等10人当选。

“去实现儿时的梦想吧。”中学毕业后，高凤林报考首都航天机械公司技校，从此与航天结下不解之缘。早期，培养一名氩弧焊工的成本甚至比培养一名飞行员还要高。而要焊接被称为火箭“心脏”的发动机，更对焊接的稳定性、协调性和悟性有着极高的要求。

“你们当中将来谁要能焊接火箭发动机，谁就是英雄。”高凤林清楚地记得技校老师曾这样激励他们。

技校毕业时,公认的“好苗子”高凤林被选中进入首都航天发动机焊接车间,从此,他拿起焊枪,把自己的根牢牢扎在了焊接岗位上。38 岁时,高凤林已成为航天特级技师。

成功的背后离不开汗水的浇灌。吃饭时,高凤林拿着筷子练送丝;喝水时,他端着盛满水的缸子练稳定性;休息时,他又举着铁块练耐力,甚至冒着高温观察铁水的流动规律……

更有甚者,他连“一眨眼”的功夫都不放过。火箭上一个焊点的宽度仅为 0.16 毫米,完成焊接允许的时间误差不超过 0.1 秒,为了不放过“一眨眼”的工夫,他硬是练就了“如果这道工序需要 10 分钟不眨眼,我就能 10 分钟不眨眼”的绝技!

“没什么秘诀,不过就是两个年轻人面对面瞪着眼,打赌比比看谁坚持的时间更长罢了。”如今高凤林谈笑的背后,是饱经岁月的淬炼。

20 世纪 90 年代,在亚洲最大“长二捆”全箭振动塔的焊接工作中,高凤林长时间在表面温度高达几百摄氏度的焊件上操作,他的手上至今可见当年留下的伤疤。

在国家“七五”攻关项目、东北哈汽轮机厂大型机车换热器的生产中,为了突破一项熔焊难题,半年时间里高凤林天天趴在产品上,一趴就是几个小时,被同事戏称“跟产品结婚的人”。

在汗水的浇灌下,高凤林练就了出神入化的“神技天焊”。

国家科技进步奖二等奖、全国劳动模范、全国五一劳动奖章、全国道德模范、最美职工……据不完全统计,高凤林多年来所获荣誉已有 100 余项。无论面对艰难险阻,还是功成名就,高凤林从未动摇过这一信念——“航天精神的核心就是爱国,用汗水报效祖国是我的追求。”

航天产品的特殊性和风险性,决定了许多问题的解决都要在十分艰苦和危险的条件下进行。

高凤林最危险的一次经历是:在长征五号的研制生产中,发动机在发射台试验过程中突然出现内壁泄漏。站在试车台上面对产品,他身后就是几十米的山涧,加之特殊的环境,故障点无法观测,操作空间又非常狭小,高凤林在只能勉强塞进一只手臂的情况下,运用高超技巧和特殊工艺艰难施焊。

事后回想起来，高凤林毫不讳言，自己当时也是背后冒汗，心想："搞不好，自己前半生的荣誉就栽在这儿了！"在完成这次"抢险"后，在场的火箭发动机总设计师拍着高凤林的肩膀感叹道："你通过了一次国际级的大考！"

事实上，高凤林也曾多次让中国工人的优秀形象展现在国际舞台上。2006 年，由诺贝尔奖获得者丁肇中教授领导的世界 16 个国家参与的反物质探测器项目，因为低温超导磁铁的制造难题陷入了困境，丁肇中点名要高凤林前来协助。在国内外两拨顶尖专家都无能为力的情况下，高凤林只用两个小时就拿出方案，让在场专家深深折服。在第六十六届纽伦堡国际发明展中，他更一举将 3 个创新发明金奖收入囊中，技惊四座。

对于这样的顶尖人才，曾有外资企业开出高薪和两套北京住房的条件，试图挖走高凤林。他却不为所动："每每看到我们生产的火箭把卫星送到太空，这种自豪感是金钱买不到的。"

自 2015 年在央视《大国工匠》纪录片中亮相以来，高凤林几乎成了"大国工匠"的代名词，他始终坚守在生产一线，用实际行动诠释着工匠的品格。

作为高凤林班组组长，他把多年经验和技术毫无保留地传授给年轻人，徒弟中已有多人荣获"全国技术能手"称号。他带领班组成员荣获全国工人先锋号、全国学习型优秀班组、全国安全生产示范班组、中央国有企业学习型红旗班组"标杆"等多项荣誉。

成为耀眼的"工匠明星"，也意味着他在繁重的科研生产任务之余，要承担更多的责任和使命。在 2018 年 10 月召开的全国总工会十七届一次执委会上，高凤林当选兼职副主席，站在更高的平台上为一线工人发声。

2019 年 1 月，"高凤林工作法"视频课程在京首发，这是国内首部以大国工匠工作法命名的优秀产业工人技术技能视频课程，为产业工人学技术、增本领提供了新的学习与交流的平台。

近年来，他还经常受邀到各地宣讲工匠精神，参加全国总工会"大国工匠进校园活动""海峡两岸职工创新成果展"等活动，成为弘扬工匠精神的践行者。对于现在的工作状态，高凤林表示："岗位不变，只是工作内容更加饱满和丰富了。"

虽然辛苦,但他乐此不疲,因为“能为全国职工学习向上精神、展示向上力量做点事,感觉特别欣慰”。

二、在“丝”的维度上工作的高级钳工——夏立

2019 年 3 月 7 日河北新闻网报道,大型射电望远镜被称作“观天神眼”。在它们的制作过程中,1 毫米被分成 100 份,每一份称为“1 丝”。中国电子科技集团公司第 54 所(以下简称“54 所”)高级钳工夏立,就是一位在“丝”的维度上工作的人。

30 余年来,夏立亲手装配的天线,不仅亮过“天眼”,还指过“北斗”,送过“神舟”,护过战舰,他用一次次极致的磨砺,一点点提升着“中国精度”。

“技艺吹影镂尘”“组装妙至毫巅”,在 2019 年 3 月 1 日央视“大国工匠 2018 年度人物”颁奖典礼上,夏立收获这样的赞誉,并荣膺“大国工匠”称号。

在位于石家庄市鹿泉区的 54 所工程现场,矗立着一架天线样机。它身材魁梧,足有 25 米高,这台天线包含主、副两个反射面,主反射面是一个大六边形,由几十块大大小小的三角形面板拼装而成;而承托它的副反射面的支架是一个像网兜一样的口袋,远远看去,活像一组盘旋扭转的化学分子式结构图。

这台天线样机名为 SKA-P,是 54 所历经 5 年时间主导研制出的 SKA 首台样机。SKA 被誉为“地球之眼”,而 SKA-P 的成功研制,标志着中国在 SKA 核心设备研发中发挥引领和主导作用,为世界成功提供“天线解决方案”。

让“地球之眼”的“中国之眸”从一张图纸变成现实的,是 54 所钳工,航空、航天通信天线装配责任人——夏立。

“天眼”射电望远镜、65 米射电望远镜、太赫兹小型高精度天线、嫦娥工程、北斗工程、索马里海域护航、国庆阅兵……在这些国家级重大项目中,都有夏立及其团队的身影。

不同于现在普遍实行的标准化生产,54 所承接的天线项目基本都是“私人订制”,而且几乎都是我国乃至全球的高精尖领域,对精度有着超乎

寻常的要求。因此，每一次装配，对夏立都是一次全新的挑战。

2019 年 2 月 23 日临近中午，阳光明媚，SKA-P 的主反射面闪耀着淡淡的银光。虽然它的主面板由 66 块曲率各不相同、边长约 3 米的三角形面板拼装而成，但它的单块三角形面板精度可达 0.1 毫米。在重力、温度和风载荷影响下，其俯仰工作范围内，主反射面的精度可达 0.5 毫米，副反射面精度可达 0.2 毫米。

为了让这些设计精度一一落地，夏立带领他的工作团队鏖战了一个多月。

在装配 SKA-P 的过程中，夏立面临诸多新挑战。最大的难题是结构新，SKA-P 承托副反射面的支架，远远看去就像一个用尼龙绳打结织成的"网兜"，走近一看，这个"网兜"都是由球状的连接轴和连接杆拼接成的。在空间里按照设计图把如此多的点位定位精准，难度可想而知，况且某一个轴或连接杆的装配出现细微精度差，都会牵一发而动全身。

此外，令夏立没想到的是，好不容易在平地上把天线精度调整好，当天线"站起来"的时候，受重力影响，一些连接部位发生位移，大大超出精度指标范围。只能再一次身系保险绳，在天线的工作角度进行调整，"除了'头朝下的姿势'没试过，我们在网兜一样的天线里凹各种造型。"

20 余米的高度，对人的心理本身就是个挑战，更何况还要保证高精度的装配。克服重重困难，夏立的首次装配不仅满足了装备需求，还为这个国际大工程今后的批量生产提供了技术经验和理论数据。

站在 SKA-P 的脚下，夏立掩饰不住自豪。在他不时扬起的右手上，拇指和食指指肚上覆盖着一层厚厚的老茧，这是钳工这个职业在夏立手上留下的特殊印记。

2019 年 3 月 1 日 7 点 52 分，"嫦娥四号"着陆器已实现自主唤醒。作为世界首个在月球背面软着陆和巡视探测的航天器，"嫦娥四号"的精准落月，如果没有大天线——"天马"望远镜的精准指路，是难以想象的。

"0.004 毫米是望远镜的装配精度，如果做到 0.005 毫米，只是差了这几乎可以忽略的一点点，但十个月亮也找不着了。"夏立解释。

精准指向的核心是一个小小的钢码盘。起初，就算用磨床加工后，钢码盘的精度也只能达到 0.02 毫米，而夏立最终用手打磨到了 0.002 毫米，这相当于头发丝直径的四十分之一。

中国电子科技集团公司高技能带头人、河北省金牌工人、河北省军工大工匠、河北大工匠、河北省特殊贡献技师、全国技术能手、2018 大国工匠……夏立几乎“拿奖拿到手软”。提到身上的诸多光环,夏立显得有些不好意思,但说到项目质量,他却当仁不让:“天上飞的,地上跑的,水里游的,经我手装配的天线有上千面,从没有出过质量事故。”

夏立在承担多项重大工程之外,2016 年 6 月,还成立了以夏立命名的天线制造创新工作室,主要从事小型精密天线的装配工艺研究,尤其是小型机载天线。如今,在航空、航海、航天领域,特别是在无人机领域,这些天线都得到了广泛应用。

这些小型机载天线所有的结构件都是靠一颗颗螺丝来连接的,所以夏立每天最基础的工作就是拧紧、固定那一颗颗螺丝。

拧螺丝,难就难在既要保证配件之间的相对位置达到规定精度,又要把螺丝拧紧,达到规定扭矩。而夏立的每一扳手下去,找准的是那千分之几毫米。凭着“手感”,夏立将小型机载天线的控制精度做到 0.015 毫米,这在整个行业内是顶尖的。

所谓“手感”,听起来很玄妙。用夏立的话来说,这是个“科学上解释得通,但书本上不会写的东西”。

从科学的角度解释,螺丝在拧紧的过程中,在扭矩增加的同时,物体会发生轻微的位移,这种微小的变化一定能够计算得出来。可这些细小的变化跟物品的材质、形状等各种因素息息相关,何况每个天线上有三四百颗螺丝,拧一个螺丝都要去计算,显然不现实。

所以,试上几次便能摸清个中微妙的变化规律,这是一个钳工“手感”的最高境界。螺丝的螺帽一般都是六边形,大多数时候,他们指导别人拧螺丝,都能直接用行话精确到“再拧两个面儿还是三个面儿”。

“表面看,拧螺丝是用手,可实际上得用脑。”不论是在同事的口中,还是在自我的评价里,夏立都并非人们印象中练坏几把锉刀、拧废几把扳手练出的大国工匠。更多的时候,同事看到的他举重若轻,总能轻松搞定各种“疑难杂症”。

“装配这门技术,基本上所有的知识书本里早写下了,几乎没有一个技术需要自己研发独创,之所以出现技术高下之分,关键还是在于是否'手脑并用'。"从17岁进入54所当学徒,夏立已经在这里工作了32个年头。至今,他仍然保持着"每日一省"的习惯——每天下班回家后,在脑子里对当天的工作过一遍,是每天必不可少的功课。

在54所工程现场,向记者介绍完SKA-P的装配过程,夏立没有急着离开,他随手捡起旁边石渣路上的一根小树枝,俯身蹲在水泥地面上一边画示意图一边解释,这种天线的同类天线之前在澳大利亚已经装配了36套,原来设计师设计的天线面板都是四边形,而这次设计却变成了三角形。"你看,三角形比四边形稳定多了,我想设计师的初衷也是想最大限度地减少结构变形。"

"我想的远比别人认为的要多。"折断手上的小树枝,夏立起身自言自语道。

在工作室,夏立有8个徒弟,"如何成长为一个好师傅,让每个操作人员成为装配专家"是他不断重复的话题——看到图纸时,把自己放在设计师的角度,理解设计的初衷;在施工装配时,把自己当成工艺师,思考有没有更好的加工方式和装配方案;在实际装配时,要清楚产品的用途,装配精度要求高的一定要高上去。

在天线加工技术领域,馈源加工是核心技术,精度要求小于0.1毫米,成型困难,合格率不高。薄壁异型铜馈源的加工制作更是难上加难。

目前在生产中,这类铜馈源主要是通过内嵌模具焊接的方式,将各个零件之间的平板面通过模具搭接固定。但有一次,设计师对馈源口角度进行了调整,按老办法操作,模具没办法取出。当时负责设计装配步骤的工艺师也手足无措。经过一番思考,夏立创新提出了异型铜馈源无模具定位焊接工艺。

"作为一名钳工,我只要按照设计师的图纸和工艺师设计好的装配步骤进行精准安装即可,但我这人就是'闲不住',看见人家解决不了的问题就老在心里琢磨。"作为技术带头人,夏立已经手握两项国家专利。

在夏立的工作室操作台上摆满了各式各样的小型机载天线半成品。如何以最少的时间、最高的精度调整同轴度,曾是夏立绞尽脑汁研究的重点。

这些小型机载天线主要分为两部分，一部分是我们俗称的“大锅”，另一部分是承托“大锅”的U型架，U型架两个支臂上各有一个直径5厘米左右的圆孔，按照要求，在装配中要保证两个孔的同轴度达到0.02毫米。

“经过不断摸索，我们决定在装配时用一根直径5厘米左右的钢轴穿过两个圆孔，来保证两个圆孔在一个水平位置。”夏立解释，装配过程中，要不停转动钢轴，一旦发现钢轴被锁死，就及时排查问题。此举不仅大大提高了天线的同轴精度，也缩短了装配时间。

为了找出最简单的方法解决精度和效率的矛盾，像这样的流程优化还有很多。

如今，工作室还形成了一个制度，每完成一项装配任务，参与装配的人都要写一份总结报告，供大家一起探讨，并成为今后工作的参考。夏立也会将他在工作中遇到的技术难点、要点以及工作心得整理出来，供大家参考。

他们就是在相互学习、相互探讨、勇于实践中创造了一个又一个奇迹！

三、守护中国核燃料的掌门人——乔素凯

2019年3月21日《山西晚报》报道，乔素凯，他守护蓝芯，与核共舞26年，连续56000步操作“零失误”；修复核燃料组件的世界顶级“外科医生”；带领国内唯一能对缺陷核燃料组件进行水下修复的团队；守护中国核燃料的掌门人……这些贴在乔素凯身上的标签闪闪发光、耀眼夺目。而每一项荣誉的背后，是乔素凯怀有一颗安于宁静、臻于极致的匠心，敬畏核安全；是乔素凯用敬业、专注、探索、创新的匠人精神，守护核安全。

乔素凯，这位从山西黎城县南社村的小村庄走出来，在核电站最深处更换、维修核电站“心脏”的核燃料师，现任中国广核集团有限公司高级主任工程师。

2019年3月1日晚，在中央电视台播出的“2018年度大国工匠人物”颁奖典礼上，组委会送给乔素凯这样的颁奖词：4米长杆，26年，56000步的零失误让人惊叹！是责任，是经验，更是他心里的“安全大于天”！乔素凯，你的守护，如同那汪池水，清澈蔚蓝！

在大亚湾核电站的最深处，有一个如大海般的蔚蓝色水池，水下4米

处是157组核燃料组件，每组核燃料组件有264根核燃料棒，令人谈之色变的核裂变反应就在这里发生。

“核燃料是浓度为3%左右的铀235，被加工成燃料芯块后装进核燃料棒里，一根根核燃料棒组装在一起，形成17×17正方形排列的燃料组件，157个这样的核燃料组件最终被安装在一个直径3米至4米的压力容器中。”乔素凯说，大亚湾核电站使用的是压水式反应堆，每一组核燃料组件中都有一束控制棒用来控制核裂变反应，确保安全。

核燃料是核电站的“心脏”，乔素凯负责的是与核燃料相关的一切工作，包括燃料接收、检测以及装卸和维修，通俗地讲，就是更换“心脏”、维修“心脏”。

更换、修复核燃料组件是最难的操作，乔素凯使用的“神器”是一根4米的长杆。“长杆共有7种，有拧螺钉用的，有紧松适配器的，有拆装上管座的，有测量高度的等，具体情况分别使用。”乔素凯说，核燃料水池之所以是蓝色的，是因为它特别纯净，在光的折射下发出蓝色的光。核燃料棒被放置在含有硼酸的水池中，可以屏蔽其产生的辐射。这也就意味着，核燃料组件的修复必须要在水下完成。

每隔18个月，核电站要进行一次大修，这是核电站最重要的时间，三分之一的核燃料要被置换，同时还要对有缺陷的核燃料组件进行修复。

在中广核模拟换料水池培训基地，有一个按照1∶1比例建造的模拟换料水池，这个深水池造价约2亿元，乔素凯在此进行了模拟操作。

原来，在进行水下换料、修复时，乔素凯需要用4米的长杆，伸到水下3米进行操作。比如，打开组件的管座，这个过程需要在水下拆除24颗螺钉。这是一个对精度有严格要求的动作。而乔素凯做到了能用4米的长杆完成水下精确值为3.7毫米的操作。

“高度差1毫米，螺钉是拧不进去的，这个长杆有4米长，扭矩传到水下，定位难度极高，完全靠人的经验和手感，稍有不慎螺钉就损坏了。一旦失败，这个核燃料组件就无法入堆运行，一组核燃料组件将造成1000多万元人民币的经济损失。”乔素凯说，核燃料棒包壳管的壁厚只有0.53毫米，他可以用自己的手感和经验保证在核燃料棒抽出的过程中完好无损。

乔素凯参加工作26年来，56000步的“零失误”，着实令人惊叹！乔素凯打趣地说:“开车十几年,我都没有接过一个罚单,更何况是安全大于天的核燃料操作。我是很胆小的呢!”

核燃料组件修复难度高,风险也大,每一步操作都必须慎之又慎。换料修复工作一旦开始就不能停,而在控制区是没有卫生间的,一个班 6 个小时,核燃料操作员不仅要集中注意力,还得不吃不喝不上厕所。每个核燃料操作员都有自己的解决办法,乔素凯的提神秘籍是“咖啡粥”,就是一次冲两袋咖啡,冲成像粥一样稠,这样就不用上厕所,还能提神醒脑。

如果出现特殊情况,工作时间还会延长。乔素凯回忆,记得有一次大修装料,最后一根核燃料棒怎么也装不进去,本来装一步只需要 20 分钟,但那一次却装了 4 小时。为了保证核燃料组件的绝对安全,只好不断调整方案,像摆积木一样,小心翼翼一点点尝试,一毫米一毫米地调,直到安全装好。哪怕是耽误了时间,也要保证百分之百的安全。

还有一次,在核燃料组件修复过程中,当有缺陷的核燃料棒被拔出,插入实心替换棒时,这根棒的位置比其他棒的位置低了几毫米。当时有团队成员认为几毫米没问题,但乔素凯根据多年的经验判断,这个小小的偏差可能带来其他潜在的风险。“不行！必须返工！核燃料无小事,我们不能在核燃料组件上留下任何安全隐患,一次就必须把事情做好。”乔素凯坚定地给出意见,他说,最终在大家的反复试验下,将替换棒拉到了正常高度,成功修复了缺陷组件,保证了核燃料组件再入堆后的安全运行。

乔素凯把核燃料组件当成了自己的孩子,他说,核燃料组件是有生命的,应该把它们当宝宝一样呵护、守护,必须照顾好它们,让它们以最佳的状态入堆运行,否则它们会发脾气。

在一次大修中,乔素凯发现一个核燃料组件周围有一个若隐若现的条状异物,燃料组件和水池里是绝不允许异物存在的。于是,乔素凯和团队成员决定实施打捞,但当所有工作准备就绪,又发现异物不见了。经过 15 个小时的排查,最终在一个角落里找到了这个异物,打捞上来一看,原来是一片指甲盖大小的塑料片。乔素凯说:“大家用了很大的力气 24 小时倒班打捞异物,有惊无险。不过,造成晚并网发电 15 个小时,这意味着 800 万没了。但这一切都是值得的,核安全大于天,我们用实际行动保证了入堆燃料组件的安全。”

26年来，乔素凯和他带领的团队共为国内22台核电机组完成了120余次核燃料装卸任务，创造了连续56000步操作“零”失误的纪录及换料设备“零”缺陷的成绩，用心守护着核安全。在没有大修换料的工作，不去集团所属外基地指导工作的时候，乔素凯就带领他的团队专注于核燃料组件修复专用工具设备的研发。

在乔素凯的核燃料操作维修工匠工作室，水下异物打捞机器人、陆用状态检查机器人等大大小小各种专用工具设备摆放整齐，都是乔素凯和团队的研发成果，其主持参与研发的21个项目获得国家专利，全部投入使用到核燃料组件的修复工作中。

乔素凯和他带领的团队是国内唯一能对缺陷核燃料组件进行水下修复的团队。“之前，核电站很大一部分维修是要依靠法国人的，现场一些专用工具，只能买国外的产品。”乔素凯说，“2008年，我们请外国专家来做缺陷组件和设备修复的培训，我参与了培训。我想，请他们培训一次花几百万元人民币，太贵了。为什么我们不能自己研发工具和设备开展维修呢?”此时的乔素凯变得胆大如牛，主动跟领导请缨，要承担单棒组件的修复研发工作。

“核燃料操作中，需要用到一种耐辐照水下摄像机，是用于乏燃料组件视频检查的。长期以来，这种水下摄像机都是从国外购买，一套60万，价格高、供货周期长。如果耐辐照摄像机出问题了请他们来修，从外国专家上飞机就以小时为单位开始计时收费，一直到回国下飞机。”乔素凯说，当时这种“洋工具”真是买得起也用不起，用得起也坏不起，整个技术产品就是被外国公司给垄断了，他们说什么就是什么，要多少钱就得给多少钱。

2009年，终于研发出了耐高辐照的光导管摄像机，价格低，仅仅是国外产品的一半，供货周期还短，售后服务好，如果头一天晚上摄像机出问题，售后维修人员第二天上午就能赶到核电站。

小到吊摄像头用的钩子，大到如同人的手臂一样的上管座异物打捞工具，堆芯无线照相技术、电火花剪切工具……这些年来，乔素凯一直致力于换料设备的维修及换料操作、燃料组件专项视频检测与分析、燃料组件修复、堆芯换料装载技术优化、堆芯装载异常困难处理、换料专用设备国产化研发等领域，目前，这些技术均处于国内领先水平。

历经10年，于2018年完成的核燃料组件水下整体修复项目被乔素凯称为“世纪工程”，这是国内第一套，也是唯一一套核燃料组件水下整体修复设备，该设备的技术路线优于国内外通用修复模式，填补了国内在压水堆核电站乏燃料组件水下整体修复领域的空白，而全部的技术都掌握在中国人自己手中。

从一无所知的起重机少年到技术精湛的大国工匠，乔素凯一边精益求精，心细如发，小心翼翼地守护着国家的核安全；一边挑战自我，在核燃料组件修复设备国产化的道路上探索创新，不断超越，为实现我国核电强国的中国梦添砖加瓦！

四、中国航天对接机构的探路者——王曙群

2019年4月7日《第一财经》报道，我国的国际空间站将在2022年前后建成运营并投入使用；2020年，长征5B运载火箭将率先发射空间站核心舱。国际空间站的研制生产离不开中国航天人的努力。

从神舟八号到神舟十一号，再到天宫、天舟，最重要的技术难关之一是对接机构。对接机构是实现空间飞行器间在轨机械连接、建立航天器联合飞行的组合体和安全分离系统。空间对接是现代复杂航天器长期在轨运行期间不可缺少的操作，是载人航天活动必须掌握的一项基本技术。我国的对接机构首次上天搭载着天宫一号，后来经历了7次飞行试验考核，圆满完成了13次交会对接试验任务。

而这位攻克对接机构技术难关、被称为对接机构中国制造“代言人”的就是中国航天科技集团上海航天对接机构总装组组长王曙群。中国首位航天员杨利伟曾评价王曙群“能够让航天员放心地去执行任务”。

1989年，王曙群从技校毕业后参加工作，从事工装模具的装配、维修工作。正是这样一位在平凡工作岗位上的技工，以自己的刻苦钻研和勤奋作出了不平凡的贡献。1996年，王曙群被破格选拔从事对接机构装调，见证了中国的对接技术走向世界前列。

1998年，对接机构进入初样产品研制阶段。2011年，神舟八号和天宫一号载着由王曙群带领的团队亲手装调的对接机构，在太空上演了一场完美的“太空之吻”，使我国成为继俄罗斯之后第二个掌握对接机构装调技

术的国家。

在对接机构研制过程中,王曙群牵头研发了50余台(套)专用装备,获得5项国家发明专利,是对接机构技术国家专利主要发明成员之一。比如,航天器的管路密封就如同血管对人体一样,直接影响航天产品的生命力。王曙群作为对接机构总装组组长,暗自下定决心,“必须攻克超细直径检漏管路制造这项关键技术,提高对接机构的可靠性。”

在对接机构研制初期,采用熔焊技术制造的导管合格率仅为20%左右,管路多余物清洗合格率为77%左右,不过,王曙群通过各项试验,反复对比数据,最终将导管内残留颗粒度检测合格率提升至100%。

王曙群说,对接机构中技术含量最高的是对接锁系同步性装调,12把对接锁是对接机构中的关键部件,它们的质量决定了航天员能否在太空生存和能否安全返回地面,是交会对接任务中的重中之重。

“要把这12把锁的锁钩实现同步锁紧、同步分离,这就好比在太空中‘拧螺丝’。”王曙群对《第一财经》记者表示:“为保证对接、分离成功,不但相关各舱室的气体不能泄漏,舱与舱之间也要‘天衣无缝’,而且对接时必须保持平稳、牢固,不能剧烈晃动。”

为了做到这两个“同步”,他在装配过程中一边调整,一边试验,并最终发现锁钩采用钢索传动在大载荷下钢索会变长,张力会下降,这就导致了锁钩无法实现同步解锁。于是他马上提出了改变钢索旋向并对钢索进行预拉伸处理的工艺方案,同时将判断锁钩同步性的测量方法进行调整,一举解决了困扰对接机构团队近两年的对接锁系同步性协调难题,不仅能使柔性传动的对接锁系快速精准地调整到同步,也使同步稳定性从最初的3次提高至50次以上。

王曙群在努力提高自身素质的同时,还大力把年轻人“顶”到最前线。2004年,中国启动了“嫦娥工程”探月计划,中国人开始迈出月球探测的第一步。此后的一年,对接机构研制也进入关键时期。王曙群所在的班组接到了新任务——“玉兔”号月球车,开展月面巡视器的研制工作。

在月球车试验阶段,需要对月面真实的环境条件进行环境模拟试验,比如高真空、高低温、太阳光照、宇宙辐射、低重力和月球表面地形地貌等,该试验需要不间断地进行2个月的时间,24小时不停转。

王曙群戴着防尘的“猪鼻子”口罩、护目镜、橡胶手套，身穿防静电服，在篮球馆般大小的实验室里，在模拟火山灰堆积而成的沙坑、岩石等环境中，一待就是2个月，帮助月球车模拟了“月面”移动、爬坡、越碍、拍照、土样分析等多项试验。

然而，月球车的对接任务之繁重，光靠王曙群一个人的力量仍然不够。他大胆选用年轻人，挑选了3名“90后”作为月球车的主操作，并言传身教，帮助这些年轻人担当起“嫦娥工程”的重任。

王曙群说，自己目前带领的对接机构总装班组是国内唯一一个进行对接机构总装的团队，班组现有成员17人，平均年龄38岁，非常年轻。而在回答如何留住这些年轻人，激发其对中国航天事业的热情时，王曙群强调，要随时给他们冲锋陷阵的机会，把他们“顶到最前线”。

前线锻炼人，实践出真知，祝福他们为建设航天强国作出自己的最大贡献！

五、高精尖设备维护第一人 ——王树军

王树军，男，1974年生，汉族，中共党员，潍柴动力股份有限公司（以下简称“潍柴”）首席技师。潍柴是我国高端装备制造产业龙头企业，经过72年改革创新发展，已成为一家战略业务覆盖全球、六大业务板块协同发展的2000亿级国际化企业集团，是名副其实的国之重器、行业脊梁。经过多年积累和传承，潍柴已形成了深厚的工匠文化底蕴，培育了一大批引领行业转型发展的优秀工匠人才。王树军，就是其中最杰出的代表。

2019年2月28日《工人日报》报道，王树军是潍柴高精尖设备维修保养的探路人和领军人，也是潍柴装备智能升级、智慧转型的引领者和推动者。工作25年来，他一心扎根基层，专心致志与设备打交道，凭借精湛的技艺成为潍柴乃至国内发动机行业中设备检修技术的集大成者，是潍柴工匠人才的典型代表。王树军有两项高超的技能，一是擅长自动化设备的定制化设计及自主研发制造；二是精通各类数控加工中心和精密机床的维修。

2013年，潍柴专门以王树军命名成立了创新工作室。依托这一平台，近5年来，王树军带领团队改造、制造柔性设备生产线5条、自动化设备

109台套,实施重大创新项目230余项,累计创造经济效益2.62亿元。凭借优异的业绩,“王树军劳模创新工作室”被中国机械冶金建材工会命名为“全国机械冶金建材系统示范型职工(劳模)创新工作室”,被山东省总工会命名为“山东省劳模创新工作室”。

王树军是一个敢于向“洋权威”说“不”的人。2005年,潍柴为提升主力产品WP10发动机的竞争力,先后从德国和日本引进了世界最先进的数控加工中心和加工单元。在这些顶尖设备安装初期,负责调试的都是充满优越感的外方工程师。在某品牌加工中心调试过程中,废品率高达10%,外国专家一筹莫展。王树军根据非对称铸造件内应力缓释原理,结合实际、大胆创新,在原设计基础上加装夹紧力自平衡机构,将废品率成功控制在0.1%之内,为中国工人赢得了尊重。他进一步提出成立“中外联合设备调试小组”的建议,面对这个曾经击败过自己的中国人,外国专家不得不同意这一要求,这为中国维修人员打开了难得的国外高精尖设备维修这一禁区。而以王树军为组长的中方调试小组也不负众望,联合调试仅4个月,就解决技术难题72项,不仅得到外国专家的肯定,更积累了近3万字的技术资料。

随着高精设备服役时间的不断增加,某加工中心光栅尺故障频发。光栅尺是数控机床最精密的部件,相当于人的神经,一旦损坏只能更换。而采购备件不仅会产生巨额费用,还严重影响企业生产。“我怀疑这批设备有设计缺陷,导致了光栅尺的损坏”,王树军大胆的质疑惊呆众人,世界最先进的设备怎么可能会有设计缺陷?王树军无异于将自己推到风口浪尖上。在众人的怀疑中,他利用一周的时间,对照设备构造找到了该批次加工中心的设计缺陷。继而通过拆解废弃光栅尺、3D建模构建光栅尺气路空气动力模型、利用欧拉运动微分方程计算出16处气路支路负压动力值,搭建了全新气密气路,该方案成功取代了原设计,攻克了该加工中心光栅尺气密保护设计缺陷的难题,将故障率由40%降至1%,年创造经济效益780余万元,该设计填补国内空白,也成为中国工人勇于挑战进口设备行业难题的经典案例。

进口加工中心精密部件很多,数控转台、主轴等涉及生产厂家的核心技术,厂家既不提供相关资料,也不做培训,一旦发生故障,只能求助厂家。

2012 年，一台定位精度为 1‰的进口加工中心 NC 转台锁紧出现严重漏油现象，面对这个整合了机械、液压、电器、气动各个环节的铁疙瘩，售后服务人员也无从下手，建议返厂维修。王树军利用独创的“垂直投影逆向复原法”，绘制传动三维示意图确定复原思路，在不使用专用工装的情况下，凭借“机械传动微调感触法”，成功在微米级装配精度下排除设备故障，打破了外国专家垄断维修数控转台的神话。

2016 年，潍柴推出了一款引发行业震动的产品——WP9H/10H。这是一款潍柴自主研发的国内领先、世界先进的国Ⅵ排放的大功率发动机，是中国内燃机的高端战略产品，名副其实的“中国心”。投放市场以来订单持续火爆，完全超出日产 80 台的设计预期。要想提升产能，最简单的方法就是增加新设备，但至少 18 个月的采购周期将极大影响与外国产品的竞争。“既然我们的产品已经实现了从中国制造向中国创造的突破，那么我们的设备同样可以实现自主研发制造的突破!”王树军决定带队为 WP9H/10H 这颗“中国心”自主造血！他采用“加工精度升级、智能化程度升级”的方式，升级主轴孔凸轮轴孔精镗床等 52 台设备，自制“树军自动上下料单元”等 33 台设备，制造改制工装 216 台套，优化刀具刀夹 79 套，不仅节约设备采购费用 3000 余万元，更将日产能从 80 台提高到 120 台，缩短市场投放周期 12 个月，每年创造直接经济效益 1.44 亿元。

产品的高端不仅体现在前期工艺设计上，更体现在新材料的应用上。WP9H/10H 采用了蠕墨铸铁这一新型铸铁，在实现柴油机轻量化的同时，对自制件加工提出了更高的要求。发动机机体后端集成齿轮室最薄位置仅 8 毫米，加工过程中极易出现震刀现象，严重影响产品加工精度，属于机械加工的“禁区”。王树军团队最初通过调整刀片材料、修整切削参数，有效减小了震刀，但单工位加工时间高达 22 分钟，无法满足生产线 15 分钟的节拍要求。

后来，王树军逆向思维提出“反铣刀”设计概念。新的“反铣刀”刀片用正前角的设计方案代替负前角，借助正前角刀片耐冲击的特性，横向分散加工应力，同时将刀柄由分体式刀柄改为一体式刀柄，新刀具应用后单工位加工时间降至 13 分钟。不但解决了加工难题，还使生产效率提高了 41%，为企业创造了巨大的经济效益。

潍柴是中华人民共和国工业和信息化部(简称“工信部”)确定的智能制造示范基地,王树军所在的一号工厂是高端柴油发动机智能工厂,王树军也成为装备智能化升级的领军人物。潍柴新一代高端产品采用全新四气门整体式气缸盖,其设计较前代产品实现革命性突破,加工难度也不可同日而语。为保证生产线的平衡率,公司决定在导管阀座底孔工序启用三台斗山 HM8000 加工中心,以并行作业的方式生产。柔性加工中心以其多品种换型作业而独占优势,但工序间转换效率低,成为行业无解的诟病。而在王树军的字典里从来就没有“无解”这两个字,“跨工序智能机器人协同系统”成为他又一次大胆尝试。以闲置机器人为运载核心、增设地轨实现六轴运载向七轴运载的突破,同时辅以光感识别系统,实现物料状态的自动识别调整。随着该系统的使用,四气门整体式气缸盖加工效率一举提升 37.5%,高效高质的定制化生态成为这颗中国心的新名片。

2014 年,他仅用 10 天时间,成功改进进口双轴精镗床,解决了产品新工艺刀具不配套的加工难题,缩短了新产品的投产周期,节约购置资金 300 余万元。

2016 年,他用 50 天时间,主持完成了气缸盖两气门生产线向四气门生产线换型的改造,改进设备 15 台套,改进工装 20 套,累计节省采购成本 1024 万元。由他设计制造的“气缸盖气门导管孔自动铰孔装置”解决了漏铰及铰孔质量差问题,每年创造效益 500 余万元,获得国家实用新型发明专利。“H1 气缸盖自动下料单元”有效解决了人工搬运工件及翻转磕碰伤问题,每年创造效益 850 万元,获得潍柴科技创新大会特等奖。“机体框架自动合箱机”“机体主螺栓自动拧紧单元”等 10 多项自动化设备成功用于生产,整体效率提升 25%,每年创造经济效益 2530 余万元。

六、敢于在导弹燃料上“舞刀”的人——徐立平

徐立平,中国航天科技集团公司第四研究院 7416 厂高级技师,他的职业是“微整形”。不过,他雕刻的不是工艺品,而是导弹发动机的固体燃料火药。用特制刀具对已经浇注固化好的推进剂药面进行精细修整,一不小心就会瞬间引起燃烧甚至爆炸。而徐立平拿着一把“整容刀”,30 年不失误,不出次品。2017 年 3 月,中宣部向全社会公开宣传“以国为重的大国

工匠”徐立平的先进事迹,授予徐立平“时代楷模”的荣誉称号。

2017 年 10 月 7 日《华西都市报》报道,外表精瘦,双目炯炯,一身深蓝色工装的徐立平徐徐走上讲台,台下的掌声已如潮水般涌来,掌声代表的是对普通劳动者的敬意,更是对“时代楷模”的敬仰。日前,在德阳广汉四川航天职业技术学院,徐立平的事迹报告让现场上百名师生无不心生敬佩。

徐立平的工作很特殊,也很重要。固体燃料发动机是战略战术导弹装备的“心脏”,也是发射载人飞船火箭的关键部件,它的制造有上千道工序,要求最高的工序之一就是发动机固体燃料的“微整形”。固体燃料的主要成分就是火药,极其危险,雕刻时稍有不慎蹭出火花,就会引起燃烧,甚至爆炸。而徐立平就是这样天天与火药打交道的人。

徐立平深知这项工作的危险性,他说:“火药一旦燃烧,会产生两三千度的高温,而且它燃烧的速度非常快,虽然我们在现场也有各种逃逸通道,但操作人员逃逸的机会比较渺茫。”但他仍坚守在这个岗位上,而且创出了精彩。

燃料药面精度是否贴合设计形状和尺寸,直接决定导弹能否在预定轨道达到精准射程。中国很多战略战术导弹、固体火箭发动机的火药“微整形”都出自徐立平这样的技师之手。

药面是否平整,一刀下去切多少,徐立平仅凭双手触摸就能准确测出,固体发动机燃料药面精度的最大误差仅有 0.5 毫米,而徐立平雕刻的精度不超过 0.2 毫米,相当于 3 根头发丝叠加起来,切削下来的药都可以透光,跟宣纸一样。这个绝活儿让他的师傅都自叹不如。经过徐立平“整形”的产品,保持了 100%合格率。30 年来,不失误,没有出过次品。

由于国防建设需要,航天固体火箭发动机使用的燃料含能量愈来愈高。2011 年 8 月,一个重点型号任务投入批量生产,组员们不停地加班加点,仍然满足不了进度要求,整形工序一度成为生产瓶颈。

看着大家疲惫的样子,作为班组长的徐立平既心疼又着急。怎样更好地改进刀具,提升效率,确保安全性,是徐立平一直思考和研究的问题。

一次,徐立平在家看见儿子用电动削苹果器削苹果,突然来了灵感。经过不断摸索和实践,一个半自动整形专用刀具诞生了。工厂将这个刀具命名为“立平刀”。徐立平设计、制作和改进了几十种刀具,其中9种申请了国家专利,2种已获授权,1种获得职工技术创新大奖。

现在的徐立平,在把工作安全细致做好的同时,更致力于将更多年轻人迅速培养成技术骨干,他把30年的工作经验和技能毫无保留地教给青年职工。目前已有两名徒弟成为国家级技师,在徐立平的严格要求下,班组一直保持着安全生产零事故、危险操作零失误的纪录。

徐立平工作很忙,也感觉很累,但每当看到导弹发射、火箭上天时,心中的自豪感是任何东西都换不来的,那一刻,他觉得自己付出的一切都值得。

作为在这个岗位上坚持了30年的匠人,被荣誉和掌声包围的徐立平,依然默默坚守在一线,惦记着下一个产品的进度。什么是工匠精神?在他的理解中,一是要坚守。干任何工作,都会有枯燥的时候,长期的坚守显得更加可贵。二是精益求精。不能只满足基本要求,更要做到极致化。三是创新。不仅仅是装备的创新,还有技术的创新。在徐立平看来,他所工作的领域一直是手工操作,未来完全有望实现机械化,甚至智能化,将操作人员从危险的工作中解放出来。

如今,在行业内耕耘了30余年,始终与危险共舞,与他一起参加工作的同事大都已换岗或者离开。他的妻子半开玩笑半认真地说:“为了我跟儿子,你也换到一个安全点的地方去。”徐立平只说:“等干完这些活再说呗。”可这一说,当年的帅小伙已经快到了知天命的年纪。“再艰难的道路总要有人走,再危险的工作总得有人去干。”30年来,徐立平刀锋下的成果见证了中国航天事业发展的一次又一次的辉煌。

七、用匠心解锁创新密码的“油二代”——刘丽

刘丽,大庆油田采油二厂采油工、高级技师,曾先后获得“全国五一巾帼标兵”“全国五一劳动奖章”“大国工匠”等荣誉称号。

2019年5月5日大众网报道,刘丽留下的履历清晰而厚重:19岁,以全校第一名的成绩从技校毕业,成为一名石油工人;28岁,被破格聘为“采油技师”;32岁,被聘为“采油高级技师”“油田公司技能专家”;35岁,成为大庆油田最年轻的“集团公司技能专家”;43岁,获得“全国五一劳动奖

章”并享受国务院政府特殊津贴。

2001年,刘丽在洗井工的岗位上负责全队50多口水井。当时洗井的工具又多又笨重,不便携带、操作烦琐。为了省劲,她不断钻研,把撬杠、管钳、扳手和螺丝刀等合为一体,制造了一套轻便实用的洗井专用组合工具,这让她尝到了创新的甜头。

上下可调式盘根盒是刘丽在采油工岗位的一个重要创新。2002年前后,在大庆油田大面积投产聚驱抽油机井期间,抽油机光杆腐蚀严重导致漏油现象出现。这需要频繁更换盘根,正常情况下是安装5个,多的时候能够达到7个。加盘根是采油工最常干的也是最费工夫的工作,不管是春夏秋冬,一干就是40多分钟。

为了简化工作,刘丽开阔思路:“要是盘根能自己出来就好了。”她开始着手研制“上下可调式盘根盒”。刘丽的点子多,但机械改造需要技巧,她遂向丈夫杜守刚求助。杜守刚也是解决生产难题的一把好手,经过试验,夫妻俩改变盘根盒结构,通过旋转增加的付套,使盘根一个个自动旋转出来。

模型安装在非生产井,刚开始效果很好,但没过两天,又出现了漏油现象。问题排查出来了,是螺纹密封垫圈的密封性不好。那段日子里,石油伉俪一起查找资料、设计图纸,天天往返于现场和车间,最终使用尼龙填料圈材料,问题终于解决了。上下可调式盘根盒不仅将原先盘根的使用寿命由3~6个月延长到1年,而且更换操作的时间也由40分钟缩短到10分钟。

10多年过去了,上下可调式盘根盒仍被业界认为是创新的经典案例。

刘丽是一个学霸。20世纪90年代初,刘丽受省劳模父亲的影响,报考了技校。学习期间就以学生身份参加了学校技术大赛,冠军的成绩让她毕业后跨过4级工的台阶,被直接聘为5级工。全校第一的毕业成绩,使她在大庆油田获得了自己满意的工作岗位。

在采油48队,刘丽先后从事过采油工、维修工、洗井工、集输工等,干遍了采油队的所有岗位。随着社会变迁,她慢慢意识到,没有选择上大学可能是她的终身遗憾。好在,她一直没有放弃学习。1995年,她以大庆市第二名的成绩考上了职工大学,算是了却了一个心愿。

刘丽人生的第二大遗憾是失去了当全国冠军的机会。

1993 年工作后,刘丽很快成长为技术能手,从 1994 年到 1995 年每次参加厂级比赛,总是冠军得主。到了 1997 年,厂里决定推选刘丽参加全国技术大赛。

“比赛理论成绩是第二名,制图成绩是第二名。如果不出意外,综合成绩应该第一。”刘丽说。但经验不足带来了失误,差错来自管路组装项目。“因为平常练习的时候,所用的管件都是标准件,计算尺寸很规范,但此次比赛,现场提供的管件有的是非标准化的,在尺寸计算上就要靠经验。”而工作不到 4 年的刘丽缺的就是经验。结果管路没有闭合,“失误很大”,尽管如此,她仍然获得了全国大赛的第三名。

吞下这个失误,刘丽蛰伏了 5 年,也是卧薪尝胆的 5 年。2002 年,刘丽想把遗憾补回来,但来自组委会的消息让她彻底断了念想:曾经在全国大赛获得过前十名的选手不能再次参加全国赛事。刘丽说:“我再也没有翻身的机会了!”

那次失误对刘丽以后的职业影响非常大,当不了选手就去当教练,为了不让学生重蹈覆辙,她成了大庆油田严厉到苛刻的教练。为了提高学员应对比赛意外情况的应变能力,她准备了大量的学习内容,她说:“我不会因为学员辛苦,让训练标准有弹性。”

为了建立公正合理的比赛秩序,刘丽多次参与竞赛规则的设定。“我很清楚比赛整套程序中哪些环节容易有人情分、哪些环节存在作弊的可能。我力争通过竞赛规则将这些可能性全部挤干了,竞赛的成绩是实实在在的,没有任何水分。”

正是因为有了公平公正的比赛规则,学员们只能将精力全部放在苦练技术上;因为严厉,学员们见了她都绕着道走;因为苛刻,学员们的成绩都有了保证。但是在生活上,苛刻的教练却是一位暖心的姐姐,她给学员洗工服,为他们做各种好吃的。

在她的苛刻训练下,她培训的选手在各类大赛中均取得了不俗的成绩。2011 年,刘丽工作室成立了,2014 年,大庆油田又成立以“刘丽创新工作室”为“主创”的技师之家。从那一刻起,刘丽带领着涵盖 13 个工种的 11 个分会、500 余名能工巧匠,在创新、创造、创效的道路上一路狂奔。

对于带团队，刘丽有一套自己的理论。她说，工作室不应把眼光只放在每一个个体上，既要强强联手，更要以强带弱，组建攻关小组，实现团队成员的共同成长。在这样的理念下，2015年至2016年，她的团队中有55个人先后获得技术能手的称号。

这是一个良性循环，人员素质与解决的生产实际问题呈现双增长态势，工作室从成立到目前，已经实现了600余项创新。

团队创新最具代表性的当属机采井运行状态指示装置。该装置设计的起因来自实际需求，机采井属于24小时的工作机制，白天工作人员可以很好地监控运行状态，但是到了晚上，夜巡工很难看到抽油机是否在正常运转。

解决这个问题并不难，在抽油机上安装指示灯不就行了吗？但是指示灯需要电，引用控制箱内的电源后期的维护问题很多。如何解决电源问题，工作室团队协作的优势充分体现了出来。“因为有了工作室，团队中有机械分会、电力分会，这些分会的技师集体商量后，很快提供了解决方案：采用太阳能蓄电池。”当抽油机、电泵井与螺杆泵井等机采井都安装上了指示灯后，采油井的运行检测难题解决了。

3年来，技师之家不断发力，征集合理化建议，会诊生产难题，将厂内近千项革新成果落实、改进、归类，建立机械加工基地，开辟了包含10口不同机型抽油机井的两处革新成果示范区，有效促进了革新成果转化，为群众性创新创效工作注入了新的生机。

一人做创新做不强，形成团队的机制才能更高效地解决问题与实现技术创新，这样的研产用一体化机制，形成了创新的闭环。

八、“极致标准”，在钢铁上“绣花”的钳工——李凯军

李凯军，中国第一汽车集团公司铸造有限公司产品技术部首席技师、钳工班长，获“全国劳动模范”“大国工匠”等荣誉称号。

2018年9月7日《第一汽车集团报》报道，李凯军的技术如同一汽解放牌卡车有名，享誉国内外，车、钳、刨、电，样样有“绝活”。他曾在首届中国国际技能大赛上获得钳工组第二名，在全国创新创效成果大赛中夺冠。近年来，李凯军先后获得了“全国劳动模范”、中华技能大奖和“杰出长春

工匠”“中国年度十大国匠”等多项荣誉和称号。

“模具平滑光亮，是他一遍遍抛光而来；制件精度分毫不差，是他细心雕琢而成；模具工艺的改进，是他从体力冲锋到脑力创新的跨越；徒弟们成为公司生产的主力军，是他以情传授结的硕果。”这是2017年3月21日在“中国汽车业十大工匠评选颁奖盛典”上给予李凯军的颁奖词，准确地勾画出李凯军出类拔萃的大工匠风范。

工匠精神不仅要具有高超的技艺和精湛的技能，而且还要有严谨、细致、专注、负责的工作态度和精雕细琢、精益求精的工作理念，以及对职业的认同感、责任感、荣誉感和使命感。他们的共同点是：喜欢不断雕琢自己的产品，追求完美和极致，对细节有很高的要求，不厌其烦地改善自己的工艺，享受着产品在双手中升华的过程。因此有人说，工匠精神不仅仅是把工作当作赚钱养家糊口的工具，而是树立起对职业敬畏、对工作执着、对产品负责的态度，将一丝不苟、精益求精的工匠态度融入每一个环节，做出打动人心的一流产品。

李凯军正是如此。他凭着对工作满腔的热爱，凭着对自我的极致要求，刻苦钻研模具制造专业知识，练就高超的钳工技术，加工制造了数百种优质模具，尤其是出色完成了重型车变速箱壳体等高难度压铸模具的制造，在我国高、精、尖复杂模具加工方面独具特色。“工件只要出自我李凯军之手，就不允许它有瑕疵。”他说，“实际工作中没有人会要求你必须把每一个模具做成精品，除了你自己。把东西做好主要源于我强烈的自尊心，守住我心里给自己设定的底线和标准。当然，周围人对我的夸赞也让我有更多的满足感。”

对李凯军来说，对完美、对极致要求也是性格使然。他给记者讲了他小时候的一件小事：他家里修房子时，准备的砖头就散乱地堆放在院子里，谁也不会去注意，但李凯军可看不惯，他一块一块把那些杂乱无章的砖头码起来，齐刷刷地靠在墙边，他说，这样他才觉得顺眼、对劲，在他看来，让心里愉悦，累点儿也无所谓。

“人刀合一”就是心手契合的极致境界。台上一分钟，台下十年功。凭借对工作近乎痴迷的热爱、对完美始终如一的追求及远远超出常人的艰苦付出，让李凯军练就了一身精湛的技艺，磨炼出“人刀合一”的非凡功力。

有一次，在加工德国大众的检具时，由于当时厂里数控设备陈旧，而且没有三维数据，机床无法加工，无法满足将误差控制在0.02毫米以内的技术要求，厂领导自然而然地想到他们的“定海神针”李凯军——他或许会有办法！艺高人胆大，“人刀合一”的李凯军对超差检具进行了一个多小时的手工修磨，终于将误差锁定在0.01毫米以内，成功通过德方认证。

变不可能为可能的李凯军，靠的不仅是对极致的不懈追求，更是常人想象不到的艰苦努力。作为一个以手工操作为主的模具钳工，必须有一般人难以企及的专注和严谨，才可以做到精准地控制一把锉刀。“只有操作上练精肯定不行，动刀前一定要先观察、琢磨。锉刀的每一道纹路，经过操作面的每一个瞬间都要做到心中有数，这样才能人刀一体。”

李凯军说，带了许多徒弟的他如今已不需要整天都在钳台上工作，模具投产前的策划和验收评审、重难点项目的攻关占去了他很大一部分精力。但在重要的项目上，李凯军仍坚持亲自操作，直到现在，他依然坚持不断练习锉削基本功，他也这样要求他的每一个徒弟。为了保持手的稳定性，把操作推向极致，李凯军已经坚持了20年滴酒不沾。更令人惊叹的是，由于常年手工打磨、抛光，李凯军的手指指纹已被磨没了……

宝剑锋自磨砺出，梅花香自苦寒来。李凯军是技压群雄的顶尖高手，也是日常工作中全身心投入的“拼命三郎”。在一次奔腾轿车缸体低压铸造模具的钳工制造任务中，为了保证打磨精度，李凯军曾将半个身子钻进300多摄氏度高温的模具型腔内，忍着烫伤疼痛，记录间隙数据。李凯军说，最忙的一年他仅休了4天假，为了抢生产任务，加班熬夜是常态，经常的彻夜不眠让他在30岁时就患上了高血压。繁忙的工作几乎占据了他所有的时间和精力，辛苦的妻子仅仅是为了证明自己有丈夫，消除邻里们的闲言碎语，就想能在晚饭后和李凯军像别的夫妻一样也在小区里散散步，可对似乎永远忙不完的李凯军来说，这常常只是一种奢望……

李凯军对工艺的严苛追求更像是他骨子里的东西。从他进厂的第一天开始，他就利用午休和下班时间学习模具结构知识，练习车、钳、铣、刨、电焊等技术。入厂仅7个月，李凯军就独立完成了CA141发动机盖板模具的制造。他完成的这套模具技术要求高，尺寸误差小，得到质检员的由衷称赞,被定为一等品。李凯军至今还记得那件模具筋槽的亮度,“上面映着我的脸。”他骄傲地说。

钳工的基本功之一就是锉削。在李凯军劳模工作室内摆放着一件“艺术品”,它完全可以代表锉削技艺的全国最高水平,这件“艺术品”就出自李凯军之手。

那是 2000 年,李凯军代表中国一汽赴无锡进行交流展示,活动期间,他经过 4 个多小时的精雕细刻,把一个圆球通过纯手工的方法,锉削成了正十二面体——尺寸精度达到正负 0.01 毫米,0.01 毫米是什么概念?就是相当于一根头发丝直径的六分之一!经过他锉削抛光后如镜子一般光亮的这个正十二面体,把在场那些见多识广的专家彻底征服了。

这件“艺术品”刷新了见多识广的专家们的认知——在他们看来,这在手工界简直不可能!因为他们都知道,制件属立体加工,空间基准难找,定位测量困难,机械和数控设备都无法加工出来。李凯军就是用他自创的“指压寸动法”,手工锉削而成,专家们说:这是千锤百炼的真功夫!

2007 年,李凯军在中央电视台《当代工人》节目中向全国观众亮出绝活儿。那一次,他手持风动工具在一只生鸡蛋上刻上“工人”两个字,鸡蛋皮被刻掉,里面的薄膜却完好无损,那种极度的精准令人拍案叫绝!

“大工匠”就是企业的金字招牌。多年来,李凯军作为企业的闪光名片,早已成为他所在的企业——一汽铸造模具厂拼抢压铸模具市场的一块金字招牌。入厂 29 年,李凯军制造的模具,几乎“套套有改进、件件有创新”,其中多项填补了国内模具制造技术的空白。如今,其负责生产的模具已远销美国、加拿大、西班牙、俄罗斯……而这位中国工匠的名气,也随之远播海外。

奥迪 A4 是一汽大众的主打产品之一,其中的发动机点火线圈支架由东方压铸有限公司承制。为定做点火线圈支架的压铸模具,这个在国内压铸行业被称为“小巨人”的企业,到南方沿海城市转了一大圈,找了许多模具厂家,都没人敢接这个棘手的活。

后来,他们得知一汽铸造模具厂有个李凯军,压铸模具活干得很漂亮,于是,他们找上门来。由于事关重大,在制造过程中,他们一遍遍地前来“探班”,生怕有闪失。结果,李凯军凭着精湛的技艺,圆满完成了点火线圈支架压铸模具的制造任务。对方当场表示:“这套模具我们另加1万元,以后我们的活,还让这个小伙子干。”果然,此后东方压铸有限公司陆续为一汽铸造模具厂带来价值300万元的活。

许多厂家知道一汽铸造模具厂有个高手李凯军,纷纷到厂定做压铸模具。李凯军加工的模具,以其完美的外形、过硬的质量赢得了国内外客户的信任,为企业争取了大批的模具订单。

近年来,他完成国内外各种复杂模具200余套,总产值8000余万元,其中,创新成果百余项,节约经济价值达600余万元,在生产实践中发挥了巨大作用。他独创的一套手工工具及操作技巧为企业开辟了发泡模具的新市场,此模具是厂里重要的效益增长点,产品附加值高出其他模具几倍。李凯军解释说,模具的多功能键处一定要平滑,而且要透过光线折射来检查凹凸缺陷才行,这处需要用8块电极拼凑加工而成的局部,要达成整体化一的加工效果,他采用特殊手段用0.15毫米的钻石磨头一点点去打磨,这种精度对操作者的要求极高。

仅此一项就创造经济价值242万元,变速箱上盖模具的改进成果获全国大城市创新、创效成果大赛银奖;他独创的“大型模具装配法”“复杂水路加工法”成功地解决了制约企业发展的瓶颈问题。

师父就是如师如父,一花独放不是春。作为国家级技能大师工作站和劳模创新工作室带头人,李凯军先后培养出多位高徒,在第四届全国职工职业技能大赛上,其徒弟朱伟东夺得了钳工个人第一名,与其他两位徒弟共同取得了团体第一名的好成绩,一举包揽钳工组团体和个人两项金牌。在结束不久的2018年第六届全国职工职业技能大赛上又传来令人振奋的好消息,李凯军的徒弟刘岩一举夺得了钳工赛项第一名的好成绩!

据了解,在全国职工职业技能大赛共举办的六届中设立了五次钳工赛,他的徒弟就包揽了两届钳工赛项冠军!李凯军还积极奔赴各地企业开展技术帮扶、举办技术讲座,迄今已有逾10万名学员从中受益。

“工匠精神”的传承,重在言传身教,在传授手艺的同时,也要传递耐心、专注、坚持的精神,依赖于人与人的情感交流和行为感染,这是现代大工业的组织制度与操作流程无法承载的。作为一名首屈一指的大工匠,传承精神、传承技艺是李凯军的行为自觉。这些年来,“李凯军工作室”已经成为模具厂高技能人才的“黄埔军校”。

李凯军认为,传道授业不仅仅是传授高超的技艺,更要注重个人职业素养的提升。在对徒弟的悉心培养中,他既有严格管理的“铁腕”,又有体恤爱徒的柔情。在徒弟们的眼中,李凯军给了“师父”这个概念堪称完美的诠释:他既是严师,又是慈父。这些年,他在徒弟们身上花的时间比陪女儿的还要多。“女儿小的时候,每次看到我正常下班回家都高兴得跟过大年似的。”李凯军说。

面对日复一日枯燥的抛光、研磨等工作,李凯军的几个徒弟也不免心生浮躁。一个徒弟对李凯军说:我再苦练,也就是掌握了一项大家都会的普通技术。李凯军单独找他谈心,以自己的亲身经历告诉他:“没什么技术像‘武功秘籍’那样只有你一个人会,但你可以通过练习、琢磨把普通技术做到极致,这样你就有了别人所没有的‘一技之长’。”

为了增强团队的凝聚力,李凯军连续几年把自己的奖金拿出来和大家共享,他还自己出资组织各种形式的拓展训练和野外郊游。令他倍感骄傲的是,如今他的徒弟们都已成长为企业的顶梁柱,近几年,他们几乎包揽了各级别技能大赛工具钳工的前几名,其中,朱伟东还被授予“全国五一劳动奖章”。

追求极致的李凯军不仅是五尺钳台前的顶尖高手,事事追求完美的李凯军在工作之外也是一众徒弟眼中的“偶像”。李凯军在他热爱的运动方面也是如此,足球、篮球、排球样样在行,现在他以打羽毛球为主,并且身手不凡,在集团每次比赛都名列前茅。他经常对徒弟们说,不论做什么都要认真去做,要不你就别做,做就得做好,包括玩,如果连玩都玩不好,干活也不会怎么样。

“极致标准,极致要求”,这既是李凯军始终如一的追求,也是他作为“中国工匠”的真实写照。现在,徒弟们的工作已较李凯军年轻时轻松许多,一方面,厂里引进的很多自动化设备,一定程度上减轻了钳工的劳动强度;另一方面,如李凯军所说,“我和一些老钳工将模具钳工制造的路线、流程‘趟’了出来,慢慢形成了体系。”即便是这样,李凯军还是常常把锉刀拿在手里,所谓“拳不离手,曲不离口”,这是一个匠人多年养成的行为习惯,更是他们技艺精湛、本领高强的核心原因。

九、“喜欢挑战困难并战胜困难”的铣工——刘湘宾

“享受国务院政府特殊津贴专家”“全国技术能手”“陕西省劳动模范”“三秦工匠”……这些耀眼的光环，是对陕西航天时代导航设备有限公司铣工刘湘宾36年来积极践行劳动精神、劳模精神、工匠精神的褒奖。

2019年3月21日陕工网报道，“我喜欢挑战困难、战胜困难。”这是刘湘宾常常挂在嘴边的一句话，并用实际行动进行了完美诠释——解决了铝基复合材料难加工、精度难保证等技术难题；改进了国家重点型号和某大件的传统加工方案，提高效率3倍以上；自制特种工装夹具及刀具，提高了产品合格率……一项项小改小革为我国重点型号防务装备、探月工程、载人航天工程、二代导航卫星研制作出了贡献。

工作中，刘湘宾将“严慎细实”四个字落实到了每一个细节。在接到某用于火箭发射的重点产品加工重任时，他将设计方案和图纸熟记于心，白天现场指挥，晚上研究方案。在工期紧、难度大的情况下，他带领团队自创抛光轮，打破传统硬对硬的加工模式，保证了产品高速旋转下的准确定位，产品合格率达到98%以上。“一个人的力量是有限的，我要把技能传承下去，带出一支最棒的团队。”刘湘宾担任数控组组长后，积极创建班组文化——狼群精神：立规矩，不讲条件、不打折扣的执行力，为生产保驾护航；聚人心，齐心协力、科学分工，不断优化生产效率；传帮带，培养人才、传承技能，提高团队整体实力。经过不懈努力，他带出了一支行业闻名的“狼群团队”。

跟班到夜里12点，带领小组成员周末在车间抢任务，和徒弟“5+2”“白+黑”连续奋战保节点；占车间人数18%的数控组担负了近60%的车、铣加工量。刘湘宾带领团队，在生产一线创造了一个又一个奇迹。

2015年，刘湘宾带领数控组联合工厂国家级技能大师工作室开展某型号关键产品的技术创新和攻关，成功将该产品的合格率由原来的55%提高到90%，单件成本降低50%，生产数量由原来每月20套提高到60套。

近年来，作为省级示范性劳模创新工作室带头人，刘湘宾提出技术革新和合理化建议百余项，参加国家级、航天科技集团公司级技术攻关和课

题研究等10余项。他的一项绝技绝活被航天科技集团收录《绝技绝活100例》,多篇论文发表于《航空制造技术》《导航与控制》等国际一类期刊。

2024年61岁的刘湘宾刚办完退休手续,没想到更忙了,不仅被返聘,原工作不变,还被省市组织部门赋予一项新任务——到民营企业宝鸡拓普达钛业有限公司去帮扶,把航天精密和超精密加工技术发扬光大。他说,到民企帮扶是全国总工会、省总工会的要求,是劳模工匠进企业、进校园的具体实践,他要为地方发展服务。

十、从废品堆里爬出来的“大国工匠”——李世峰

李世峰,中航工业西安飞机工业(集团)有限责任公司(以下简称“西飞”)的一名钣金工,高级技术、首席技能专家。其父母是来西北支援三线建设的中国第一代航空人。李世峰常听他们谈论飞机,从小看着从蓝天上呼啸而过的飞机长大,蓝天和飞机是他儿时最深刻的记忆,能够抚摸到真实的飞机成为李世峰小时候最大的梦想。

2017年3月31日中国航工新闻网报道,1987年,18岁的李世峰从西飞技术学院毕业,带着童年的梦想走进了西飞钣金总厂,很幸运地成为厂里一名老师傅的徒弟。当时他心里窃喜:这是多好的学技术的机会啊!但是跟师傅学了两个月后,发生了一件不幸的事儿,师傅因病长期休息,这样一来也就没有人教他了。

可是李世峰什么都不会干啊!怎么办?于是,他主动和师傅们商量,免费给他们干活,不收分文报酬。师傅们很乐意地接受了他的请求。李世峰抓住机会不分白天晚上地干,不懂就问,不会就学。白天,别人在闲聊的时候,他在帮别人干活,边干边琢磨,边干边体会;晚上,别人在夜市“嗨”的时候,他在学习,别人在打牌的时候,他也在学习。他每天晚上都坚持总结当天学到的东西。时间久了,老师傅们看他又勤快又能干又不收报酬,都乐意教他一些技术。

就用这样的办法,李世峰把工段的老师傅们的技术都学了一个遍。他发现他的技术不属于哪门哪派,是集众家之所长,经过几年的思考、梳理、咀嚼、消化、吸收后,李世峰逐渐自成一派。结果,他从当初没有师傅的徒

弟变成了如今有众多徒弟的师傅。后来细想起来，如果没有当初突然的变故，怎能有现在的集众家所长自成一派？如果当初没有坚持做义工，怎能知道“舍得”的道理？如果没有当初的日夜苦练，怎能有现在扎实的功夫？当初养成的遇到困难冷静思考、独立解决的习惯，至今不曾改变，定当获益终身。

进厂第二年，在青工技术比武中李世峰夺得第二名，获得了嘉奖。这个小甜头更加激发了他学习技术的兴趣，也让他更加喜欢现在的工作，他觉得工作给他带来了极大的乐趣。这正应了孔子的那句老话“君子务本，本立而道生”。

李世峰把工作当作练习技术的手段，对技术如醉如痴，每一个零件都要仔细分析，用心去干，追求极致，力求完美。但是，钣金成型主要依靠手工操作，而手工操作难免会出现失误，产生废品。一旦因自己操作失误或水平不够而出了废品，他都懊恼沮丧、寝食难安。

李世峰会经常拿着自己或别人的废品仔细地观察分析，找原因，总结教训，一琢磨就是一两个小时。大家都觉得他怪怪的，但正是通过研究这些废品，李世峰学到了真正实用的理论知识，知道了造成废品的原因。

有时候，问题搞不透，他就“打破砂锅问到底”，查图纸、翻资料、找工艺，分析工艺流程，直到把问题彻查清楚才肯罢休。为了成功地规避废品，李世峰举一反三，创新了很多工艺方法。废品，这些已经被宣告死刑的无用的东西被他派上了大用场——深挖技术问题。所以，李世峰经常调侃自己：“我是从废品堆里爬出来的高级技师。”

面对徒弟们对钣金手工成型方法的请教，李世峰总是不厌其烦地给他们讲解手工画线要领和剪切操作要点、收边和放边的原理以及内外拔缘操作步骤、针对不同缺陷的校修方法并亲自示范。

有一次，一个徒弟为了练习一个腹板零件的手工成型，连续好几次敲零件打弯边总打不好，并且在手工拔缘时经常出现根部顶伤、角度偏大、翘曲变形的情况。几日下来徒弟身体疲惫，挫败感油然而生。李世峰看到后二话不说便拿过他手中的零件，仔细地在平台上查找零件不平整的部位，并细细讲解出现缺陷的原因。找出原因后，李世峰便拿起榔头一番校修，徒弟本以为失败了的零件又平整漂亮地出现在眼前。“师傅，你太厉害了，这简直就是在变魔术。”徒弟开心地说。李世峰笑着说：“只要功夫深，铁杵磨成针。我们钣金校修也是这样，只要你多钻研、多练习、多积累，你也会拥有和我一样的‘魔法’，甚至比我做得更好。”

在旁人看来极其枯燥的重复敲击，在师傅的指导下变得有趣。李世峰对钣金的热爱来源于骨子之中，他痴迷于对材料结构学、材料成型方法以及 3D 构图软件的学习与研究。在徒弟们的眼中，李世峰手中的榔头如同一个“魔法棒”，一块块冰冷的金属板在他的手下变成了一个个精致的、堪称艺术品的钣金零件。

30 年来，李世峰在工作与生活中不断挑战自我、超越自我。参与了多个重点型号的研制和生产，承担了 13 项课题和攻关的首件制造。在“新型薄钛 TB5 合金板料冷成型工艺技术研究”课题中，他创新出一套独特的 TB5 钛合金圆管渐进冷成型技术；在“747－8VF 超大腹板冷状态成型攻关”中，他凭借多年的经验及高超的技艺，消除了薄板零件普遍存在的淬火变形所导致的开裂、松动缺陷，该技术成为 747－8VF 飞机生产阶段性胜利的一大标志。

李世峰以其突出的专业技能和实践成果先后多次获得省级以上荣誉称号。李世峰在岗位上的重复与坚守，厚积与创新，深深诠释了工匠精神，以及工匠对极致与创新的追求。

第二节

中国老牌企业

一、全国中药行业著名的老字号——北京同仁堂

北京同仁堂，创建于 1669 年（康熙八年），自 1723 年开始供奉御药，

历经八代皇帝188年。在300余年的风雨历程中,他们的产品始终享誉海内外,产品行销40余个国家和地区。

同仁堂,300余年长久不衰,秘诀是什么?

答案就是:对品质的“匠心坚守”。

对于同仁堂来说,质量是真正与生命密切相关的。早在1723年,同仁堂在成为皇家御用药店之后就确立了“以质为命”的质量理念。

那么,同仁堂是如何做到“以质为命”的呢?

答案就是:在质量上追求至优至精的工匠精神。在生产过程中,同仁堂始终坚持“配方独特、选料上乘、工艺精湛、疗效显著”的制药特色,恪守“炮制虽繁必不敢省人工,品味虽贵必不敢减物力”的“两个必不敢”的古训,提供高质量的产品和服务。

作为一家拥有300余年历史的中医药生产企业,把传统经验、技艺和现代管理、技术进行有效结合,正是北京同仁堂在质量方面传承与创新,实现至优至精质量的工匠精神的最好体现。

比如,在人工挑拣原料、前处理炮制工艺、手工操作生产等环节,同仁堂创新出一种原料检验双重把关模式。

通过实施GMP等质量控制体系认证,研制使用具有自主知识产权的新技术、新工艺、新设备,制定中药、医疗企业标准规范,推进中药标准化生产,实现了传统与现代、国内与国外质量管理方式的有效对接。

为了保证产品质量,同仁堂大胆创新和突破,将现代化标准与传统工艺技术结合,努力做到“师古不泥古,创新不失宗”。

在源头把关环节,建立了12个自有中药材种植基地,采取专家经验鉴别和仪器检测相结合的“双保险形式”,对原料进行“双重把关”。

在生产控制环节,针对中药生产特点,坚持工艺技术改造与创新相结合,自主研制标准化生产线,在传统炮制工艺、制剂、包装等关键工序融入现代生产技术,通过实施GAP、GMP、GSP等现代质量控制体系,提高各环节质量保障能力。

在产品检验环节,在感官经验判断的基础上,加大对质谱仪、色谱仪等先进科技检测仪器的使用,确保药品出厂质量。

在售后服务环节,建立药品质量追溯体系。

同仁堂的这一系列做法,正是以质为命、师古但不泥古的有力体现。

传承工匠精神,"师古"是必须的。向古人学,向前人学,向一切掌握了技术和工艺的人学,都是传承技艺的重要途径。但这种学不是墨守成规,不是依葫芦画瓢,而是创造性地学习,推陈出新,这样才能真正让技艺既传承又发展,使技艺代代延续,世代相传,并不断发展和进化。

制作精良,只为打造更精致的产品。安宫牛黄丸是同仁堂的拳头产品之一,因其疗效显著,被人们誉为"救命药"。为什么一颗小小的药丸,会受到消费者如此的称赞和信赖呢?除了安宫牛黄丸的配方源于清宫秘方之外,与其制作的精良与选料的上乘密不可分。

有一次,一名刚进公司不久的"90后"新员工正在将安宫牛黄丸的药粉过箩。班长路过时,俯下身检查她的工作,突然好几个略大于正常细粉的颗粒映入班长的眼帘,凭着经验判断,这个箩肯定是出了问题。

于是,班长急忙叫小姑娘停下工作。但这个年轻人不以为然,不情愿地小声嘟囔:"不就粗那么一丁点儿吗,有什么呀,大惊小怪的!"

很明显,新员工没有意识到问题的严重性,见她犹豫不决,班长便从她手中拿过箩仔细翻看,发现在箩的槽帮处有一个小米粒儿大小的洞。

找到原因后,班长耐心地对小姑娘说:"安宫牛黄丸是救人于危难的救命药,作为生产者不能有丝毫的马虎。虽然这一次出现的问题只是细粉比企业规定的内控标准略大了一丁点儿,但也许就是因为这'一丁点儿',会让患者在吞咽药品时感到不适而引发严重的后果。我们必须随时注意生产过程中的点点滴滴,从细微处入手,要像保护自己的眼睛和生命一样珍视质量。"

经过班长的教育,这名新员工终于意识到自己的问题,跟着班长一起将刚刚研磨过的牛黄粉又重新过箩,以实际行动把住了工序质量关。

制作过程决定产品质量,有什么样的制作过程就有什么样的质量。这个小故事有力地说明了只有制作精良才会有高质量产品的道理,同时,这个小故事也恰到好处地体现了同仁堂坚持产品质量的工匠精神。

企业不论是生产产品还是服务大众,对产品制作过程要求高一点,标准严一点,这样做出的产品就会更加精致,质量就更有保障。

走进同仁堂的大门,"仁德诚信"四个字映入眼帘,体现出了企业厚重的文化底蕴,“仁德诚信”,正是同仁堂一直倡导的质量文化,成为同仁堂的一大质量特色。

2013 年,同仁堂制药公司引进了一台新型小袋包装机,在设备验收期间,生产车间员工每天班前都会对设备进行检查。一天中午,生产车间监控员对设备进行每 2 小时巡检一次的时候,发现设备上有一颗螺丝钉脱落了,监控员和班组领班及时叫停。因只能推测出螺丝钉脱落的大概时间,生产车间领导当即决定,将此时间段内包装的所有成品共 94 箱,全部拆箱检查。

因螺丝钉细小且为不锈钢材料,所以用手捏、用强磁吸都无法将其找出,只有将其内包装——复合膜袋剪开,逐一查找。94 箱成品共计 67680 袋,所用复合膜约为 60 千克,公司不惜将其全部废弃,安排员工加班,费时 7.5 小时,终于将脱落的螺丝钉找到。

一颗螺丝钉,67680 个复合膜袋,为了仅仅 40 余克的小耗材,毅然舍弃了是其重量近 1500 倍的包材辅料。和 67680 比起来,1 是一个小数字,但这样的产品一旦流入消费者手中,1 就等于 100%。在同仁堂人看来,诚信的 1 比天大。

“诚信是价值的根基,仁德是立身的根本。”以诚取信,以信取胜是同仁堂人用 300 多年的经营实践总结出的企业精神和经营之道。北京同仁堂党委副书记陆建国表示:同仁堂通过文化管理管住魂、制度管理管住根、人才管理管住本、员工管理管住心、科研管理管住情,将软实力与硬约束相结合,努力推进“修合无人见,存心有天知”的自律文化建设,确保行为诚信。

目前,北京同仁堂针对中医药行业特点,成立文化传承中心,整理归纳中华文化精髓,把“仁德诚信”纳入企业发展战略,将同仁堂历代古训内化为企业质量信仰,并固化为 10 余项职工岗位守则。

通过延续敬匾、拜师、开市、宣誓等传统仪式,以及创作影视作品等,弘扬和传播企业质量文化,引导全员敬畏生命、追求质量;通过师傅带徒弟、技师工作室、中医大师工作室等多种形式,弘扬仁德、诚信价值观,促进了质量文化的代代传承。

此外,北京同仁堂还积极推行《品牌保护信用等级评定办法》,将产品质量、经营质量、服务质量、广告发布、价格管理等内容纳入评定标准。该标准分为 A、B、C 三级,每年对所属单位信用等级进行考核评定,实施品牌工作一票否决。

早在2011年，同仁堂依据该办法对500余个物料供应商和生产商，1000余个品种的辅料、包材以及上万种经营商品的供应商资质开展了全面质量审计，终止了21家资质不健全、存在质量隐患的供应商的供应合同。

“上万元的大单我们要做好，1分钱的买卖我们也一视同仁。”每年北京同仁堂都会收到大量求医问药的来信，许多门店都派专人阅读回复，并给患者寄去他们需要的药品。虽然不赚钱，却能赢得顾客的心。

2003年，北京暴发SARS疫情，每天来同仁堂抓药的顾客络绎不绝，这时，金银花、板蓝根等药材一天一个价，在这种情况下，同仁堂在报纸上公开承诺：保证供应、保证质量、保证不涨价。这个承诺给北京市民吃了一剂定心丸，同仁堂却赔了600余万元，但同仁堂认为这个“亏”吃得值，值就值在老百姓对同仁堂更信任了。

炮制是个精细活儿。走进同仁堂的任何一家药店，都可以看到一副对联：炮制虽繁必不敢省人工，品味虽贵必不敢减物力。这句话正体现了同仁堂对品质的“匠心坚守”。一锤一锤、一点一点不断重复，经过无数次艰辛的钻研、向前推进，才能打造出一件完美的作品。

同仁堂产品的炮制过程就如同工匠打造作品一样，经过炒、炙、烫、煅、煨、蒸、煮、淬、漂、浸、飞等不同的方法，不断重复，才制作成质量上乘的药丸。对此，在同仁堂工作36年的国家一级技师于葆墀最有感触，回想当年学徒，有一次，师傅问于葆墀：“桑皮丝怎么切？”

他不假思索地说：“把桑皮洗完切好就行。”

师傅接着问他：“洗完桑皮会不会有黏性？切的过程中会不会打滑？”

听师傅这么一说，于葆墀一下子觉得连个桑皮都不会切了。师傅接着说：“桑皮最好在冬天切，头天先洗了冻一宿，第二天再切，防止黏性，这样才能切得快，手下出活。”

如今，于葆墀摸准炮制之理，把握中药材的蒸、炒、制、煅等的“火候”奥秘，解决了“制象皮”“制硇砂”“煨肉果”等类别品种的生产难题，并形成了规范的生产工艺。

大象皮去腐生肌，是一种很好的中药。好几厘米厚的干透象皮，切起来可真不是吹牛皮，泡不开，切不动，从药材象皮变成饮片制象皮，难倒不少药工。第一次接触象皮，真让于葆墀犯难了，他查了不少古籍文献，连1959年公司老药工编的炮制工艺书籍也被他找了出来。

象皮去掉杂质，刷洗干净了，却怎么也泡不透，他尝试过不同的水温，泡了再润，润了再晾，晾了再泡……不停地重复，慢慢磨功夫，将水温保持在30~40℃，泡好用手拧干再晾，晾干后再泡再润再拧，如此反复三四天才完成，最终用诚心折服坚硬的象皮。

很多精美的工艺品完成后，人们都会惊叹其制作之精美，惊讶其工艺之繁复，却不知道这些精美绝伦的作品背后，工匠所付出的辛劳和心血。可能也正是工匠们这样默默地付出和用心，才历练出工匠精神的永盛不衰。

同仁堂的社会认可度还在不断提高，它是中国最具影响力的名牌企业之一。

二、中国手工业的传统名牌——张小泉剪刀

张小泉剪刀，是浙江杭州市知名的传统手工艺品。张小泉，明末安徽黟县会昌乡人，其所铸剪刀，选用闻名的“龙泉”钢为原料，镶钢均匀，磨工精细，刀口锋利，开闭自如，因而名噪一时。张小泉剪刀是中国手工业的传统名牌，已有360余年的历史。近代，张小泉剪刀又在南洋劝业会、巴拿马万国博览会等国际赛会上屡获殊荣。

张小泉为后人立下了“良钢精作”的祖训，经过一代又一代张小泉人的恪守奉遵，业已形成了一种张小泉特有的工匠精神。

小泉溯源有春秋。张小泉剪刀的创始人为张小泉的父亲张思家，张思家自幼在以“三刀”闻名的芜湖学艺，而张小泉在父亲的悉心指教和实践中，练就了一手制剪的好手艺。张思家学艺有成之后，在黟县(隶属于安徽黄山市，古徽州六县之一)城边开了一个“张大隆”剪刀铺，前店后家。张思家做事认真，他打磨的剪刀坚韧锋利，备受人们的称赞。张思家悉心研究铸造技艺，在打制剪刀中运用了“嵌钢”(又叫铺钢)工艺，一改用生铁锻打剪刀的常规，张思家还采用镇江特产质地极细的泥精心磨制，使剪刀光亮照人。

张小泉秉承父亲创业时一丝不苟的精神，又首创镶钢锻打工艺，所制

剪刀质量上乘,故“生意兴隆,利市十倍”。因此致同行冒牌几乎遍市,张小泉无奈于清康熙二年(1663年)毅然将“张大隆”招牌改用自己的名字“张小泉”,立“良钢精作”家训。“张小泉”品牌成名的历史就此开始,直至后来成为中国传统工业的一块金字招牌。

数百年来,张小泉创造了我国民族工业史上的诸多辉煌。乾隆四十六年(1781年),张小泉剪刀被乾隆帝钦定为贡品。曾于1909年南洋劝业会、1915年巴拿马博览会、1926年费城世博会、1929年首届西湖博览会相继获得大奖。1917年,“张小泉”率先将镀镍抛光技术应用于剪刀防腐,开中国传统民用剪表面防腐处理之先河;1919年获北洋政府农商部68号褒奖。同治年间,范祖述在其所著《杭俗遗风》中,将张小泉剪刀列为驰名产品,与杭扇、杭线、杭粉、杭烟一起,并称为“五杭”。

张小泉剪刀以选料讲究、镶钢均匀、磨工精细、锋利异常、式样精美、开合和顺、刻花精巧、经久耐用而著称,名扬海内外。

“快似风走润如油,钢铁分明品种稠,裁剪江山成锦绣,杭州何止如并州。”这是我国杰出的剧作家田汉于1966年走访张小泉剪刀厂时写下的一首赞美诗。

在一次剪刀评比会上,人们把40层白布叠在一起,用各种剪刀试剪,唯独张小泉剪刀,张开利嘴,“咔嚓”一声,一次剪断,连剪数次,次次成功。检查刃口,锋利如故,其他剪刀望尘莫及。香港一家广播电视公司还摄取了张小泉一号民用剪,一次剪断70层白布不缺口,接着又剪单层薄绸不带丝的精彩镜头,足见张小泉剪刀的质量之高。

张小泉秉承父亲创业时一丝不苟的精神,大胆创新,首创镶钢锻制工艺。所谓“镶钢锻制”,即一改此前业内惯用全铁锻制剪刀的传统,在剪刀刃口处镶上一层钢,使其坚硬锋利,裁剪断物不易变钝;剪体用铁,便于弯曲造型,制作时不易断裂,且能把剪身做得柔美和合,手感舒适。这一创新,很好地解决了剪刀制作在材料应用上的重大难题,所制剪刀刃口特别锋利,且牢固耐用。

乾隆四十五年(1780年),乾隆皇帝五下江南,曾微服到铺里买剪刀,带回宫中供妃嫔使用,因反响颇佳,便责成浙江专为朝廷采办贡品的织造衙门进贡“张小泉近记”剪刀为宫中用剪。乾隆皇帝又御笔亲题“张小泉”

三个字，赐予“张小泉近记”剪刀铺。从此，“张小泉”剪刀又被称为“宫剪”，名扬南北，誉满华夏。

虽然产业数易其主，但张小泉及其后代却给人们留下了精湛独特的剪刀制作工艺。张小泉剪刀总结出来的“制剪72道工序”，是一代又一代劳动者智慧和心血的结晶。“良钢精作”讲究的一是选料上乘，二是做工精致。张小泉制剪向来采用龙泉、云和好钢，曾经更是不惜成本选用进口优质钢，这与其他作坊为降低成本、混用杂钢的急功近利的做法截然不同。

张小泉传统制剪工序中有两项精湛独特的制作技艺历经磨炼被延续下来，一是镶钢锻打技艺。造剪一改用生铁锻打剪刀的常规，选用浙江龙泉、云和的好钢镶嵌在熟铁上，经千锤百炼，制作成剪刀刃口，并用镇江泥砖磨制。二是剪刀表面的手工刻花技艺。造剪工匠在剪刀表面刻上西湖山水、飞禽走兽等纹样，栩栩如生、完美精巧。

用传统锻造工艺做出的张小泉剪刀都是经过手工锻打，千锤百炼，每一道工序都需要付出巨大心血，精雕细琢，来不得半点马虎。例如拔坯这道程序，就是将铁按所需剪坯的长度，放入炉灶内烧红，如一号剪12厘米，在12厘米处烧到红透，盛出来放在墩头上用凿子凿，留一丝相连，用榔头将凿断大部分的铁勾过来，两段铁并在一起。这道工序要注意坯料的长度，凭经验判断，既不能太长也不能太短，凿断所留的连接部位不能太多也不能太少。而嵌钢程序是在坯料冷却的状态下，将刃刀钢料镶嵌于剪体钢料槽中，要严格控制钢料顶端与槽口的距离，不能露出过长，也不能缩进太多，否则打剪刀时会出现纯钢头成缩钢头。所有这些程序都需要制剪人有精湛的技术。如果是做钳手，一天到晚就要一只手钳牢剪刀，另一只手握紧榔头敲个不停，尤其是敲“缝道”，更是讲究，要敲得剪刀锃亮才不会走样。若没有专业的精神，没有对工作的满腔热情，如何能制造出质量上乘的产品呢？

张小泉剪刀创始人张小泉立下的“良钢精作”家训，360余年来由其后人身体力行，成为一种“张小泉”特有的工匠精神，成为一种传承至今的文化核心。“质量为上，诚信为本”的经营宗旨和“用心去做每一件事”的精神引领着张小泉剪刀走向更好的未来。

历史传承有创新。张小泉剪刀在继承传统技艺的基础上不断创新，已成为我国剪刀行业中产量最大、品种最全、质量最好、销路最广的一家企业。产品形成了工农业用剪、服装剪、美容美发剪、旅游礼品、刀具系列等100个品种500余个规格。最大的剪刀长1.1米,重28.25千克;最小的旅行剪只有3厘米长,20克重,可放入火柴盒内。

时代变了,条件变了,“张小泉”的市场地位和社会地位也变了。制剪工艺从传统的72道工序演进为包括数控技术在内的现代化生产方式,制剪材料也由单一的镶钢锻制变成优碳钢、不锈钢、合金钢并用。

但是,“张小泉”人一贯奉行“良钢精作”祖训的传统没有变,他们坚持“继承传统、不断创新、追求卓越、争创一流”的理念,在企业管理的很多领域进行了大胆的创新和探索,取得了令人瞩目的成就,品牌在国内外的知名度和美誉度迅速提升,国内市场覆盖率和占有率一直居同行之首,海外市场不断扩大,份额不断增加。

老字号“张小泉”的成功,生动形象地说明了任何一个企业和个人的成功都离不开传承创新的工匠精神,而只有对自己所从事的事业保持一种敬畏感,追求一种崇高感,坚守一种责任感,才会孕育出精益求精的工匠精神。

第三节

中国现代企业

一、“专注细节”——华为技术有限公司

华为创立于1987年,是全球领先的ICT(信息与通信)基础设施和智能终端提供商,20.7万员工遍及170多个国家和地区,为全球30多亿人

提供服务。

华为的成功不可能被简单复制，但是其领导者任正非专注、执着的工匠精神却可以学习、借鉴，甚至模仿。

（一）板凳要坐十年冷

在华为内部一直秉承着这样一个观念——板凳要坐十年冷。这个观念其实不难理解，许多科学家、文学家和艺术家都是在自己很小的领域里“坐冷板凳”才作出成就，成为专业的人才。但如果让自己成为涉足多个领域的人才，则可能导致每个领域都难以深入研究，无法实现“专注”。所以，华为的这个观念其实也是在强调工匠精神中的“专注”。早在十几年前，iPhone 手机的 ios 系统和安卓系统还没有研发出来，华为就开始专注于研发移动手机芯片，希望做出中国最好的智能终端，掌握核心技术，构建移动时代持久的竞争优势。

几十年来，当诺基亚、摩托罗拉等手机品牌巨头都已经退出一线时，华为仍在专注研发手机芯片。如今，华为手机芯片遍布全球，在无线算法、射频技术、图像处理、设计工艺等各个核心技术领域聚集了全球最优秀的人才进行协同创新。华为自主研发的麒麟系列处理器，性能上已不逊色于苹果、三星等国际巨头的同类产品。

为了专注研发手机芯片，华为可是坐了十年冷板凳。可就是这十年的冷板凳成就了华为如今的霸业，为了让自己的企业一直秉承这种精神，任正非专门撰写了一篇《致新员工书》，供企业内部员工学习。

这篇文章中这样写道：“希望丢掉速成的幻想，学习日本人踏踏实实、德国人一丝不苟的敬业精神，能把某一项技术精通就是十分难得的。您想提高效益、待遇，只有把精力集中在一个有限的工作面上，不然就很难熟能生巧。您什么都想会、什么都想做，就意味着什么都不精通，任何一件事对您都是做初工。努力钻进去，兴趣自然在。我们要造就一批业精于勤，行成于思，有真正动手能力、管理能力的干部。”

诚然，华为这种专注的工匠精神是很有道理的。一个企业如果把精力投入到各个领域的研究，那么，终将一事无成。这也是很多企业觉得自己付出了很多辛劳却没有成功的重要原因，而华为之所以崛起，就是因为这种专注精神。

（二）“专注”的价值

“专注”代表着坚持如一、拒绝诱惑，在你方唱罢我登场的市场竞争中耐得住寂寞，牢牢把握着客户的需求变化，为满足这种变化而付出努力。华为在多年的经营管理中，始终以“专注”作为指路明灯，在手机终端研发这条路上一走就是几十年。

然而，华为的专注并不是盲目的。华为的专注是建立在对公司长项和优势的了解基础之上的。1987 年，任正非在深圳成立华为公司，成立之初，他的理想便是将华为打造成为全球最大的电信网络解决方案提供商。

他的专注同样也来源于对自己事业的信心。任正非对于市场的敏锐观察力让他在手机行业尚处于意兴阑珊之势的时候就发现了其中蕴含的巨大市场潜力。对于这种光明前景的坚信使得任正非在这条道路上一直步伐坚定，从未有任何迟疑。

几十年来，华为始终认准一个目标——成为全球最大的通信网络解决方案提供商。不管是在网络行业的高速扩张时期，还是在金融危机侵袭导致股价大跌之时，华为都没有偏离这个目标半步。

“专注”的价值并不在于能够在短暂的时间里完成一件事，而是通过持续不断地完善、改进，为满足市场需求努力而体现出来的。正是因为有了对目标的坚持，有了长期的专注，华为才能够拥有领先于别人的基因，也才能在市场上表现出强劲的发展势头。而这种专注的价值，也正是华为工匠精神最有力的体现。

专注于一个目标，并尽自己最大的努力将其做到极致，正是现代企业发展的精粹，也是工匠最核心的精神之一。2016 年，任正非在对市场战略做分析时说过这样一句话：“绝大多数的成功企业对它们应该生产什么产品，不应该生产什么产品了如指掌。但是要做到这一点，最大的困难在于抑制住无时无刻不存在的各种副产品的诱惑，真正的成功企业绝对能够抑制住这种诱惑。”

如今瞬息万变的世界让人的欲望无限膨胀，所有的企业成长中总会有各种欲望、诱惑。面对诱惑的陷阱，不仅中小企业难以抵御，就是一些大企业也常常不由自主地扑了进去。华为之所以能够抑制住种种诱惑，是因为它始终坚守一种工匠精神：最有效的抵御多元化的方法就是专注。以专注制造产品,以专注坚定信念,以专注创新奇迹。

虽然华为靠专注抑制住了多元化的诱惑,但是一些企业却未能如此。

珠海巨人集团曾被誉为一个迅速发展的高科技“明星企业”,但是,很快却因为没能抑制住多元化的诱惑而陷入困境。巨人集团本来专注于高科技产业,但看到房地产行业如日中天的发展势头,在没有人力和财力的支撑下,便盲目进入房地产业。结果由于投资失败,导致资金周转不过来,讨债者蜂拥上门,最后陷入了财务危机。

作为民营企业的典型代表,巨人集团的危机为我们敲响了警钟。对此,华为公司董事长任正非表示:“华为拒绝多元化。”任正非认为华为绝不是一夜崛起的,而是不断去积累、磨炼才成功崛起的。几十年前,华为还是年产几千台手机的小型企业。正因为专注,华为拒绝了成长中的一个又一个诱惑,到 2016 年,华为已经享誉世界。

说到这里,很多企业也许会发出这样的哀叹:专注于一个领域的道路会越走越窄,不走多元化,难道让企业倒闭吗?这个问题正是不少企业盲目追求多元化的一个重要原因。不少企业对专注于一个领域发展最大的担心就是路会不会越走越窄,放弃了那么多机会,专心做一件事,如果市场不好,岂不是就此失败?

其实,事实未必如此。就像工匠们建造房子一样,有很多方法可以让房子快速建好。但是,认定一种方法,不为别的方法所迷惑,往往可以更好更快地建造好房子。企业也是一样,除非是所在大市场的全面萎缩,否则,专注于一个领域成功的企业常常会是越走越能发现以前根本看不到的好机会,而不是路越走越窄。而且,这些机会往往只有那些已有足够能力沉淀的专业化企业才能够看得见、抓得住。

(三)专注不是保守,而是勇于创新

纵观商界,大多数成功企业都有种执着、稳健、务实的品格,这种普遍低调、沉默的作风也引来了许多误解,让很多人觉得它们都是一些很保守、不思进取的企业。

但是事实并非如此,这些成功的企业在发展战略与市场选择上虽然专注于某一个领域,十几年甚至几十年不动摇,但在企业的经营过程中它们不仅不保守,恰恰相反,它们在技术、组织、管理变革上要比那些“见异思迁”的企业更具有创新精神。

如今的快节奏社会造就了许多“一夜暴富”的企业,这些企业最终却逃脱不了“其兴也勃,其败也速”的周期律。这些企业从创建到壮大,然后进入快速增长到最终退出市场舞台,一般不会超过10年,很多企业更是昙花一现。

为什么会出现这样的状况呢?究其原因,正是由于企业缺乏专注而又勇于创新的工匠精神。

华为,绝不是这样的企业。华为公司以专注研发生产优质的通信产品为经营核心,在技术上的创新、在管理思维上的创新、在管理手段上的创新、在营销策略上的创新始终是华为孜孜以求的工作目标。

就技术创新而言,华为创业伊始就以国际先进水平为目标,力求领先世界。华为立足于当代计算机与集成电路的高新技术,大胆创新,取得了一系列突破。

华为坚持每年投入销售额10%以上的资金用于研究与开发,装备大量精良的开发设备和测试仪器,并与国内外一些著名大学、研究开发机构和重点实验室建立了长期广泛的合作与交流,与国际上知名公司和供应商建立了良好稳定的伙伴关系。

华为始终保持着创新的工匠精神。或者说,华为之所以能够有胆量做通信产品,而且一做就是30余年,就是因为他们能抓住产品的细节,能把客户的需求变成实实在在的商品。而其中最重要的一条,就在于华为用技术积累造就了一个金字招牌。做同类产品的企业其实还有很多,从竞争力上来讲,这些企业逐渐被华为甩开了很长的距离。在创新方面,华为一直走在同行前面,成为行业领头羊。

正是由于专注而不保守,专注于不断创新的工匠精神,造就了现在的华为。这恰恰是成功企业一直坚持的模式:保持适中规划,聚焦产品质量,专注于产品的深度而非广度。有了这种精神,中国的企业也许不能在朝夕之间成为巨人,但最终结果会让它们走得更远更高。

(四)用专注的工匠精神铸造核心竞争力

2016年,时代已经进入一个飞速发展的阶段,创造财富的速度每时每刻都在被刷新。对于苹果、长江基建这样的龙头企业来说,成功崛起可能需要十几年、几十年的不断打拼与辛苦积累。然而,对于现在不断涌现出来的新创企业来说,这个速度已经堪称蜗牛爬行一般缓慢了。

以 Google 公司为例,Google 只用了 2 年左右的时间就创造出 167 亿美元的财富。这样的创富速度告诉人们,一夜崛起不是神话,而是确实有可能发生的事情。每个企业都渴望一夜崛起,然则却不是每个企业都有 Google 这样的好运气。即使是 Google 本身,也并不是因为捡到了从天而降的馅饼,它的崛起传奇建立在对于搜索引擎的执着与专注之上,与运气无关,是专注造就了奇迹。

华为公司深谙这一点,在成长过程中,一直坚持专注于自己的领域,只有这样,才能为成功奠定牢固的基础,使自己的企业真正强大起来。

任何一个企业要想获得成功,就一定要具备一种超过别人的能力,也就是核心竞争力。什么是核心竞争力?核心竞争力即是企业在发展过程中逐渐形成的无法被竞争对手照搬、模仿的技术、能力或者资本能量。核心竞争力能够为企业带来巨大利润,能够使企业在市场竞争中立于不败之地。

要想在竞争如此大的对手中脱颖而出,并奠定自己的市场地位,如果不具备一定的核心竞争力,是不可能的。

华为的核心竞争力是通过专注而铸成的——专注于自己的优势领域,华为因此获得了持续而又长久的发展。而工匠的核心竞争力也是通过专注而铸造的——工匠们专注于自己所造就的作品,因此打造出一件件精美绝伦的艺术品。

所以,华为的核心竞争力和工匠的核心竞争力是一样的,那就是专注。

华为在经营过程中始终以生产高质量的通信产品为自己不可推卸的责任,并且以此为自己的目标市场,数十年坚持如一。经过多年的发展,华为的三大系列——Ascend 系列、荣耀系列、Gold 系列都已经在国内获得了最大的市场占有率,稳坐头把交椅。

(五)弘扬工匠精神追求"零缺陷"

谁是中国最具有工匠精神的企业?对于这个答案,曾经有记者专门做过采访。中国多位企业管理者给出的答案均是:华为。

为什么华为被认为是中国最具有工匠精神的企业呢?笔者在翻阅大量书籍和查找多方资料之后得到了答案。华为之所以被认为是中国最具有工匠精神的企业，主要源于华为公司对产品质量的关注。

在华为公司的企业文化里有一条非常重要——以工匠精神来衡量产品，真正追求“零缺陷”。就是在这样专注于产品质量的工匠精神下，华为的“匠人”们经过多年的坚持，构建了一套坚实的大质量体系，用“质量优先”战略在各个环节落地。

华为公司之所以能够闻名世界，是因为它生产的产品质量可靠、功能稳定，在中国通信行业中是无与伦比的。的确，当许多企业以追求获利的捷径并以粗制滥造为特点的时候，华为公司的研发人员、设计师、制图员、经理人员始终牢记着一点：从长远看，无论在哪个市场上，唯一经久不变的价值标准是专注于产品质量。

2015 年，华为 P8 手机发布，这款手机刚开始使用时没有什么问题，但使用几年后会出现屏幕和机身稍松的现象。为了解决这样一个质量问题，华为进行了强度的寿命实验、强度的跌落实验、强度的滚动实验、强度的受力实验。

然而，仅这一项实验就花费了 4 亿余元。其实，这样的问题对于消费者来说是可以接受的。因为任何手机使用几年后都会出现问题。但是华为却坚持认为，这就是产品本身的质量问题，甚至为此承担了几亿元的损失。

诚然，正是由于华为有了这样的专注于产品质量的工匠精神，才得以让华为系列手机本身的品质真正做到“零缺陷”。如今的市场竞争如此激烈，许多老牌手机企业纷纷倒下，而华为不仅能屹立行业不倒，还把手机业务做得非常红火。

为解决一个在跌落环境下致损概率为三千分之一的手机摄像头的质量缺陷，华为会投入数百万元测试，最终找出问题并解决。为解决某款热销手机生产中的一个非常小的缺陷，华为荣耀曾经关停生产线重新整改，影响了数十万台手机的发货。

翻看华为的成长史时，这样专注于产品质量的例子数不胜数。2016 年 3 月 29 日，中国质量领域最高政府性荣誉“中国质量奖”颁奖，华为获得了该奖项制造领域第一名。在成为业界质量标杆之后，华为每年仍然要以 20%的改进率去改进质量，从而培养员工专注于产品质量的工匠精神，致力于在企业上下形成共同的价值观,在企业文化和制度两方面将专注于产品质量进行到底。

工匠精神就是专注于细节的过程,在企业管理学中,有一个被人熟知的"木桶理论"。这个理论是这样的:把企业比作水桶,企业的各个环节就是围成圆桶的木板,不管木桶多么大,由于木桶能装多少水取决于最短的一块木板,因此企业的经营实绩就取决于最薄弱的环节,并且薄弱环节即使是细节,也会铸成大错。

作为华为公司的创建人——任正非,在被问及他成功的最大原因是什么时,他只说了五个字:专注于细节。他认为,一个企业如果不能在各个方面专注于细节,那么就像木桶缺少最短的一块木板,永远不会崛起。

任正非认为工匠精神就是专注于细节的过程。所以,在华为的发展道路上,一直秉承着这种精神。

除了技术和企业运营成本,华为在产品上也专注于细节。华为手机的设计处处彰显人性化,充分考虑到用户的体验,这些细节相对于技术同样重要。

华为手机产品线总裁何刚在提到华为手机的设计时,道出了华为人的工作心声:"我们本着工匠之心,不断地把每一个细节做好,哪怕会慢一点儿让消费者用到我们的优质产品,我们用放眼全球的眼界来定位华为的全球化发展之路。"

不仅仅是手机业务,在其他电信设备的制造上,华为公司始终秉持着专注于细节的工匠精神。

(六)精益求精才能够不断进步

华为公司一直在推行精益求精的生产研发模式,确保工作效率和产品质量的提升,比如在2006年,华为特意聘请日本新技术公司作为精益理论推行的顾问。此后华为专门成立了生态系统项目组,研究精益生产理论和丰田生产系统,并依据实际情况设计规划了华为公司精益制造的总体架构。

项目组提出了华为发展的四个阶段:精益现场、精益流程、精益企业、精益价值供应链,而且华为公司通过应用精益改善的方法和工具,最终构建起华为特色的精益制造体系。结果在2006年到2008年,企业的生产制造周期缩短了79.1%,产品不合格率下降了41%,标准工时降低率每年都平均提高15%,成本也在逐年下降。

构建精益制造体系的关键还是在于营造一种精益求精的企业文化,事实上华为公司一直以来都在鼓励员工养成精益求精的习惯和工作态度,平时要敢于质疑,学会主动发现问题,出现问题后不寻找任何借口,而是想办法寻求解决方案。公司内部有一个不成文的规定,那就是在解决一些重要问题时必须提出至少七种解决方案,然后对每一种方案进行分析和选择,以便能够找到最正确、最合理的方法。

正是因为拥有出色的精益构造体系,再加上精益求精的态度,这才造就了华为人的强势与优秀。在华为人看来,只要还有改进和提升的空间,他们就不会放弃继续摸索的机会。比如在2013年之前,华为员工们使用Excel货量预估工具进行货量数据评估,然后还需要额外的手工查询和校对,这种做法浪费了大量时间,而且准确率不高。为了提高工作效率,供应链质量与运营部和数据管理部的员工立即组成了专项工具研发团队,研发新的货量评估工具,在克服重重困难之后终于研制成功。这项发明为华为员工节省了大量时间,年度节省工时收益合计252万元;不仅如此,数据评估的准确率也达到了90%以上。

某种程度来说,华为的成功就是因为华为人在不断追寻更大的成功,华为的进步就是因为华为人持续不断的进步,员工们每一次的改良和提升,都在推动华为的发展,可以说精益求精的工作态度就是发展的最大动力。

华为人有一个目标,就是向世界上最伟大的那些公司靠拢。因为他们知道,正是因为本着精益求精的态度,可口可乐公司100余年来都只做饮料,苹果公司只做电子产品,麦当劳只做快餐,沃尔玛只做零售……这些企业的业务看上去都很单调,但是它们的每一件产品都经得起考验,而它们的员工也将业务做到了极致。

(七)"垫子文化"是华为人传承的精神财富

"业精于勤,行成于思"这句千古流传的至理名言告诉我们:企业的精疏成败,关键在于"勤",华为之所以有今天的成就,关键也是在于"勤",而"勤"的最大表现就是艰苦奋斗的工匠精神。

1991年9月，华为在深圳租下一层楼房，50余名华为人开始了充满艰苦的创业之路。由于资金紧张，一层楼被分隔成单板、电源、总测、装备四个车间，库房、厨房也设在同一层楼。

所有的人夜以继日地钻研技术方案，开发、验证、测试产品设备，没有假日和周末，也没有白天和夜晚，累了就在垫子上睡一觉，醒来接着干。由于没有空调，在夏天时经常是汗流满面，四周老化的测试机架，设备上一闪一闪的信号灯，高频电流的振荡声，伴随着华为人进入梦乡。

有时睡到半夜，突然有货到，即使再累，他们都立即起来，卸完再睡，大多数人以此为家，领料、焊接、组装、调试、质检、包装、吃饭、上厕所、睡觉都在这一层楼上，很多人有时一个星期都没下过楼。那时的华为，不分工人、经理，也不分大专、本科还是硕士、博士，只要设备测试好后，大家一起包纸箱，装入木箱再钉上边角铁，然后四五个人一起抬起机柜箱，装车发货。

华为的"垫子文化"就是这样慢慢形成的，虽然现在很多人对华为的"垫子文化"有些微词。在这里，我们姑且不论"垫子文化"是否合理，仅就华为提倡的艰苦奋斗的作风来说，是很正确的理念。

"垫子文化"记载了老一代华为人的奋斗和拼搏，他们在没有资源、没有条件的情况下，秉承着艰苦奋斗的工匠精神，以忘我工作、拼搏奉献的老一辈工匠为榜样，创造出了如今享誉世界的企业。

任正非在《致新员工书》中说："垫子文化，是华为人传承的宝贵的精神财富。"纵观今天的华为，这种"垫子文化"的工匠精神已经很好地被传承下来，并运用到企业的每一个角落。

例如，在服务方面，华为人不管是大雪皑皑，还是烈日高照，只要接到用户的命令就马不停蹄地奔波在维修、装机的路上。在华为官网，我们能读到这样一段文字："我们没有任何稀缺的资源可以依赖，唯有艰苦奋斗才能赢得客户的尊重与信赖。奋斗体现在为客户创造价值的任何微小活动中，以及在劳动的准备过程中为充实、提高自己而做的努力。我们坚持以奋斗者为本，使奋斗者得到合理的回报。"

我们都是奋斗者，我们都是追梦人！只有奋斗，才能成功，才能幸福！不奋斗，永远不会成功、不会幸福！这是真理！

二、“让世界爱上中国造”——珠海格力电器股份有限公司

珠海格力电器股份有限公司（以下简称“格力电器”）成立于1991年，是一家集研发、生产、销售、服务于一体的国际化家电企业，拥有格力、TOSOT、晶弘三大品牌，主营家用空调、中央空调、空气能热水器、手机、生活电器、冰箱等产品。

2016年，格力电器实现营业总收入1101.13亿元，净利润154.21亿元，纳税130.75亿元，连续15年位居中国家电行业纳税额排名第一，累计纳税达到814.13亿元。连续9年上榜美国《财富》杂志“中国上市公司100强”。

格力电器旗下的“格力”空调，是中国空调业唯一的“世界名牌”产品，业务遍及全球100余个国家和地区。家用空调的年产能超过6000万台（套），商用空调年产能550万台（套）；2005年至今，格力空调的产销量连年全球领先。

格力电器致力于为全球消费者提供技术领先、品质卓越的空调产品。在全球拥有珠海、重庆、合肥、郑州、武汉、石家庄、芜湖以及巴西、巴基斯坦等9大生产基地，8万余名员工，至今已开发出包括家用空调、商用空调在内的20大类、400个系列、7000余个品种规格的产品，能充分满足不同消费群体的各种需求；拥有技术专利6000余项，其中发明专利1300余项，自主研发的超低温数码多联机组、高效直流变频离心式冷水机组、多功能地暖户式中央空调、1赫兹变频空调、R290环保冷媒空调、超高效定速压缩机等一系列“国际领先”产品，填补了行业空白，成为从“中国制造”走向“中国创造”的典范，在国际舞台上赢得了广泛的知名度和影响力。

格力电器的成功有秘诀吗？有。

第一是抓产品。1991年至1993年，新成立的格力电器是一家默默无闻的小厂，只有一条简陋的、年产量不过2万台窗式空调的生产线，但格力人在朱江洪董事长的带领下，发扬艰苦奋斗、顽强拼搏的精神，克服创业初期的种种困难，开发了一系列适销对路的产品，抢占了市场先机，初步树立了格力品牌形象，为公司后续发展打下良好的基础。

第二是抓质量。1994年至1996年，公司开始以抓质量为中心，提出

了“出精品、创名牌、上规模、创世界一流水平”的质量方针，实施了“精品战略”，建立和完善质量管理体系，出台了“总经理十二条禁令”，推行“零缺陷工程”。几年的狠抓质量工作，使格力产品在质量上实现了质的飞跃，奠定了格力产品在质量上的竞争优势，创出了“格力”这一著名品牌，在消费者中树立了良好的口碑。1994 年，董明珠总裁开始主管销售工作，凭借不断创新的营销模式，1995 年格力空调的产销量一举跃居全国同行第一。

第三是抓市场、抓成本、抓规模。1997 年至 2001 年，公司狠抓市场开拓，董明珠总裁独创了被誉为“21 世纪经济领域的全新营销模式”的“区域性销售公司”，成了公司制胜市场的“法宝”。1998 年公司三期工程建设完毕，2001 年重庆公司投入建设，巴西生产基地投入生产，格力的生产能力不断提升，形成规模效益；同时，通过强化成本管理为公司创造最大利润。自此，产量、销量、销售收入、市场占有率一直稳居国内行业领头地位，公司效益连年稳步增长，在竞争激烈的家电业内一枝独秀。

第四是争创世界第一。2001 年至 2005 年，公司提出了“争创世界第一”的发展目标，在管理上不断创新，引入六西格玛管理方法，推行卓越绩效管理模式，加大拓展国际市场力度，向国际化企业发展。2005 年，公司家用空调的销量突破 1000 万台/套，实现销售世界第一的目标，成为全球家用空调“单打冠军”。“格力空调，领跑世界”的时代已经来临！

在格力人成功实现“世界冠军”的目标后，2006 年，公司提出“打造精品企业、制造精品产品、创立精品品牌”战略，努力实践“弘扬工业精神，追求完美质量，提供专业服务，创造舒适环境”的崇高使命，朝着“缔造全球领先的空调企业，成就格力百年的世界品牌”的愿景奋进。

2018 年 9 月 18 日，中国制造业创新大会在广州举行。会上，格力电器董事长董明珠受邀发表了创新主题演讲，与满席嘉宾共同分享了格力发展的心得，获得了现场听众的阵阵掌声。

董明珠说：“我们从一张白纸上白手起家，创造了无数个先进的国际技术。可以自豪地说，全世界最好的空调在中国，在格力。格力拥有的先进技术，奠定了我们在全世界空调行业的领导地位。”

面对全场嘉宾，董明珠的话掷地有声，而这种自信与格力长期以来坚持自主创新的发展战略不无关系。

2017 年 10 月 18 日,党的十九大报告提出:“创新是引领发展的第一动力,是建设现代化经济体系的战略支撑。”从一家名不见经传的空调小厂到一家全球驰名的国际化企业,格力的创新对企业发展起到了关键性的作用。

董明珠在演讲中公布了一组数据:格力已累计申请专利 42419 项,其中发明专利 18911 项, 拥有 24 项“国际领先”技术。在国家知识产权局公布的“2017 年中国发明专利排行榜”中,格力电器排名全国第七,在家电行业排名第一,其创新实力可见一斑。

凭借强大的自主创新能力,格力空调已然成为行业的佼佼者。据日本经济新闻发布的“2017 年全球主要商品与服务市场份额调查”显示,格力家用空调全球市场占有率已达到 21.90%,产销量连续 13 年领跑全球,其自主品牌产品远销 160 余个国家和地区。相关数据显示,格力商用空调销量连续 6 年位居中国第一,中央空调自 2012 年首次打破国外品牌的霸主格局以来,在国内中央空调市场的行业龙头地位日渐稳固。

“全世界最好的空调在中国,在格力。”董明珠的这番言论不仅毫不为过,还很有底气。她还坦言:“只要我们静下心来做好自己的事情,就能用我们的行为感动这个世界,用我们的技术服务这个世界,让世界爱上中国造!”

第四节

三秦工匠之星

一、唐正钢——装配钳工的绚丽人生

唐正钢,西安陕鼓动力股份有限公司(以下简称“陕鼓”)总装车间装配钳工,高级技师,陕西省劳动模范。2019 年 3 月 4 日中国经济信息社报

道，唐正钢在国产化重大装备高端制造实践中，一丝不苟，精益求精，不懈努力，不断创新，用“匠心”成就了绚丽的人生。

近年来，陕鼓在分布式能源领域的战略聚焦中实现了设备、工程、服务、运营、金融五大核心业务的全面发展。唐正钢所肩负的国家重大装备配套大型机组总装重任，是陕鼓发展分布式能源产业五大核心业务之一的装备制造。

20余年前，从技校毕业的唐正钢来到陕鼓总装车间，成为试车班的一名学徒工。试车班要检查机组设备的运行情况，而此时的唐正钢只能给师傅打下手，做点最基本的工作，连真正的生产线都没有资格上。为了得到师傅的认可，勤快而又吃苦耐劳的他，把休息的时间都用来练习基本功。渐渐地，聪颖的唐正钢悟出了干工作的窍门，从同批进厂的几个学徒中崭露头角。1999年，他成为一名装配钳工。

想成为一名好钳工，像蹲功、力度控制、眼功等基本功必须过硬，唐正钢为此天天加码训练。同时他更知道，干好钳工活儿还需要有技术性的真功夫。唐正钢一边努力工作，一边努力地学习理论，虚心向老师傅们请教，拼命地练习钳工操作的各项硬功夫。

功夫不负有心人，唐正钢的钳工水平飞速提高。扎实的基本功让他成了钳工好手，各种零部件在他手里加工自如，精度保证，他的辛勤付出和智慧汗水也得到了大家的充分认可，很快成长为总装钳工班班长。

时光飞逝，随着中国工业的飞速发展，能量转换领域节能高效的大型高端装备越来越多地成为陕鼓的创新产品。唐正钢所在的总装钳工班成为把控大型机组装配质量的关键口。

作为一名钳工班长、主操作手，唐正钢深知，这些支撑着国民经济发展的重大装备的总装过程关系到整个装置在用户现场的安全稳定运行，要对整个工艺流程、工艺操作过程全面掌握，特别是新机型、新技术的研发，更需要不断学习、积累。凭着满腔的干劲、钻劲和韧劲，唐正钢带领团队克服了一个又一个困难，攻克了一项又一项的技术难题。

硝酸三合一、四合一机组，属化工行业一体化高端装备产品，机组的安全性要求很高，装配技术难度大，唐正钢承担了国产首台/套硝酸四合一机组技术难题的攻克。

四合一机组共用一个联合底座,机组的找正曲线复杂,无成熟经验可借鉴,必须考虑长轴系机组在热态运行状态下的找正补偿,轴系长达 12 米,尾透与变速器轴向距离就有 8 米,找正误差很大。

那一段时间,唐正钢翻阅了所有机组的图纸,对每个机组的结构仔细研究,对机组找正精度的影响因素进行分析,从理论上和实际上计算油膜厚度、齿轮啮合力、热膨胀对找正的影响。对此,唐正钢提出了“双表找正技术”在长轴系机组组装中的应用。经过他的耐心调试,机组找正后完全达到设计要求,误差在 0.02 毫米以内,整套机组的装配仅仅用了 14 天,装配精度优于设计图纸要求,首套机组在用户一次试车成功并正式投用。

参与陕鼓和 MAN 透平公司合作生产的新型 AV90 轴流压缩机工程时,唐正钢任主操作负责装配任务。

由于采用新的动叶结构,在轴承结构方面国内没有可以借鉴的产品,没有可以学习的经验,他连夜仔细研究,并和国产轴承仔细对比分析,找出了 MAN 透平新型轴承的安装与检修方法。经唐正钢加工后,这台机组经外国专家检验,各项技术指标均达到设计要求,同时装配效率提高了 30%,得到专家高度认可。

20 余年来,唐正钢主导完成了数百台套大型机组的组装和调试任务,攻克装配技术难题 30 余项,培养青年徒弟 20 余人……他先后获得全国机械工业技术能手、全国技术能手、陕西省首席技师、陕西省技能带头人、陕西省劳动模范等多项荣誉。2018 年,他所在的工作室被西安市政府命名为“唐正钢劳模工作室”。

陕鼓在从单一产品制造向分布式能源系统解决方案和系统服务转型,实现高质量发展的过程中,一直强调培育工匠精神,尊重工匠价值。近年来,围绕分布式能源新圆心,陕鼓通过大力实施人才战略和员工素质提升工程建设,着力打造高技能人才“智库”,培育造就出了一大批助力新产业发展的智慧劳动者,唐正钢就是陕鼓高技能人才智库中的一员。

“是企业培养了我,我要用不懈的努力和智慧,多培养徒弟,传承技艺,让更多的人用练就的精湛技艺和匠心为用户可靠高效的分布式能源系统解决方案提供支撑。”如今,唐正钢正以匠心为陕鼓和客户的高质量发展努力奔跑,成就着自己的绚丽人生。

二、高喜喜——“当工人就要当个好工人”的数控工

高喜喜是西安西电开关有限公司(以下简称“西开公司”)电气机加车间的一名数控操作工,高级技师,全国技术能手,陕西省劳动模范及党的十九大代表。2016 年 11 月 30 日中国机床商务网报道,1994 年,高喜喜刚走进西开公司时就有一个朴素的梦想:当工人,就要当个好工人。20 余年来,他用行动践行着这句话,也把自己的梦想照进了现实。

高喜喜性情温和、话语不多,在工作中却有着一股坚持不懈的韧劲。从刚进西开公司面对零件图纸进行加工时容易出错,到现在,“看到图纸就知道怎么加工、怎么操作,大脑中能自动反应过来,中间大致需要什么样的程序,不会有别的什么问题难倒自己。”多年来,高喜喜一直坚守在工作第一线,不断实现对自己的突破和超越、对技术的传承与创新。

从高中毕业进入西安技师学院学习数控机床专业,到进入公司成为一线工人,高喜喜学习的脚步一直没停过。“我选择数控机床专业最主要是因为兴趣,再加上当时这方面的人才也比较稀缺。真正接触之后,就喜欢上了这个职业,也就坚持着学习下去了。”

攻丝器是机床的一项重要功能,但由于部分机床上没有配置控制它的程序,操作起来很不方便,一个零件甚至需要好几台机器才能加工出来,产品的加工周期被延长。在这种情况下,高喜喜通过对进口设备的资料进行自学,在掌握了设备的全套功能之后,完成了对程序的开发和对攻丝器的控制。同时,他将原本只在普通机床上有的滚花工艺也开发到了数控设备上,使数控机床也能一次完成车削和滚花的工序,彻底完成嵌件类零件的数控加工开发。高喜喜的努力充分挖掘了数控设备的功能,解决了嵌件类零件的产能瓶颈,不仅将加工效率提高了 40%左右,还缩短了零件的加工周期。

作为车间的技术榜样,高喜喜在空闲时间学习的行为也感染了很多人,车间里形成了“高喜喜效应”。“这个主要是指学习氛围的营造和培养。以前,工人们下班休息的时候都是各玩各的,而我是用这个时间自学一些专业知识。”高喜喜通过学习获得的荣誉,工人们看在眼里也记在心里,慢慢地,整个车间形成了良好的学习氛围,工人们主动在下班时间学习

技术理论。在高喜喜看来,学习的方式可以是多种多样的。“其实,在休息时和同事们聊天也是一种学习,也许你有某一方面不太了解的,而另一个人比较清楚,能说几句点拨的话,这也是一种学习。”

作为机加车间的一线工人,在生产过程中难免会遇到各种各样的问题。“问题肯定是有的,但重点是人要积极想办法、找窍门解决嘛。”高喜喜笑着说:“东西是死的,但人是活的。”多年来,“勇于探索、勤于思考,立足岗位创新,不断攻克难题”的工作目标一直树立在他的心中,他也不断地用实际行动践行着。

“平时,技术上的创新主要是在工装和刀具的设计上,工装的设计是最常见的工作。”“薄壁类动主触头”是高压开关设备断路器灭弧室的核心零件,这类零件的壁厚只有 3 毫米到 5 毫米,加工过程中容易产生变形,“甚至手稍微一使劲就会变形。”对这类动主触头的加工也是一直困扰车间的一个难题。“一开始这种零件是在普通机床上加工,因为零件的壁很薄,如果进行人工操作,手的力度可以把握。但是人工一个一个地加工,基本可以说是没有效率的。”为了让零件在数控机床上也能顺利加工,高喜喜自制了一套工装,把零件套上工装再进行加工,变形问题得到了有效解决,加工方法进一步简化,加工效率和零件精度提高,并且保证了零件加工质量的一致性。到现在,他设计的这套工装一直运用于生产一线,并且对今后的零件设计提供了借鉴。

“细长轴类的,就是活塞杆这方面的零件加工起来比较麻烦。所以,还是得自己想一些小窍门,也是为了加工更方便。”在产品试验过程中,活塞杆上的铜套经常脱落,为解决这一情况,高喜喜为其制作了一套压套工装,既简单又实用,并且直到现在为止还没有发生过一起铜套脱落现象。

除了在工装上的创新,2010 年至今,高喜喜自制加工刀具累计 30 余种,涵盖镗孔刀、钻孔延长杆、刀座等,加工零件 10000 余种,为企业节约刀具费用约 60000 元。“申请专利倒也谈不上,其实都是一些不起眼的小工具,但是实用性是很高的。”高喜喜说。

“遇到问题、不怕问题、解决问题”也成为高喜喜的工作信条,得到了更多人的赞许和传承。

近年来,高级技工已经成为目前我国装备制造业关键性奇缺人才之一，技工短缺状况在全国带有普遍性，全国的数控机床操作工缺口高达60万人。作为全国劳动模范、全国技术能手，高喜喜也积极承担着数控机床操作技术的传承与发展任务。

对于刚进车间的新人，高喜喜保持着“传、帮、带”的传统。“新人刚进车间，虽然课本上的知识都有学习，但和实际操作之间的差距还挺大。”每天，高喜喜会在自己的工作完成之后，在车间中进行观察，大家有什么技术上的问题，他看到后都会及时指出，帮助他们进行改正。“主要还是技术方面，把我的一些经验告诉他们，让他们少走一些弯路。”另外，高喜喜也善于将自己当作一个“移动硬盘”，“希望自己像一个移动硬盘一样，把经验储存住供大家分享。”

高喜喜也会在西安技师学院的邀请下，给在校学生开展技术讲座，解决学生的实际操作问题，拓展思路，使学生们在学习过程中能够做到理论和实践相结合。同时，高喜喜也参与数控机床操作技师考试的答辩工作，从最基础的层面保证技师的技术水平。

技术的传承仅靠一个人的努力是远远不够的，“需要一代一代的传承。我的力量可以传承和带动一部分人，另外的人再传承给其他人，主要是一个辐射带动。”高喜喜说。面对技术人才的断层和流失现状，高喜喜也从技术工人的角度提出了自己的想法和建议：“国家在政策上可以支持和鼓励，出台一些技术人才培养的方法。”另一方面，希望社会对技术工人的偏见也能少一些，“其实虽说是平等的，但还是有很多工人觉得自己低人一等。”技术工人也要摆正自身姿态，努力把技术提高，把工作做好。

从普通铣工到数控机床操作员，从操作员到技术攻关带头人，高喜喜一直把“超越自我，不断进取”作为自己的座右铭，完成了一次又一次超越，先后获得“西安工匠之星”“三秦工匠”的光荣称号。

三、刘浩——享受国务院政府特殊津贴的固体火箭发动机装配工

刘浩，男，1969年7月出生，中共党员，大学学历，汉族。中国航天科技集团公司第四研究院7416厂固体火箭发动机装配工，国家高级技师（航天特级技师），全国技术能手，陕西省首席技师，享受国务院政府特殊津贴，集团公司刘浩技能大师工作室带头人，所带班组被航天四院党委命名

为“刘浩班组”,陕西省劳模示范岗。

2018年11月8日,现代职业教育网报道,刘浩同志从事固体火箭发动机总装监测工作25年,出色完成以国家重点战略型号、载人航天工程、宇航卫星发射为代表的固体火箭发动机总装交付、宇航飞行、重点型号武器靶场试验任务。个人先后获得“航天技术能手”、“航天人才培养先进个人”、“载人航天先进个人”、“陕西省劳动模范”、“陕西省十大杰出工人”、“陕西省劳动竞赛标兵”、国务院国资委“神舟九号天宫一号交会对接优秀共产党员”、中国航天基金奖、“全国技术能手”、“陕西省首席技师”以及享受国务院政府特殊津贴。

刘浩是陕西省高技能人才和先进人物的杰出代表,作为2012年度陕西省劳动模范代表,在陕西省劳动模范和先进工作者表彰大会上进行了发言,作为陕西省第二届“十大杰出工人”代表在表彰会上发言,并多次在陕西省高技能人才成长先进事迹和“三秦工匠”事迹报告会上作报告,具有较高的知名度和影响力。

刘浩是当代企业优秀兵头将尾的代表,他带领的团队先后获得“陕西省工人先锋号”“全国安全生产示范岗”“中央企业青年文明号”“全国质量信得过班组”“全国安康杯优胜班组”,以及航天科技集团公司“航天金牌班组”、航天四院党委命名的“刘浩班组”。

刘浩参加工作25年来,勤于钻研,承担着国家“撒手锏”战略武器发动机总装交付任务,细化总装工艺操作步骤,编写总装操作细则,规范装配动作要领,针对大型产品装配对接车微调操作性问题提出13项改造建议,确保了产品对接过程中的稳定性和产品总装精度;为减少工装设计和制造成本投入,针对三级发动机喷管的特点,发挥吊具“一专通用”作用,满足了大型产品喷管起吊翻转安全要求,为“撒手锏”武器提供可靠的质量保障,发动机参加靶场飞行试验任务均获圆满成功,壮了军威,扬了国威。

由于几种固体火箭发动机产品的直径差异大,质量差别多,而且产品结构复杂,为了保证三种产品级间段轴向对接间隙达到设计要求的精度范围,总装组长刘浩积极参与神舟飞船逃逸固体发动机卧式对接车设计工作,与工艺人员一起编制操作规程,积累上千个装配测试数据,利用三台对接车同步调整发动机高度、横移、俯仰、细调旋转角进行产品对接,摸索出了先进的操作方法和对接诀窍,保证精度分毫不差,并及时总结操作细则撰写技术论文。

刘浩在总装奋战中严格执行"作业前预想、作业中控制、作业后确认"的工作制度,按照表格化记录,走一步确认一步,甚至细到发动机各组件总装的密封圈的压缩量怎样算、螺栓拧多少圈、泥子用多少等计算方法都有严格的"章法"。在装配工作中,刘浩提出了用某材料进行燃烧室金属与非金属高度差的修整补平的新工艺方法,提高了可操作性,缩短了产品固化周期,确保神舟飞船逃逸固体火箭发动机,从零高度试验到天宫一号与神舟十号发射,11 次飞行任务获得圆满成功的佳绩。

刘浩还善于学习、善于研究。他编写的《××产品目视化培训教材》和《××产品总装操作细则》,研究小进给量,长导向锥段,大前角丝锥,提高强度,降低切削力操作方法,成功解决了断锥或止规通过问题;采用增加固定安装孔、拉杆改造方法,将对接调整用时减少三分之二;采用刮研技术调整滑块高度,匹配间隙达到 0. 04 毫米,满足设计要求。

作为某型号发动机外表面喷涂项目攻关的负责人,刘浩带领攻关团队积极开发自动喷漆机器人特种材料喷涂新技术,发扬连续作战精神,解决特种改性涂料喷涂的瓶颈问题,由手工喷涂作业成功向自动化喷涂作业转型,全面开创型号产品批量生产自动喷涂里程碑,减少操作人员职业病伤害,提高生产效率。

刘浩开展了 12 项 QC 活动,提出合理化建议 236 条,其中,安全生产、技术改造等方面的建议被采纳 68 条,破解了长期困扰生产的瓶颈难题。

刘浩不仅自身技术过硬,还善于传帮带。他发挥固体火箭发动机总装技术领军作用,编写万余字培训教材,传授给 70 名技能人才,带徒弟 6 人,其中 1 人荣获院技能比赛大奖,3 人荣获院技术能手称号。在班组大力开展技术比武活动,刘浩通过评选树立喷漆高手、总装能手、水清理干将、试车英雄、铅封王等技能人才代表,明确员工们技能学习的榜样。

刘浩发挥技能大师作用,组织开展技能大师工作室四个方面的技术研究,定期进行车间技术培训授课研讨,提高技师队伍技能水平,做好青年技能人员的职业生涯设计,使更多的年轻人成为企业技能中坚力量,加快、增强总装测试工艺技术的传承和发展,使固体火箭发动机总装能力技术水平不断得到提高。

刘浩在工作中秉承工匠精神，精益求精，实现了产品合格率、交付合格率、开箱合格率、靶场飞行成功率100%目标，为载人航天工程和国防现代化武器装备作出突出贡献。

四、王汝运——实现国际焊接大赛奖牌零的突破的人

中铁宝桥集团有限公司（以下简称“中铁宝桥”）钢结构车间电焊特级技师王汝运，从学徒到“首席技师”，从普通员工到“三秦工匠”，他凭借的就是精湛的技艺和不懈的坚持和努力。

2019年3月7日陕西传媒网报道，王汝运先后参加了10余项国家重点桥梁工程建设，为中铁宝桥集团有限公司打造“中国桥梁”国家名片作出了突出贡献。

桥梁工程建设者都知道，桥梁焊接是一项劳动强度极大、作业环境较差、技术要求很高的特殊工作。仅有初中文化程度的王汝运自费购买了大量焊接技术方面的书籍，坚持每天下班钻研，经常熬到凌晨一两点钟。他经常会备上一盆冷水和一堆大葱，随时用来提神醒脑。几十年下来，他记满了10余本厚厚的笔记本，写坏了7支钢笔。

面对技术技能的不足，他坚持勤学苦练，渐渐地掌握了焊接操作要领，成为中铁宝桥认定的首批国际焊工之一。多年来，王汝运先后取得了中国铁路工程总公司焊接技能大赛第二名、中国建设系统第六届焊工技术比赛第十五名的好成绩。2017年，作为中国中铁代表队的领队兼总教练，王汝运率队参加了上海金砖国家国际焊接大赛，一举获得团体银奖和优秀组织奖两项殊荣，实现了中国中铁在此类赛事中奖牌数为零的突破。

成功的背后，是干最苦的活儿，啃最难啃的骨头，流最多的汗水。1997年，在国家重点工程南京二桥建设过程中，王汝运作为青年突击队队长，在桥面温度达到60℃的恶劣环境中，每天工作14个小时，苦干大干60天，完成了大桥钢箱梁环缝焊接任务，一次探伤合格率达到100%。他一人完成的焊缝总长度达到2000米，几乎相当于长江南岸到北岸的直线距离。

2002年，在国家重点工程安庆长江公路大桥生产大会战中，王汝运连续大干3个月，攻克了厚板熔透焊等诸多难题，一次探伤合格率达到98%

以上，提前完成了焊接生产任务。多年来，他每年完成的工时始终在小组名列前茅。2002年完成工时4367小时，2003年达到了惊人的5619小时，两年加起来相当于别人干了4年的活儿，王汝运被大家称为“走在时间前面的人”。

王汝运不仅是技术上的精英，也是创新的标兵。近年来，在中铁宝桥成立以王汝运命名的“劳模创新工作室”后，他主动挑起创新带头人的重任，先后培养出高级技师5人、技师12人、高级工25人，使工作室成为孵化高素质高技能职工队伍的“大学校”，为企业提质增效、转型升级、人才强企、创新发展作出了积极贡献。目前，“王汝运劳模创新工作室”已成功跻身宝鸡市、陕西省职工（劳模）创新工作室行列，并于2017年被中国中铁设立为首批“技能大师工作室”。

创新仍在继续。在钢结构、道岔产品制造中，他总结了氩弧焊、螺柱焊及铝热焊一套行之有效的焊接方法，得到广泛的推广应用；在三星重钢厂房项目中，他将改装现有埋弧自动焊设备用于三星厂房电渣焊，解决了钢柱隔板焊接不达标的问题，该项改造获经济技术创新成果奖一等奖；在多项重点工程中，他和工作室成员一起收集上报经济技术创新项目82项、QC成果9项，累计实现经济效益200余万元。

五、宋卫东——深知每台机器“脾性”的钳工

陕西化建工程有限责任公司钳工、高级技师宋卫东，工作中总是精益求精，用一颗“匠心”完成好每一项工作。2019年2月，他被陕西省委、省政府命名为“三秦工匠”。

2019年2月21日陕工网报道，面对荣誉，宋卫东显得很平静，甚至不愿去多说，但同事们都知道，宋卫东在33年的钳工生涯中，有7项研究成果获国家实用新型专利，在取得良好经济效益的同时，也为广大员工起到了技术示范作用。

33年的自学、积累和历练，宋卫东靠自己的努力，从学徒逐步成长为全国化工建设行业高级专家、全国能化工会大国工匠、陕西省劳模、陕西省十大杰出工人……面对一项项让人羡慕的荣誉，他深知取得这一切成绩的不易：“常年与这些铁家伙打交道，要熟悉岗位上的每一台机器、每一个螺

丝钉，要深知它们的‘脾性’，和它们建立深厚的‘感情’，带着一颗‘匠心’去奋斗。”

宋卫东常对工友说：“我们承担的抢险任务有太多的不确定性，甚至有危险，所以进‘门’得有钥匙，那就是过硬的技术。”

在工作实践中，他用这把“钥匙”打开了数扇技术攻关的大门，其中不乏外国设备。

2015 年 9 月 2 日，在延长石油安源化工公司 100 万吨/年煤焦油项目 VCC 装置试车过程中，从意大利进口的原料油泵突发故障，如联系外国技术专家检修，需 30 万至 50 万元的费用，且配件到货要 3 个月的时间。在挑战面前，宋卫东迎难而上，手臂伸进三面是机箱、宽度只有 300 毫米的狭小空间进行检修。他半蹲半站，用手一点点摸索，连续精细修复 9 个小时……在成功解决问题后，面对领导和工友的祝贺，宋卫东只是淡淡地说：“解决难题是我的职责。”

2017 年，延安石化厂联合一车间有 4 台美国产联合反应器需要拆装检修。宋卫东和厂家多次交流，对所有螺帽进行检查，严格按照规范和技术参数示范施工，提前两天完成了约翰逊网和 AB 盖板检修回装。

在生产实践中，宋卫东善于用技术革新和发明创造化解生产难题、提高工作效率、节约施工成本。

宋卫东于 2012 年发明的“一种新型换热器抽芯机”获国家实用新型专利，已累计检修换热器 3000 余台，节约施工成本 400 余万元；2014 年牵头研制的“大型法兰阀门快速试压台”获国家实用新型专利，节省了大量机械费用，提高效率 3 倍至 5 倍；2015 年牵头设计的“一种法兰对中校正器”获国家实用新型专利，更换 DN200 以上阀门、法兰换垫 2600 余次，节省人工成本近 30 万元。

宋卫东又于 2015 年牵头研发“一种能够代替人工捅渣的机械捅渣机”，经测算，在使用过程中每次平均节约 5 个人工，工作效率是人工捅渣的 5 倍到 10 倍；2016 年牵头研制的“新型上托式换热器抽芯机”获国家实用新型专利，可调整上托抽芯机机身宽度，适应宽窄不同的作业场地和不同直径换热器抽芯，优化了操作系统。

2017 年，宋卫东带领团队研发的“一种往复式压缩机气阀快速拆装装置”和“一种石化设备检修密闭作业呼吸气阀供给装置”获国家实用新型专利，解决了往复式活塞压缩机气阀的快速拆、装问题，节省了劳动力，降低了劳动强度；与传统呼吸设备相比，供给气源干净且持续时间长，操作性大大提高。

宋卫东是陕西化建工程有限责任公司设备专业带头人，很多年轻职工慕名拜他为师。在他的带动下，钳工学技术的积极性高涨，技术水平得到普遍提高。他经常对徒弟们说：“众人拾柴火焰高。只有建设一支强有力的技工队伍，才能不断攻坚克难，为企业发展添砖加瓦。”

2014 年，宋卫东带领徒弟参加公司钳工技术比武，获公司团体第一名，包揽个人奖项前六名；2015 年，徒弟纪云刚、贠二航、李阳代表延长石油参加第七届全国石油和化工行业职业技能竞赛（钳工组），获个人第八、第二十五、第二十六名和团体二等奖。

谈到荣誉时，宋卫东说得最多的是“团队”二字。他说：“同事们和我一样很辛苦、很优秀。荣誉的取得，和他们的支持、企业的帮助分不开，我只有带着‘匠心’，一心一意做工作，才能更好地回报他们。”

六、王魁元——退伍军人的执着与敢为人先的创新精神

王魁元，汉族，中共党员，西北工业大学第三六五研究所飞机装配车间高级技师，长期从事钳工、无人机装配及工装工艺工作，获 2023 年度“大国工匠年度人物”提名。

2019 年 4 月 29 日《华商报》报道，王魁元刻苦钻研、勇于创新，参与 20 余型无人机生产工装的技术改进，技术革新 50 余项，累计为单位节约生产成本 3000 余万元。作为飞机装配车间主任，他承担了新中国成立 60 周年国庆阅兵、建军 90 周年朱日和（系蒙古语的译音，意为“心脏”，是中国人民解放军最先进的陆空军军事训练基地）阅兵无人机方队的飞机装配与保障工作，为我国国防事业作出突出贡献。先后获得“国防科技工业技术能手”、国务院政府特殊津贴、“三秦工匠”、“全国五一劳动奖章”等荣誉和称号。

1990 年，王魁元从部队退伍来到了西北工业大学第三六五所成为一名技术工人。面对截然不同的环境，他依然保持着在部队训练的劲头，每

天除了干完师傅交给他的活，还常在别的工段“寻摸”活。车间里的师傅们非常喜欢这个小伙子身上的那股冲劲，传授给他很多加工技巧和经验，王魁元渐渐地在车间有了名气。

在当学徒的第八个月，王魁元就被安排独立加工零件。他说：“那时以为无人机生产装配就是个体力活，粗粗看完图纸就觉得掌握了装配技能。”现实很快就给当时还有些心浮气躁的王魁元狠狠一击。他加工的零件，经检测，近七成是废品！问题出在哪里？王魁元彻夜未睡，拿着图纸与加工零件细细比对，这才发现自己加工的零件有很多细微之处与图纸不能完全相符，加工精度达不到标准。

“型号大过天”，无人机装备决不能拖延交货。于是，王魁元白天在车间赶进度，晚上住在厂里查资料，希望能找出批量生产的办法。那段时间，他磨坏了5把剪刀，手上的水疱长了挑破、破了再长，自学的笔记写满了2个本子。终于，经过归纳总结、反复试验，他做成了零件加工工装，让这款零件在批量生产的同时，保证了尺寸精度。

2004年，车间需要装配一款新型无人机，这款无人机加工时间紧，加工精度高，很多熟练的技术工人也无法满足装配进度要求。王魁元临危受命，承担飞机装配工装改进和批产工作。“一个高中毕业生、小工人，搞什么革新，瞎逞能！”面对这样的质疑，他暗暗下定决心一定要找到突破口。“不疯魔，不成活。”那些天，他日以继夜，近乎痴迷地测量工装，查阅资料，咨询老工人，画图制版，他说：“甚至有时做梦都梦到在进行工装。”最后经过对某种关键技术的改进，不仅精度远远高于设计指标，合格率也达到了100%，且生产周期也只有原先装配方法的四分之一。仅此一项工艺改进就将整个型号无人机的生产周期缩短了四分之一，保障了该型号无人机的顺利交付，使部队快速形成战斗力，为国防建设作出了巨大贡献。

2006年，王魁元凭借十余项技术革新获得了第三六五所首届“拓荒奖”一等奖，作为唯一一位一线工人出身的获奖者，他的获奖掀起了一线工人主动钻研、探索新加工工艺的风潮。2008年，他开始担任飞机装配车间主任，并在此岗位上兢兢业业、忠诚担当，奉献了10余年。

王魁元除了不断“锉磨”技术外，还近乎自虐般地不断“锉磨”着自己的学习能力。他自学了结构力学、飞机装配工艺学、飞机钣金工艺学等课程。

针对某型无人机板件模、骨架模、合拢模装配精度不达设计要求的问题，王魁元筛选出某新型材料用于修补定形工艺技术修复模具，把原来已经报废的工装改造升级为合格模具，并有效提高了装配精度。他自行设计制作了侧力板工装夹具，使侧力板承力盒安装涉及多项关键参数的精度合格率由原来的40%提高到100%，相关成果为企业累计节约成本3000余万元。

正是这种执着与敢为人先的精神使王魁元从一名高中毕业生成长为一名新时代优秀知识工人。“我很幸运，一直都成长在一个具有高度责任心的环境。部队培养了我保家卫国的责任心，第三六五所培养了我产品质量大于天的责任心。”王魁元深情地说。

回顾30余年的从业经历，王魁元认为，无人机技术的腾飞给了新时代技术工人更广阔的发展空间，同时也要求技术工人更要把技术创新作为自己的责任，主动担负起肩上的重任。“人一定要和自己较劲，要有理想，也要耐得住寂寞，不然没法进步也没法创新。”

王魁元深知无人机事业的发展需要更多有知识、能创新的高水平技术工人。一方面，他通过讲座、演示、手把手教学等，毫无保留地向车间工人传授自己的经验和技术。另一方面，只要符合所里的要求和规范，任何专业、任何工种想要来他的队伍学习，他都非常热情，倾囊相授。

自2010年至今，王魁元累计为所里培养勤劳之星、创新之星、岗位技术标兵和技术能手20余名，培养生产一线骨干10余名，打造出了一支卓越的敢打硬仗、能打胜仗的无人机装配制造团队。在荣获“三秦工匠”称号后，他成立了创新工作室，鼓励员工积极创新、潜心制造，仅用1年时间，带领团队完成专利申请12项，发表论文5篇，其中SCI收录2篇，创新应用5项，技术改进45项。这些创新和改进全部应用于批产攻坚克难任务中并取得了很大的成绩。2018年末，在某新型无人机批产中，仅用10天时间完成8架机翼装配，创造了企业部件合拢效率历史新高，有效保障了装备及时交付。

同时，第三六五所的“大方”在业内也是出了名的。早在10年前，在某型无人机巡检过程中，有官兵提出，因装备价值较高，日常的简单维修保养不敢下手,影响了常规训练。王魁元随即建议对方安排人员来装配生产线现场学习,以提高自主保养维修能力。这在业内是非常忌讳的一件事,但王魁元认为,对使用者进行简单常规维修培训,能够帮助他们加深对装备的理解,提升无人机的使用水平。

自1958年我国第一架无人机成功研制试飞起,西北工业大学在研制、生产无人机的道路上已走过61年。一代代"无人机人"始终秉持着"拼搏、创新、协同、奉献"的"无人机精神",对科技创新不懈追求,对设计生产保持匠心,对国防工业无私奉献。唯有如此,科技实力才能真正强大,我们的国家才能真正屹立于世界民族之林。

"中国的无人机正在走向世界的前列,高精尖技术的发展只能依靠自主创新,要不来、买不来。我们要继承和发扬老一辈无人机人的精神,既要脚踏实地,又要勇于创新,把我们的无人机事业推向新的高峰。"王魁元坚定地说。

七、王军——电气自动化"神经网络"的"一把刀"

2019年2月26日陕工网报道,生活中的王军是一个简单的人,不会打牌跳舞,喜欢安静独处。工作中的王军又是一个不简单的人,在陕钢集团内部,他被称为电气自动化"神经网络"的"一把刀"。

多数成功者的一生都会面临很多次重要的抉择,无论如何选择,一定源自其内心的坚守。

1993年,中专毕业后的王军因工作调动来到龙钢(陕西龙门钢铁有限责任公司),出于对人才的重视,他被分配到焦化分厂设备科工作。在那个时期,中专毕业的王军属于学业基础过硬的人才,他也有自己的理想抱负。一张报纸一杯茶的悠闲节奏,让这个年轻人无法忍受。

3个月过后,王军坐不住了,他不想就这样虚度青春。抱着这样一个简单的想法,他向领导提出,要去一线当一名电工。

"王军是不是有点傻啊?"有人这样议论他。要知道,别人挤破头都想去的机关岗位,竟然有人不愿意干?

领导怕他一时头脑发热,便没有答应他。王军反复请求后,领导经不住他的坚持,终于同意了。别人从机关下放到一线岗位都是垂头丧气,他却欢天喜地。从此,分厂机修车间的电工队伍多了一个喜欢问来问去、乐于干活的年轻人。

一方面来自人格中的自律,另一方面来自对技术追求优先选择的自觉,王军在其职业生涯中始终遵循着"不在意世俗议论,坚守内心,遵从梦想"的原则。

没有大量的基础积累,不经受重大挫折的考验,难以实现能力的飞跃,生命的蜕变。

1995 年,一次偶然机缘,王军在出差途中的火车上遇到了负责筹建炼钢分厂电气项目的负责人。聊天中,该项目负责人很看好这个年轻的电气工人,问他想不想去炼钢项目部锻炼学习,那里正需要优秀的技术骨干。当时,炼钢分厂是企业重点筹建的转型升级项目,对于专业技术人员来讲,其中的自动化控制是一个全新领域,进入这个领域更是一次难得的成长机会。能掌握更厉害的技术,为什么不去?对于已在生产一线电工岗位上锻炼了两年的王军来说,这不正是梦寐以求的事吗?没有太多考虑,就在这样一次偶然的机会中,他再一次做出了职业生涯中的必然选择。

和几位同事到鞍山经过一个多月的学习后,王军投身到了炼钢 1#转炉的自动化系统建设中。炼钢项目是企业投入了几乎全部身家的重大项目,干部职工们都不分白天黑夜,不分上班下班,全身心投入其中。经过这样一次重大实践,王军表现优异,在自动化领域成为技术骨干。

2003 年,王军已被调到炼铁分厂工作。他在和同行工友的聊天中得知炼钢 3#连铸建设项目的自动化程度很高。这个消息对于每天工作内容波澜不惊的王军来讲,又是一次震动。很快,他又加入了该项目的建设中。

连铸设备厂家的工程师刘工经常参加国际交流,英文熟练,王军深感敬佩,于是,王军便把刘工作为自己的技术榜样。他花费 4 个月的工资买了一台电脑,把软件系统安装了上百遍,潜心研究,又常常向刘工打电话请教,逐渐开阔了专业视野,专业技术能力也越来越出众,在集团公司声名鹊起。

自 2008 年以后,王军又参与了龙钢各高炉系统的项目建设,在重大项目的磨炼和日积月累的钻研中,最终成长为集团公司电气自动化领域的技术权威。在实践中锻炼本领,在挑战中获得成长,如切如磋,如琢如磨,大器方成。

时间在哪里,成就就在哪里,这是专业成长的铁律。王军说,自己是一个无趣的人。他不会打牌,不会跳舞,也不喜欢看娱乐类的节目,他大多都用空闲时间来研究专业技术,并乐此不疲,这可能是技术人员的通病,但也是一种无法完全为外人所理解的独特享受吧。他喜欢打羽毛球,而且在业余球友圈里水平不低。闲暇之余,他乐于和球友们切磋球技,享受运动的快乐。在脑力思考和体力消耗之间切换状态,常常会令他在专业上产生新的灵感,同时也保持了充沛的体力,更加利于工作。有所为,有所不为。舍弃无意义的精力消耗,把时间集中在专业研究上,这可能也是王军成长的一条秘诀吧。

知无止境,居安思危。见过更大的世界,自然了解更宽广的空白边界。提到"全国技术能手""三秦工匠"等荣誉,王军谦虚地说,自己是一个幸运儿,龙钢历经 60 年改革发展,数次转型升级,为专业技术人员提供了实践和成长平台,他又幸运地多次参与到重大项目中,增长了见识,历练了才干,这才是他拥有些许光环的原因。

时至今日,他并未稍加懈怠。工业信息化、智能化的技术浪潮已经来临,这对所有专业技术人员来说都是一次新的挑战。他很关注公司的智能化和 MES 系统的建设,并计划更多地参与到行业技术交流中去,同时期待着钢铁行业展开新的技术更迭升级,在新技术浪潮的实践中实现更高追求,助力企业在信息智能化升级中跻身行业领先位置。另外,他还有一个愿望,就是借助"王军技能工作室"平台,把技术经验传授给更多的青年技术骨干,在企业"五支人才队伍"梯队建设中当好技术领头羊。

站得越高才能望见更精彩的风景。展望技术未来,王军充满期待。"我亦无他,惟手熟尔。"这是王军最欣赏的一句话。

坚守初心,心无杂念,至简至纯,精进不止,匠心之道,或在其中。

八、叱培洲——"一定要成为顶尖技术专家"的高压电焊工

叱培洲,男,中共党员,大学本科学历,电焊工高级技师,陕西省首席技师。历任高压焊工,国家质监局和电力行业焊接操作指导教师、教练员等职;现任陕西铁路工程职业技术学院高级技师,叱培洲焊接技能大师工作

室、陕西省教育工会职工创新工作室负责人；兼任全国职工职业技能大赛裁判员、国家职业技能鉴定考评员等职。

2019年2月21日，陕西铁路工程职业技术学院官网报道，叱培洲曾获得"三秦工匠""陕西省技术能手""陕西省带徒名师""陕西省有突出贡献专家""全国技术能手""国家电网公司生产技能专家"等荣誉称号10余项。

刻苦钻研，技能报国图强盛。叱培洲参加工作时，正值全国进入改革开放新高潮。他抱着为人民服务、为国家奉献的信念，立志为现代化建设事业奋斗。他痴迷于技术进步，给自己定下目标：一定要成为顶尖的技术专家！在师傅和同事的指导下，他苦练技能，不断学习先进方法，刻苦钻研焊接技术，以致他全身上下烫伤无数。每次烫伤他都把这当作对自己意志的磨炼，并对自己说：扛住！不经历风雨，怎么见彩虹，只有百炼才出精钢！他就是通过这样顽强的作风练就了一身本领。闲暇之余，他找来各种专业书籍，常常沉浸其中独自研习到深夜。通过多年的努力学习和认真钻研，叱培洲成了企业唯一掌握手弧焊、气保焊、下向焊等8种焊接方法和多类高合金耐热钢及铝、铜、钛等有色金属焊接工艺及方法的专业人才；他拥有各类金属材料的焊接与修复绝活绝技和摇摆焊、推焊法、镜面焊等绝招绝技多项，冠绝西北地区，做到了技能娴熟精湛、工艺严谨完善；同时他也取得了本科学历和高级技师职业资格，拥有行业和国家焊接操作指导教师、职业技能鉴定考评员、全国职业技能大赛裁判员等职业资格，成为行业顶尖人才。

这些知识和技能陪伴叱培洲建设了火电站20余座，核电站1座，焊接高压焊口35800余个；解决工艺难题，消除工程隐患，完成艰巨任务共计100余项/次，树立多项质量丰碑；参建项目荣获国家优质工程银质奖2项、全国优秀焊接工程2项、中国电力优质工程3项、金牌机组1项等诸多荣誉；累计参与解决全国各类大型火电、核电、水电、石化、航空航天企业焊接修复工艺难题和技术改造项目100余次，编写施工方案40余份，创造经济效益1.2亿余元，为众多企业的安全高效生产运行作出了巨大的贡献。

革新克难，推广应用无止境。焊工是国家现代化建设不可或缺的重要工种，覆盖国民经济各行各业，焊工技艺的优劣直接关系到工程建设质量和人员设备安全。叱培洲认为,一个优秀的技术工人,必须下大力气努力钻研,要不断研究新技术、新工艺、新方法,不断地向高、精、尖技能迈进。为达此目的,他不断进行专业学习,积极参与工艺研究和技术推广。

2003 年,在涪陵建峰化工厂电厂施工中,安装焊口出现大面积塌腰缺陷,叱培洲带领多名施工人员从方案、工艺、方法入手,进行了操作方法技术革新,发明并成功实施了解决水平位置排管仰焊塌腰缺陷的推焊法新技术。经企业全面推广后,在建工程的焊接质量大幅提高,同类问题彻底解决。

2009 年,针对我国火力发电厂锅炉系统受热面壁温监测数据误差太大,严重影响设备安全及机组效率的问题,叱培洲与西安热工研究院焊接所合作进行技术改革。经过多次试验,成功设计出热电偶炉内安装的新工艺,该项目在我国五大发电集团推广实施,累计进行技术改造 35 次,安装设备 200 余套,极大地提高了各个发电厂热工控制的精确性,保证了发电机组效率、寿命和安全,产生直接经济效益 3000 余万元。他积极参与企业集团课题开发和新材料、新工艺的焊接研究,先后完成了 P92、TP347、Super304H、HR3C 和 T91/TP347 等多型超超临界发电机组用耐热钢和异种钢的焊接工艺研究,填补了西北地区空白。累计参与完成新型耐热钢焊接性研究 20 余项,编写了《T23 钢的焊接工艺研究》《Super304H 钢的焊接性研究》等多篇论文和 20 余份培训资料,主持开发培训项目 30 余项,编制教案 40 余份,为企业创造经济效益 8000 余万元。

多年来,在省级各部门和各技术协会的组织下,叱培洲多次参与新技术、新工艺、新方法推广项目,多次在重大活动中进行焊接表演、示范及讲解点评,极大地促进了陕西省职工队伍焊接技术水平的提升、发展和先进焊接方法及技术在各行业的推广普及和提高。

传道授业,培养工匠为使命。习近平新时代中国特色社会主义思想深入人心,中国特色社会主义建设进入了全面发展的新时代,国家经济建设各条战线需要的高技能人才缺口越来越大。叱培洲利用自己的专业技能优势,充分发挥技术能手和技能专家的引领和示范作用,积极投身到人才培养的光辉事业中去。

多年来,他教授学生 1500 余人次,其中,多人次获得省级和行业职业院校技能竞赛一、二、三等奖；参与培训各类压力容器焊工2600余人次，其中30余人成长为高技能人才（全国技术能手3人、国家级技能大师1人、陕西省青工技术状元1人、陕西省技术能手8人、高级技师24人），他们奋战在社会主义现代化建设的各条战线上，作出了巨大的贡献。他积极对外提供智力支持，参与企业职工技能鉴定300余人次；被多家企业和院校聘为焊接技能专家，进行基础理论和焊接方法、工艺、修复等教学及实训授课1800余课时。这些工作有力地提高了企业技术人员和院校师生的基础理论知识和技能水平，带动了一大批职工和学子走上技能成才之路。

叱培洲积极参与焊接技能竞赛，并取得了优异的成绩，在技术比赛方面积累了大量的经验，形成了有体系的比赛理论指导和技术支持，多次负责陕西省焊工代表队的集训教练和领队工作，多次主持和参与陕西省职工职业技能大赛和全国职工职业技能大赛的裁判工作，为国家人才培养、技术推广、高技能人才的储备作出了突出的贡献。

叱培洲是陕西省优秀技术专家的代表，是行业顶尖的技能人才，是陕西省有突出贡献专家。一直以来，他积极践行"两学一做"，把党章党规的要求作为自己的行为准则，牢记社会主义核心价值观，爱岗敬业、忠于职守，具有强烈的使命感和责任心。从教以来，他积极推进工匠精神进校园，贯彻爱国敬业奉献核心价值观，把思想政治教育工作贯穿到教学、工作和生活中去。叱培洲用实际行动弘扬了大国工匠的精神，用成长经历诠释了技能成才的真谛，用高超技艺实现了技能报国的理想。他将继续努力工作，发挥优势，响应陕西省人才强省战略，为中国智造培养更多高技能人才贡献力量！

九、朱力——"二代兵工人"的军工事业梦

中国兵器工业集团西北工业集团有限公司加工中心操作工朱力，高级技师，全国技术能手。其父母都是公司的职工，作为"二代兵工人"的他生在公司、长在公司，从小受到父母的耳濡目染，对兵器有一种深入骨髓的热爱。

2018年4月19日中国青年网报道，1986年，朱力如自己所愿地进入公司工作。有着数控维修经验的父亲看着儿子被选调到当时企业仅有几台进

口数控设备的操作岗位上工作后，义不容辞地担任了他的启蒙师傅。当时，数控设备对于国内的企业来说还是新鲜玩意儿，前辈们所掌握的经验也很有限。很快，父亲能教授的技术便满足不了朱力对自己的高要求了。

为了能走在科技前沿，跟上国外先进技术的脚步，朱力花费两个月的工资托身在国外的亲戚购买了一套书籍，又向父母借钱买了一台电脑。白天在岗位上学操作，晚上在家里学编程。就这样，他很快在工作上崭露头角，在生产上挑起了大梁。

取得了一些成绩的朱力还是不满足。在公司的大力支持下，他先后前往德国、瑞士、韩国等国家学习数控设备的操作、编程及维修。通过不断的学习实践，他不仅能操作一系列的数控设备，并且在工艺编制、数控加工、计算机自动编程、现代刀具应用、高速切削等方面拥有丰富的机械加工和工艺编制经验。

企业要发展、科技要进步，仅仅靠学习其他国家的先进经验是不够的。要让军工产业做大做强，就必须有自己的核心技术。看到这一点的朱力在生产过程中不断动脑，进行了大量的工艺创效和技能创新，攻克并解决了许多导弹精密零件加工的关键技术难题。

在某重点产品质量改进优化项目中的尾翼稳定器翼面零件攻关中，朱力作为攻关组组长，带领团队采用全新工艺加工方法，重新设计夹具，有效解决了该零件加工变形问题，良品率由 30% 提高到了 90% 以上。类似的案例在朱力从业的 32 年里数不胜数。据统计，他进行技术攻关和技能创新达到 180 余项，通过工艺创效带来经济效益 1000 余万元。

“精加出精品，精品筑国防。”坚守着这样的信念，朱力先后承担了国家重点多系列特种装备产品核心零部件的科研生产和加工任务，成为公司里响当当的技能人才。34 岁那年，他被聘为首批“中国兵器关键技能带头人”，39 岁获得了“全国技术能手”荣誉称号，43 岁便享受了国务院政府特殊津贴。

然而，获得了这些成绩，朱力还是不满足。在他看来，“一枝独秀”是不够的，“百花齐放”才能推动企业走向更大的发展。2013 年，公司成立了“朱力工作室”，他在不断探索中打造了“一主两翼”的人才培养格局：一方面，以“师带徒”为主线，逐层向下形成人才梯队建设；另一方面，以攻关项目历练提高职工的技能水平和以工匠精神凝聚工人智慧的力量协同发展，培养出一批德才兼备、德技双修的优秀技术人员。

如今，“朱力工作室”已从最初的几人扩大到了二十七八人，年纪最小的成员是他徒弟带出来的徒弟，不到30岁的年纪已经是陕西省技术能手、技师。朱力带出的徒弟们在各种技能竞赛中屡屡获奖，有“中国兵器关键技能带头人”“陕西省首席技师”“陕西省劳动模范”“陕西省技术状元”“陕西省创新创业人物”等。4年来，工作室共完成工艺攻关改善项目80余项，其中公司级项目36项，节创价值360余万元。完成工艺科研项目4项，总结提炼了10项操作法，其中，朱力工作室加工中心团队主创的“钛合金筒体外表面相贯深斜孔加工操作法”被评为集团公司特色操作法，“军平深孔加工方法”“加工中心刀具测量法”和“关于高精度深窄槽高效加工操作法”被评为陕西省先进操作法。这在近年来企业推进先进制造的过程中，发挥了很大作用。

拿到诸多荣誉、取得多项成就的“朱力工作室”出了名，多家私企高薪聘请和各种诱惑也接踵而至。然而，团队成员们没有一个人因此跳槽，而这离不开朱力的努力和教导。西北工业集团公司董事长、党委书记李良这样评价他：“既能干好工作，又能带好团队，在他身上充分体现着我们倡导的‘工匠精神’。”

“工匠精神”是什么？朱力说，是“道技合一”。在对徒弟们教授技能的同时，他也没有忘记道德教育。他常常对年轻技师们说：“不管你的技能有多高，忠诚度都是非常重要的。人要有感恩的心，不能一切向‘钱’看。我们今天的成就都是企业给的，离开了企业我们什么也不是。”在他的影响下，企业稳住了一批高技能人才，为技能的传承打下了坚实的基础。

“我是喝着企业的水、吃着企业的饭长大的。军工事业成就了我，我愿意在这块热土上继续走完我的人生之旅。”朱力说。

十、霍威——“干钳工不仅要能吃苦，还要能动脑子”

2017年1月17日陕西群力电工有限责任公司官网报道，其公司工具钳工霍威“右手摇动钻床手柄，左手轻轻按压A4纸，犀利的眼睛紧盯着钻头与那张纸。成了！呼吸间，A4纸上呈现出了一个直径为10毫米的圆孔，手机屏幕完好无损，只有丁点的纸沫，用手轻轻擦去，不留丝毫痕迹”。

霍威在陕西省首届职工科技节钳工擂台赛上，仅用2分40秒，就完成了给气球上的复印纸打5个孔的绝活。之后，他又将自己的舞台搬回了省级技能大师工作室，让身边的同事能够亲眼看见、亲身感受“绝活是怎样炼成的”。

一个孔、两个孔，一年、两年……霍威在模具钳工岗位上一干就是22年。22年的奋斗历程中，一个又一个头衔和荣誉一股脑地“砸”在了霍威的头上。2007年，霍威荣获“陕西省技术能手”称号；2009年，获“陕西省技术状元”称号；2010年，晋升为“高级技师”；2011年，获“陕西省杰出能工巧匠”称号；2014年，获“陕西省首席技师”；2016年，以霍威命名的“省级技能大师工作室”落户群力电工，霍威被评为首届“最美群力工匠”。霍威还获得过陕西电子信息集团标兵、青年突击手、公司先进个人等荣誉，现担任陕西省模具工业协会常务理事、专家组专家、技术工人能手组组长。

被问及如何取得这么多荣誉时，霍威说，荣誉背后都是苦练和思考，“干钳工不仅要能吃苦，还要能动脑子”。

1995年，20岁的霍威以技校第一名的成绩被分配到陕西群力电工工模具公司。提起工模具公司，无人不竖起大拇指。这里有着深厚的模具钳工底蕴，这里人才辈出、群英荟萃。陕西群力自建厂至今产生了4位陕西省劳模——宋多忍、赵康明、陈兴旺、张春来。这份荣耀、厚重在霍威心里埋下了追求卓越的种子。

“是师傅教我系好了人生的第一粒扣子”，霍威师从省级劳模赵康明。赵师傅精益求精、一丝不苟、善于钻研、躬身实践的精神深深影响和感染了霍威。他把师傅的谆谆教诲记在心里，落实在每一次行动中。不断超越自己成了他的必修功课。比如，制作一副模具第一次用15天，那么，他要求自己，第二次制作时就尝试用10天完成，第三次再尝试用5天，一次比一次有进步。为了更好地提高技能，他把倪志福老人家写的《群钻》作为案头读物，经常学习钻研。

梦想在一米见方的钳台起航。行话说，“车工怕车杆，钳工怕打眼”，那是因为钻头一打开就没有回头箭了，打多了眼的工件就废了，这就要求眼头要像标尺一样准。霍威就从最难的打孔学起，平时对《群钻》的钻研帮了他不少忙，让他对各种钻头有了理解。但要得心应手地在各种材料上打出尺寸合适的孔，还需要把理论应用到实践，把枯燥又难懂的解释变成鲜活的成品。于是，他从修磨钻头练起，反复尝试修磨的角度，研究怎样才能把主切削刃磨得对称。他用普通结构钢、高碳钢、合金工具钢不同种的材料尝试打孔，掌握总结钻床转速的选择与调整，在实践中体会“心要静，一丝不苟、心无旁骛”的含义。时间长了，他已经不再是那个“怕打眼”的钳工了。随着对技能的深入掌握，他能够轻松展示“手机上钻纸”“目测配钥匙”“气球上给复印纸打孔”这些绝活，在擂台赛上大显身手。

“干钳工不仅要能吃苦，还要能动脑子”，这是霍威的职场格言。从采访中我们了解到，“动脑子”有四层含义：一是要坚持不断地学习，用理论指导实践，再用实践升华理论；二是要坚持问题导向，弄清楚存在什么问题，是什么原因造成的，找到正确的努力方向；三是要善于总结，把经验总结成规律，不仅自己能做到，而且能指导更多的人少走弯路；四是要善于定位，清楚自己制造的模具到底是“合格”还是“优秀”，通过定位一次次超越自我。

经过上千个日子的锻炼，霍威如今的锉、刮、研、配等钳工技术不仅在公司和陕西省同行中出类拔萃，而且已经达到了国家级水平。在他的影响和带动下，公司钳工的精度意识也从 0.05 毫米提高到了 0.01 毫米（相当于人的头发丝的六分之一）。他还创下了部分模具寿命超过 1000 万次的优异成绩，连续 9 年无模具返修记录。

2010 年，霍威完成一模 32 件无毛刺罩子模具研制任务，开创了公司第一个塑料件自动化生产的历史，生产效率提高了 5 倍，节省毛刺清理用工 10 余人，年累计节约各种费用近 30 万元。

2012 年，霍威独自承担着模具技术革新任务重、难度最大的底座金属件模具任务。要把由四副模具分步才能完成的零件革新后变成一副模具一次成型，难度可想而知。经过无数次的调试、无数次的变动更改后，霍威铸成了这副精品模具，缩短生产周期三分之二，提高了零件的一致性，降低成本 50%，提高产值 3 倍。

一次次大胆的尝试让霍威积累了丰富的实践经验和理论基础。2016 年，霍威承担了罩子模具攻关项目。公司军品罩子模具生产制造难、周期长，不能满足零件生产和装配需要，影响军品的质量和供货。听师傅们说，全公司只有一个人能做罩子模具,就是省级劳模陈兴旺。向省劳模的"专利品"发起挑战,作为罩子模具攻关项目的负责人,霍威可是亲力亲为,废寝忘食,夙兴夜寐,花费了巨大的心思。他从革新底座金属件模具中汲取经验,改变传统模具制作方法,大胆设想将各道工序罩子模具的凸、凹间隙提前设定好,几道工序同时加工装配。他的这一大胆设想在某个急件罩子模具上进行了试验,4 副模具制作周期只有 40 天,而用传统方法则需要 3 到 4 个月,大大节约了人力、物力、财力。

他并不满足于自己把模具做得完美,而是要让每个钳工都能制作出罩子模具。在项目攻关过程中,他摸索总结出罩子成型各道工序中模具的凸、凹模间隙工艺参数,规范了罩子模具关键件在进入钳工装配和修配阶段时的修配和装配方法,同时,他还记录了大量翔实的数据,拍摄了关键工序的照片、视频,并对常见的罩子质量问题进行了归纳总结,提出了一些建设性的解决措施。

2017 年,霍威被评为"最美群力工匠"。他在笔记本上写下了这样的话:"最美工匠中的美,在某种意义上是对工作的热爱和执着,这个'最美'的赞美度太高了。人不可能完美,而一名工匠能做到的就是使工作和技术的标准一次比一次高,一次超越一次。"他举了这样一个例子来诠释这句话。2011 年在陕西省首届职工科技节上,他和现在是"大国工匠"的张新停同台表演"目测配钥匙",在练习时,张新停用秒表计时,并说当时全国最快的目测配钥匙的速度是 47 秒。当他自己偶然一次用时只有 50 秒接近全国纪录时,张新停拿起霍威的圆锉与自己常用的方锉进行比较,并马上亲自试验圆锉的效果,看能否超越纪录。那份执着、那份将体育精神中的更高、更快、更强体现得淋漓尽致,这个场景一直鼓舞着他。

超越不仅仅是个人的力量,更是团队的使命。当被问及挣到的工时是不是分公司人员中最高的时,霍威坦然地说:"不是。我再厉害,一个月出 5 副模具就了不得了,只有每个组员拿到更高的工时、做出更多的模具才是最好的。我现在想得最多的是怎样把绝活、技艺传给大家,让小组每个人都挣更多的工时。"

"言必行,行必果"。当拿下罩子模具攻关项目时,霍威在"省级技能大师工作室"用图文并茂的形式给钳工们讲解了罩子模具的加工要点,把经验值量化成数据。

每当公司组团参加技能大赛时,霍威都兼任导师,他把自己的大赛经验倾囊献出,为参赛钳工编制工艺,这个工艺可有十足的含金量,用于参加全国技能大赛都没问题。在他的带领下,2014 年,公司的 6 名钳工参加陕西秦川黄河西航职院杯技能大赛,一举包揽前五名,6 名选手的等级证书全部晋升一级。2016 年,4 名钳工参加技能大赛,包揽第二、三、四、六名,其中有 1 名钳工是进公司仅一年的“90 后”学徒。

“我的技术不仅属于自己,更属于培养我成长的企业。”霍威说。作为“省级技能大师工作室”负责人,霍威又有了新的使命与追求:把多年积累的经验系统地总结为易学易懂的操作法,凝练成为攻关创新的新诀窍,传授给每一位钳工;以技术交流、名师带徒等方式,汇聚一批高技能人才;要塑品德、练本领、赛技能、传绝技,把技能大师工作室打造成梦想的起源,让更多的钳工人成就梦想,让更多的群力人敢于追梦、勇于圆梦。

十一、王海荣——“每一个荣誉都意味着更高标准”的首席技师

王海荣曾被授予“全国技术革新能手”“全国五一劳动奖章”“陕西省杰出能工巧匠”及“陕西省十大杰出工人”等 40 余项荣誉,如今他是延长石油集团首席技师。对于这些荣誉,王海荣说:“每一项荣誉都意味着更高的标准!我的岗位在创新工作室,不断琢磨解决实际问题,带出一支队伍才是我的追求。”

2018 年 11 月 13 日陕西延长石油(集团)有限责任公司官网报道,王海荣小学未毕业就担起了家庭的重担,从木匠学徒到煤矿工人,再到 1984 年进入油田当修井工人,每天的工作都是与管子、捞矛、捞筒打交道。那时候,油井打捞工具只有简单的锥子、卡簧捞筒,用力不当容易卡住或扯坏。年复一年,积累了上百口事故井。看到因事故井造成抽油机无法安装,生产停滞,工友要在野外连续工作十几个小时,爱钻研的王海荣常想,为什么我们起早贪黑地干,常常做许多无用功呢?为什么打捞工具在井下抓不住落物呢?他责怪自己不能解决这些问题。于是下定决心,一定要成为一个维修事故井的行家。他留心观察、暗自琢磨,终于摸索出一套方法,用自己捣鼓的简易工具解决生产中遇到的问题。

1985年的一天，在集团李家洼井场，油管断在百米深的油井里，工友们尝试多种传统办法仍然无法解决问题。正在大家一筹莫展时，王海荣站出来说："给我3天时间，我一定要设计出一个打捞工具，把油管打捞上来。"大家很惊讶，一个煤矿工人，又没上过几天学，来油矿才一年多时间，能行吗？

王海荣把自己关在工房里仔细研究每一道工序和细节，琢磨着事故的原因，画着只有自己才能看得懂的草图。他用土豆和萝卜削出工具的形状，然后连夜赶往车间找机加师傅按尺寸加工，自己则在旁边一遍遍地解释，终于做成了一套新型工具。第四天一大早，他急匆匆赶到井场用新工具尝试，看到底能不能打捞起断管。两个多小时后，在大家怀疑的目光中，井下落物被打捞上来了。受到鼓励的王海荣，此后更是着迷于此，每天下班就独自一人躲在工房研究，一门心思地把自己设计的工具雕刻成模型，再按照尺寸比例做成自己想要的实用工具。

当工友们夸他能行时，他却高兴不起来，因为他觉得自己的文化底子薄，连机械图都不会画，再遇到更复杂的问题该怎么办呢？总不能每次削土豆吧。于是他买来《机械制图》等书籍自学，遇到不认识的字就问妻子，主动向子女学拼音、学查字典。功夫不负有心人，王海荣学会了画图，改进的工具也更完善了，不光有打捞工具、帮人改进汽车上的配件，还利用业余时间维修管钳扳手、液压千斤顶等工具。

王海荣善于观察、想法多，更喜欢动手试一试，这一试就是40年。他不但学会了设计，而且练就了一手焊、钻、刨、磨的硬本领，即使遇到复杂事故他也能独立设计并加工工具。

回想起前些年，王海荣说："没有维修工具，只好向朋友借，缺材料就在单位捡废弃的小配件，业余时间背上几十千克重的铁疙瘩、钢铊子，步行几十千米到延安、永坪的加工厂求人加工。"现在条件好了，王海荣工作室利用废品加工的工具和设备成为解决油井问题的"好帮手"，每年可节约大量材料费用，同时还节约了大量工时费和人力，更保障了生产安全。

"小改小革，安全和质量最重要，然后才是经济效益。"王海荣谈起自己的理念时认真地讲道。一次施工中，吊卡的螺丝突然松脱，砸向施工的工人，导致现场施工人员头部受伤，缝了54针。他很痛心，反复琢磨，在吊卡上加装了一个吊环,并发明了吊卡锁销。从此,只要加装该设备的吊卡,再也没有发生过此类事故。

由于王海荣设计发明和改良的工具安全实用,他多次被邀请参与大型设备改造。在参与XJ-15D型东风车15吨修井机操作台上的设备改造设计期间,他带领团队把手动支腿改为液压支腿,把升降式修井车井架改为自动化收缩,把操作室单气门控制改为双气门控制。经过改良后的修井车采用正反转两个离合器绞车滚筒装置,配以轻便可靠的刹车系统,使得这台针对油田浅层油井能源开发而设计的修井作业特殊机械设备性能大幅度提高。

长期在一线工作,让王海荣养成了好习惯:观察要细,分析要透,想到就做,边做边想。许多坏了的设备在他手中一经维修又可使用;坏了的零件一经打磨重新上岗;作废的材料一经改装在其他地方就能顶上大用处。

一直专注于勤奋思考、踏实技改,让王海荣蜕变成长。从1984年至今,王海荣技术革新98项,获得国家专利21项。其中,抽油杆连接夹头和抽油杆夹抓器获得1998年第七届中国专利新技术新产品博览会金奖和银奖。他加工改装各种打捞工具4000余套(件),这些工具投入使用后,近千口油井获得重生,创造经济价值1亿3000余万元。2015年6月,王海荣发明的油杆调节器参加海峡两岸全国职工创新大赛获银奖,回收原油装置在陕西省第三届职工科技节获得发明创造类铜奖。2016年,他受邀到延安大学化工系指导大学生参加第七届全国大学生机械创新设计大赛,其中两个项目获得陕西省赛区二等奖和三等奖。

王海荣说:“一个人的能力有限,只有团队和集体才能汇聚起更加磅礴的力量。”2014年9月,“王海荣创新工作室”成立,王海荣的愿望终于走向现实。

工作室成立几年来,油田各采油厂技术骨干纷纷登门求教,王海荣不骄不躁,一遍遍地将自己的心得体会全盘相授,一起潜心研讨技术难题。他还是延长油田承办的采油厂技术工培训兼职教师。在教学中,他提倡“实用与实践相结合”的教学模式,结合生产实践,对处理事故井打捞工具方面进行现场演练、讲解,使枯燥、空洞的理论变得更加容易理解和接受,受到职工的一致好评。

在徒弟们眼里,王海荣把工作和生活分得很清。工作中非常严格,认真细致，不容丝毫马虎懈怠，有时为了搞清一个问题，常常通宵达旦；在生活中，他又像一个和蔼的老大哥，经常同徒弟们开玩笑。"为了工作，师父经常自掏腰包买工具。"徒弟吴伟道。"王师毫无怨言，放弃了很多节假日和礼拜天，这种精神我非常敬佩。"同事韩士雷说。

王海荣带出的70余名徒弟，有的走上领导岗位，有的成为采油厂的中坚技术力量。在新带的30余名徒弟中，装备公司苟波获得2017年"延安市五一劳动奖章"；詹深鑫被评为"2017年度延长石油集团劳动模范"。截至目前，"王海荣创新工作室"累计研发各项专利20余项（小改小革及创新成果100余项）。

"当回首往事的时候，不因碌碌无为而羞愧，不因虚度光阴而悔恨。"王海荣只是一名普通油井修井工人，他甘愿一直专注于一件事，在小小的技术改革中全力以赴。也正是因为一大批像王海荣一样的岗位"工匠"，成就了延长石油不断进步的百年基业。

十二、沈龙庆——"要做就做好，而且尽最大努力做好"的电工

沈龙庆，陕西建工集团第十一建筑工程有限公司电工、高级技师，全国技术能手，"全国五一劳动奖章"获得者。

2018年9月13日现代职业教育网报道，沈龙庆参加工作38年来，虽然一直从事着繁忙、平凡的电气调试工作，但他在工作中肯于钻研技术，善于创新，解决了一个个工程技术难关，一步一个脚印从一个学徒工转化为电工高级技师，迅速成为这个行业的"大师"。先后获得"全国技术能手""全国五一劳动奖章"等荣誉。

"要么不做，要做就做好，而且要尽最大努力做好。"这是沈龙庆常说的一句话。2017年，西北政法大学第14、15号住宅楼变电所意外进水，导致变压器、高压柜、低压柜等全部被水严重浸泡，电阻测试基本为零。如果将所有设备返厂做干燥处理最快需要半个月，且需花费一大笔资金。沈龙庆凭借多年来积累的维修经验，在现场运用现有设备及工具进行干燥处理，在设备内部将低压部分短路、高压部分输入可调的低电压，使设备自身发热除潮，外部采用碘钨灯和电风扇，只用了不到24小时就将所有设备干燥处理完成，经试送电和空载运行，一切正常，确保了施工进度。此举不但

受到甲方的好评，同时也为企业减少了不必要的损失。

通过强硬的技术，提高工效是沈龙庆永不停止的追求。在咸阳沣河新区集中供热有限公司锅炉房的调试中，沈龙庆发现原设计锅炉为双冲量自动上水系统，而不是他们以前调试过的单冲量自动上水系统。面对难题，沈龙庆查阅了大量资料，重新设计了一套新的调试方法，既成功解决了锅炉上水问题，又提高工效 6 倍。在电梯调试中，他用创新的“倒试法”作平衡系数进行试验，使单台电梯只用 2 小时就可完成试验调试，工效比原来提高 8 倍。

“搞机电是个苦活，也是个细活，不能有一点闪失。”沈龙庆说，到了夏季，在酷暑高温的施工现场，脚手架林立，钢管架抓着烫手，他要到一个个暴晒在骄阳下的作业面上进行质量检查。“有时我自己都会惊讶，这么多年，我是如何咬牙坚持下来的。”

熟悉沈龙庆的人都知道，他今天取得的成绩源于对这个行业的执着热爱，源于对工作的高度负责和钻研好学。无论工作多么繁忙、多么辛苦，沈龙庆都要抽出一定时间来学习、消化在工作实践中的感悟和心得，不停地给自己“充电”。他写的《高层住宅建筑火灾探测器安装位置的探讨》《用户双电源变(配)电所低压配电系统“一点接地”的探讨》等文章，对在施工过程中经常遇到的问题进行了及时总结。尤其是他参与编写了《镀锌紧定式电管暗设施工工法》，这种工法无需熔焊，施工现场无明火，钢导管防火、防爆、机械、导电等性能良好，一下子替代了传统的螺纹连接或者焊接施工的工艺，被应用于延安永宁采油厂 8 号住宅楼等工程，节电 10000 余度、钢材 30 余吨，工效还提高了 60%。该工法因成本低廉、节能环保等优点，已被省建设厅确定为推广的新工艺技术。

“沈工独到的专业知识和认真负责的态度让我受益颇丰。”陕建直属项目部经理吴延，提起沈龙庆对自己的栽培仍意犹未尽。这些年来，沈龙庆在做好本职工作的同时，坚持将自己探索出来的“绝活”传递给年轻人，先后培养技术人员 40 余名，其中高级工 20 余名，为企业打造了一支技术精湛、作风优秀的技术队伍。

十三、刘志韬——创造“望、闻、问、切”的铁路探伤法

刘志韬，中国铁路西安局集团有限公司宝鸡工务段探伤工，高级技师。

2019年2月26日西铁资讯报道,刘志韬于2003年8月从全段众多的年轻养路工中被选拔到钢轨探伤工岗位后,就与宝中线其中的150余千米线路结下了不解之缘。15年来,他累计行走5万千米,鞋子换了几十双,他说:"和师傅们相比,我所走的路程还差得远,这条路我要坚持走到底。"

2009年元月,刘志韬被提拔到探三工区担任班长,成为综合车间最年轻的班组长。回想初任班长时职工的猜疑、不信任,刘志韬说:"要想大家信服,自己的技术必须过硬。"当年4月,他带领的宝中探伤二组检查至水沟站北处道岔焊缝时,操机手张亚军突然发现仪器上出现异常波形,在大家都不能对波形做出准确判断的情况下,刘志韬通过探头位置和出波位置,运用双K1等扫查方法,确定该处轨底连接焊缝内部有一个直径3毫米的气孔。刘志韬熟练操作,缜密研判,大伙都心服口服。

宝中线K130至K106、K91至K79区段钢轨陈旧、小半径曲线多,是伤损较为集中的区段,也是加密探伤关键区段。2008年秋冬交替时节,刘志韬带领宝中探伤二组职工检查到K112公里曲线上股轨时,仪器发出警报声,经检查是轨面"黑包皮"下有掉块。大家都认为应该判重伤,须立即通知工区换轨。但刘志韬对照上次检查结果分析后说:"这次复探,损伤发展基本没有变化,在宝中线像这样的问题很普遍,还是判轻伤发展吧。"事实验证了刘志韬的研判,直至2009年,在此处进行钢轨大修施工时,线路依旧安然无恙。多年来,刘志韬正是凭着他精湛的业务,精准研判,使百余千米的钢轨发挥它最大效能,不仅节约了大量的维修成本,而且减轻了职工的劳动强度。

超声波探伤是一门集声学、电学、计算机于一体的综合性学科,技术含量高,对职工业务素质要求也很高,要取得资格证书很难。为了掌握此项技能,刘志韬白天上线路作业,认真观察探伤操作手的一举一动;空闲时,他就虚心向师傅们请教。工友们不解地问:"你打算一辈子干探伤工吗?"刘志韬笑着说:"要掌握技术只有学,学懂了、弄通了才能更好地胜任工作。"在他的不懈努力下,短短3个月,他顺利通过考试获得了超声波探伤"无损检测"一级证书,并于2005年5月一举获得二级技术资格证书,他用了不到两年的时间完成了同行需要五六年才能完成的事。

2007年4月,工区首次安排刘志韬独立对陇县1号道岔进行手工检查，当时由于他经验不足，导致辙岔轨头下额圆弧部位一处伤损没有发现，为此刘志韬受到了严厉的批评和考核。初试锋芒受挫，对刘志韬打击很大，正是这一次终于让他明白了工作失误不可怕，可怕的是不思进取、一错再错的道理。

如果是条真汉子，应该在哪里跌倒就在哪里勇敢地站起来。为了熟练掌握手工检查技巧，只要上线路，他便锤不离手，镜不离身，仔细敲打每一处设备，认真琢磨正常情况和非正常情况下检查锤震动的幅度和声音差异，并用镜子对曲线、道岔等线路关键部位细心观察区别。经过长期磨炼，刘志韬终于练成了手工判断钢轨病害的“听音”“天眼”绝技，他将这些技巧运用到工作中，多次成功探测出一般人难以察觉到的钢轨病害，令身边的同行和领导刮目相看。

由于宝中线路基稳定性差、曲线半径小、坡度大，载重列车对钢轨的冲击相应剧烈，线路病害既多又复杂。针对这种情况，刘志韬依据探伤理论知识和钢轨轨面压陷伤损发展的规律，总结创新了“37 度探伤法”，利用 37 度探头和直探头配合探测，根据伤波位移、回波之间的间隔来确定轨面压缺的深度，有效解决了曲线钢轨伤损难以判断的难题。

刘志韬在岗 15 年来无漏检、无误判，排除了多起危及行车安全的隐患。他通过制作钢轨模拟伤损，教授职工进行实际操作练习，提高了检出率、减少了漏判和误判，用自己总结的钢轨“望、闻、问、切”四字探伤法，确保了安全生产的稳定。以他命名的“刘志韬劳模和工匠人才创新工作室”，先后巡诊处理各类安全隐患问题 800 余件、疑难典型故障 200 余件；工作室研发的《可调式万能步行板》《改进探伤仪器提高峰下减速器伤损检出率》《自制拆卸专用工具》等一批成果被广泛运用。

刘志韬和他所带领的团队被职工誉为“钢轨神医”和守护宝成铁路的“安全卫士”。

十四、田浩荣——从装配钳工成为新时代“宝鸡技工”标杆

田浩荣，1989 年从宝鸡技师学院(原宝鸡技工学校)毕业后被分配到宝鸡机床厂装配车间成为一名普通钳工，他在这个岗位一干就是 10 年。他从刮研、主轴箱的装配、数控机床的认识等方面将学校所学的知识和理

论转化为实践。

2018 年 4 月 29 日宝鸡市人民广播电台报道，1997 年，田浩荣被调至数控机床车间工作，这时国内机床市场供不应求，尤其是数控机床市场日趋升温，使得企业面临着扩产上量与职工技能水平快速提升的双重挑战。田浩荣白天跟着师傅识零件、学操作，晚上查资料、做笔记，自学数十本专业书籍，全面掌握了从 CS6140 普通车床、CJK 系列简易数控车床、SK 系列普及型数控车床到 CK75 系列全功能车床的床头箱构造原理、内部结构和工艺路线，成了机床装配线上的“装箱能手”。经他手所创造的“田浩荣数控车床主轴装配操作法”，自 1998 年推广应用以来，累计为企业创造经济效益 100 余万元，被陕西省政府授予“陕西省职工先进操作法”，并在全省机械行业推广。

田浩荣说，床头箱犹如人的“大脑”，是整个机床的核心部件，也是一项关键技术。1992 年初，公司引进韩国某公司产品，经过消化吸收再创新，开发出 CK7520 全功能数控车床。最初，机床的床头箱主轴出现“研死”现象。由于主轴上所用的轴承都是进口件，价格昂贵，给企业带来不小的损失，也延误了机床的出产日期。但田浩荣经过无数次的摸索、尝试，终于总结出了一套完整的装配方法及轴承隔套计算公式，成功地解决了轴承预紧问题。由此也使得后来的轴承由进口日本的改为进口意大利的，再到国产轴承也能顺利装配，使产品形成了高、中、低档系列化配置。

田浩荣在每一个细节上都对自己严格要求，工作精益求精，规定要求为 0.01 毫米，他就要求自己干到 0.005 毫米，确保装配的机床达到最佳。据他回忆，1999 年，湖北某企业同时购买了美国一台设备和宝鸡机床的一台 CK7520 机床，公司安排他负责安装调试。在机床几何精度交检时，进口机床的跳动为 0.02 毫米，而田浩荣则把 CK7520 机床的跳动控制在 0.002 毫米以内，精度明显优于国外设备。一流的技艺赢得了用户的尊重，打开了市场。

据统计，田浩荣用 20 余个春秋累计装配各类数控车床上千台，完成了各类中高档高附加值新产品和试制任务 30 余种。

田浩荣，由一位普普通通的装配钳工成长为企业生产线上数控车床机械装配方面的关键人才，成为新时代“宝鸡技工”的标杆。

第三章 国外工匠精神及其代表

依靠学习走向未来，成为中国共产党治国理政的一大鲜明特征。“建设学习大国”更是党把自身有关学习的意志和主张上升为国家意志和主张，体现了新时代我们党高度的学习自觉、自信和自强，彰显了中国共产党作为一个成熟型政党的开阔胸怀和世界眼光。

2017年，人力资源和社会保障部主管的《职业》杂志在刊发《大国工匠精神是什么？》一文中指出，我们所传承、弘扬和重塑的“工匠精神”，德国人称为“劳动精神”，美国人称为“职业精神”，日本人称为“匠人精神”，韩国人称为“达人精神”等。

尽管世界各国工匠所秉承的职业精神名称有差异，但这种职业精神的基本要义与我国提出的“工匠精神”的基本内涵并无显著区别，都是经过日积月累形成的一套完善的工匠文化，强调“执着、专注、精益求精、创新”。为了本书的表述统一，将国外工匠所秉承的各种职业精神统称为“工匠精神”。

第一节

意大利工匠精神及其代表

意大利，全称为意大利共和国，是一个欧洲国家，主要由南欧的亚平宁半岛及两个位于地中海中的岛屿西西里岛与萨丁岛所组成。国土面积为301333千米^2，人口约6000万，北方的阿尔卑斯山地区与法国、瑞士、奥地利以及斯洛文尼亚接壤，其领土还包围着两个微型国家——圣马力诺与梵蒂冈。

意大利是欧洲民族及文化的摇篮，曾孕育出罗马文化及伊特拉斯坎文明，而意大利的首都罗马，几个世纪以来都是西方世界的政治中心，也曾经是罗马帝国的首都。十三世纪末的意大利更是成为欧洲文艺复兴的发源地。

意大利是一个高度发达的资本主义国家，欧洲四大经济体之一，也是欧盟和北约的创始会员国，还是申根公约、八国集团和联合国等重要国际组织的成员。意大利共拥有48个联合国教科文组织世界遗产，是全球拥有世界遗产最多的国家，意大利在艺术和时尚领域也处于世界领先地位，米兰是意大利的经济及工业中心，也是世界时尚之都。

意大利的“工匠精神”，主要体现在现代工业化生产中，尊崇个体的审美情趣，以用户为中心，通过工匠的手与心体现对人和物的高度尊重。在手工艺界，意大利闻名遐迩，“意大利制造”已经成为意大利享誉全球的国家品牌。

一、“纯手工打造”的执着

悠久的历史，先进的文明，文艺复兴思潮在文化、音乐、艺术、建筑、科学等诸多方面对意大利产生了深远影响,不仅为意大利留下了诸多美轮美奂的文物古迹,同时也让意大利手工艺得到了巨大的发展。

仔细观察意大利的工业企业就会发现,“豪华游艇”“超级跑车”“奢侈品”“数控机床”“高端厨具”“服装定制”等产业非常发达。它们都有着一个共同的特点,即小批量制造,甚至是单独定做。在小批量制造的过程中,以手工业为主,并且十分强调“纯手工打造”,以此提高意大利产品在世界范围的高端形象,而这种生产方式对工人的技能要求极高。

意大利是拥有国际服饰知名品牌最多的一个国家,也是目前拥有传统男装裁缝匠数量最多的国家。手工高级男装定制代表着最高品质,备受世界各地追求高品质生活人士的青睐。据纽约奢侈品协会(The Luxury Institute)在富豪中所做的抽样调查,美国富豪十大服饰品牌中意大利品牌占到八席,而与范思哲(Versace)打成平手的汤姆福特(Tom Ford)背后站着的却也是一位来自意大利的裁缝。

意大利高级定制服装,裁缝往往需要针对每位客户单独设计,这也是意大利高级定制最大的魅力之处。既不同于法国时装的梦幻实验性,也不同于美国时装的纯粹商业性,意大利时装强调以经典简约的表现手法表现色彩的多样性;不仅如此,定制服装还坚持单人单版。制版师会依据客人的体型以及活动环境专门裁剪出一个只属于客户本人的板型,而不是像有些定制裁缝店那样,根据现有板型进行修改调整(套码或套版套制)。

在意大利,真正的高级定制西装所有的工序都需要纯手工完成,手工流水线的耗时比机械化生产要多很多倍。每套高级定制西装的缝制有20多道工序,每道工序由一位裁缝负责完成,一套西装的制作周期大概是25个小时,也就是说20多个工人至少需要工作3天,才能做成一套西装。在制作过程中,定制服装高度注重品质,小到纽扣的天然苛求,大到面料的整体成色。每一缕一线都竭尽全力地追求顶级品质。在选择面料时,要求面料契合,条纹和格子面料的西服非常讲究对条对格,西服上衣兜盖上的条纹和兜盖上方的条纹必须对齐,身上的格子和袖子上的格子要一致。而且每位裁缝的性别、年龄、力度的不同,会影响缝线的松紧程度,这将直接影响顾客的穿着感受。因此,每道工序又配有一位经验丰富的裁缝作为“质量监督人”进行检查,确认没有质量问题的衣服才可以进入下一道工序。

由于每位裁缝都经过严格的培训，而且有很多年的实际操作经验，因此，实际返工率能做到不超过1%。

意大利企业在单一产品上精益求精，不惜耗费大量的时间和高昂的人工成本。这些手工劳作的劳动者具有高超的技巧，介于普通工人和艺术家之间，很多产品在制作过程中凝结了手工匠人的大量心血，已经属于艺术品范畴。

二、"以用户为中心"的精益求精

意大利在现代工业化生产中，摒弃工业化的简单复制，尊崇个体的审美情趣，以用户为中心，通过工匠的手与心体现对人和物的高度尊重，这是意大利工匠精神的精髓，也是意大利许多高品质产品得以传承百年、闻名全球的原因。

意大利纺织面料全球闻名，成功因素之一在于制作者对产品的工匠精神。在意大利"国宝级"毛纺品牌、顶级毛料和奢侈品成衣制造商诺悠翩雅(Loro Piana)的质检车间，工人把成品面料放在光源检查板上一寸一寸移动，可以发现那些连专业的面料采购人员都完全看不出的瑕疵，并快速修补完毕。企业官方提供的工艺介绍资料中说，一些毛纤维很细，织得紧密时出现的轻微断线、打结等瑕疵很难被察觉，但如果不及时处理，瑕疵最终会体现在成品上，影响外观。而发现瑕疵的能力就要归功于每位工人在学徒期间老师傅的教授下练就的火眼金睛。诺悠翩雅品牌创始人之一皮埃尔·路易吉·洛罗·皮亚纳认为，坚持保证产品品质是这个企业的"DNA"，也是意大利制造的精髓。

高质量必然对工人的生产、加工技能提出更高要求。要真正提高质量，除了采取最先进、最适合自身产品特点的技术设备外，对每个生产环节的质量控制尤为关键。企业对原料纯净度和工艺控制的要求更高，控制系统更为复杂，尽管这样做成本很高。对产品质量无尽的追求，是意大利工匠精神最基本的内涵。

三、品质与设计并重的工匠精神

意大利的设计闻名遐迩，往往能开世界之先河。每年4月份的米兰设计周更是吸引了大批世界各地的设计创意人才。意大利制造之所以享誉世界,究其原因除了品质卓越之外,其设计同样也引领着世界潮流。受历史传统文化的影响,意大利的设计者就如同手工艺人一样,都在追求精益求精,追求高品位。

在意大利众多重视品质与设计并重的品牌中,LOCATI 品牌是最有代表性的,如果说它的等级定位,应该还在普拉达(PRADA)、路易威登(Louis Vuitton)之上。早在 19 世纪末,年轻的 Luigi Locati 在米兰开设了第一家手工皮货店,专为教会与达官贵族设计制作精美的皮质书封和信封。因其独特的设计与卓越的品质,Locati 被邀请为贵族设计酒会专用手袋,因而名声大噪,LOCATI 手袋逐渐在意大利上流社会中流传。

1908 年,Luigi Locati 的儿子创造性地将金丝银线、皮线及各种面料融合到手袋制作中。LOCATI 独特的手工金银绣花工艺,无疑是现代手袋发展史上重要的里程碑,直至今日,此工艺制作的手袋仍是 LOCATI 旗下的明星产品,深受客户喜爱。

"一战"后,Luigi Locati 的两个年轻的儿子接手了家族生意。为了给品牌拓展更广阔的市场,LOCATI 运用了在巴黎接触到的新的艺术设计灵感,将新颖面料融入产品设计中,成为当时第一个成功将巴黎流行引入意大利的设计师品牌。

难能可贵的是,第二次世界大战时,很多奢侈品牌企业倒闭,在当时米兰手工业最艰难的时期,LOCATI 坚持了下来。战争结束后,LOCATI 的第三代传人 Gianni 将毁于战火的工厂和店面又重新建起来,拜访了全意大利的客户,在法国、德国、英国建立了商业网,并将各国流行趋势更多地引入到产品制作中。在 LOCATI 的生产车间,十几个工人协作完成一件手袋,每一道工序都是那么认真,用精雕细琢来形容也不为过。

另一个重视品质和设计的经典品牌是亚捷奥尼(ARTIOLI)。ARTIOLI 在意大利手工制鞋业享有超过一个世纪的盛誉,有"行业晴雨表"和"鞋中劳斯莱斯"之称。

塞维利诺·亚捷奥尼在 1912 年于费拉拉城开始他的制鞋生涯,他将传统制鞋技术与高科技融于一身,在当时产生了巨大的影响。当时的制鞋工艺落后,工具简陋,以致各个产品间区别不大。经塞维利诺及其邀请的机械专家们研究,很快改进出了具有革新意义的工具以及生产工序,在随后的几年里,这些成果逐步被应用到制鞋工艺中。

亚捷奥尼手工生产出来的皮鞋制作工艺非常复杂,每一道工序都要经过经验丰富的鞋匠之手来完成,共需要两百多道工序,这套工艺流程的形成历经了两个世纪。亚捷奥尼皮鞋的高质量皮料可以让脚部呼吸顺畅,特殊材质和经针线缝制的鞋底可以保持脚部的干爽;鞋宽大、松软的前部极致舒适,鞋跟通过加硬处理,展现出鞋的完美曲线;适度加硬的鞋弓和跟部可以有效缓冲身体重量带给鞋子的冲击。

亚捷奥尼皮鞋产品被人们视为经典产品,每一双亚捷奥尼皮鞋体现的都是意大利的制鞋文化、品质和精髓以及对完美的追求。质量和创新设计一直都是亚捷奥尼的两大核心要素,其传统将在后代为家族品牌的未来共同奋斗中延续。

这些经典品牌传递出的意大利制造的精髓,就是重视传统制作技能的传承和产品细节的琢磨,也正是这一点造就了意大利独特的工业强国地位,品质与设计并重的工匠精神让意大利产品持久荣耀。

四、为弘扬工匠精神办学校

在意大利罗马或是佛罗伦萨的街头巷尾,随处可见的裁缝铺、鞋铺和皮具铺成了古城的一道风景。别看这些店铺表面上不起眼,但是随便量脚做双鞋都价格不菲。尽管如此,意大利的手工匠人的数量一直在逐年减少:20 世纪 50 年代,意大利还有 400 万名高级裁缝,前两年只剩下 70 万,直接威胁到意大利高级定制这一"产业遗产"。

为了"产业遗产"不失传,意大利不少工匠便开办学校培育匠人。布里奥尼的裁缝学校是欧洲最早的一批,它们从 1985 年开始创立,每隔 4 年招一次新生,每次只有 16 个名额,在 15 岁到 17 岁的少年中选择最有天分的申请人。学生在学校学习意大利语、英语、历史、数学、计算机科学以及裁缝技艺,一周有 40 个小时的课程。从画图开始,所有的缝纫技能都会由布里奥尼的裁缝大师们在 3 年中逐一教授,之后还要外加一年在裁缝工坊的实地操练。

之所以让他们这么小开始学手艺,是因为在这个年纪,手指的触感最好，是训练对布料第六感的最佳时期。3 年之后，他们可以自己手工缝制一件西装，通过触摸就可以判断线的厚度以及韧性。

布里奥尼公司的负责人说，从裁缝学校创建开始，毕业生超过 100 名，课程结束，布里奥尼会选择技艺最高的裁缝（大概有 80%的裁缝）留在公司工作。他们可能在公司某一个生产部门，也可能被派驻全球各地的专卖店。

意大利那不勒斯的高档手工男装品牌 Kiton 的故事也十分类似。当该公司的一位 CEO 注意到公司裁缝的平均年龄已经高达 55 岁，一些大师级裁缝甚至已经有 40 余年的工作经验时，他意识到必须要建一所裁缝学校了。Kiton 的所有产品都要按照那不勒斯当地传统纯手工制作，1991 年，制衣工坊裁缝的平均年龄高达 55 岁，让时任掌门人十分担忧。“如果这一代裁缝老去，意大利的高级定制将很有可能面临后继无人的危险。原本已经没有多少人愿意做裁缝，能做好裁缝的人就更少了。”他说。

2000 年，Kiton 在那不勒斯开了一所裁缝学校，工厂直接和学校挨着。在裁缝学校开办的第一年，公司只招了 10 名学生，之后扩招到 25 名。学生从最基本的“纫针”开始，了解男女装板型的不同，成衣结构的搭建。两年后，他们拥有裁缝的所有技能，优秀者可被选为带薪“学徒”。15 年下来，毕业生的就业率为 100%，其中八成留在 Kiton 公司。

2014 年，Kiton 裁缝的平均年龄降至 36 岁，工坊实现年轻化，可持续健康发展，其工匠精神得以一代又一代传承下去。

第二节

瑞士工匠精神及其代表

瑞士联邦，简称“瑞士”，是中欧国家之一，全国划分为 26 个州。瑞士北部与德国接壤，西临法国，南临意大利，东临奥地利和列支敦士登，全境以高原和山地为主，有“欧洲屋脊”之称。

瑞士的领土面积仅约41000千米^2，一个山地小国，几乎无矿产资源，却成为全球最富有的国家之一。瑞士人拥有什么独门绝技？答案很简单——工匠精神，瑞士钟表就是其工匠精神的产物。这种精神更集中体现在坚定执着、精益求精和开拓创新，最终使“瑞士制造”成为高品质的代名词。

一、瑞士工匠的“死磕”精神

20世纪70年代，日本人发明了石英手表，它以超级廉价和轻便的优势，对传统的机械表构成致命的打击。在短短六七年的时间里，瑞士钟表产量在全球的占比从45%陡降到15%。不过，瑞士人并不气馁，经过20年的转型，瑞士表逐渐走出低谷，并且迎来了繁荣时代，这与瑞士工匠不懈的“死磕”精神分不开。

瑞士的工匠精神体现在机械表上，把机械表的功能升级创新，并研发出诸多极其复杂的工艺，可以说把精密机械发展到极致，据说，一个瑞士钟表的制作工序可达上万个。瑞士的表行里，一个制表大工坊内往往分工明确，有负责基础零件制造的部门，有负责零件打磨抛光的，有组装机芯的，还有最后测试的，等等，每个人都各司其职并把自己的工作做到极致。除此之外，瑞士人还潜心研究材质，在腕表材质上匠心独运，花大工夫，无论是新陶瓷还是各种各样的新金属，都被瑞士人运用到了钟表上，让腕表精准、美观、大方，如同工艺品。

在被誉为“钟表谷”的汝拉山谷宛若仙境的冰雪胜景中，静得仿佛只剩下时间流逝的声音，制表工匠们便是在这与世隔绝的雪境中忘我地工作，创作出一件件令世人惊叹的作品。在机芯工厂中，屋内是一名名坐在特制高桌前埋头打磨的工匠，窗外是几百年风景不变的瑞士高山草甸，而从这个偏僻村庄生产出来的手表在不久后将被陈列在世界各地最昂贵的橱柜里，然后戴在那些时尚人士的手腕上。他们的每一件作品，都是热爱腕表的收藏家和鉴赏家梦寐以求的珍藏。

“钟表谷”的乔治·丹尼尔曾说：“电子石英表永远无法取代机械表，

机械表本身就是一种艺术，机械表的内涵包括历史性、技术性、艺术性、可玩性、功能性，是人类创造力和想象力的集合体。”无疑，他是公认的现代最有影响力的制表大师，在“石英危机”中，这位充满灵气的大师发明了双轴擒纵系统，制造出精度比石英表更高的机械腕表，为机械表度过危机作出了巨大贡献。

“钟表谷”的F.P.尊纳被称为天才制表师，制表大师中的大师，他的三款作品曾分别于2004年、2006年、2008年荣获钟表界的“奥斯卡大奖”——日内瓦高级钟表大赏(GPHG)的最高奖项“金指针奖”。对任何事都有极高要求的他认为，钟表艺术并不止于制作优质的钟表，更为重要的是为钟表世界贡献出自己的艺术和文化，为身处的时代做出见证。他在自己的每一款腕表上刻着“Invenit et Fecit”，这句意为“发明并制作”的标记，便是他对18世纪钟表制作黄金年代的致敬。

菲利普·杜福尔于1978年离开大表厂，放弃安稳的工作，开设个人工作室，以修复极具历史价值的古董怀表为生。1982年，他再次追寻理想的召唤，开始投入自行制表的工作，由修复大师跻身为独立制表大师。时至今日，他以个人产量极低的全手工高级制表和完美绝伦的亮闪打磨腕表而享誉世界，从他用自己的名字开始制表起，他的表全部亲自制造，甚至到现在，他的所有制表工作仅有一位助手参与。“让拥有我签名腕表的朋友，感受到我的精神与情感”是杜福尔制表的最佳诠释。

没有人可以操控时间，时间是最好的见证。机械的标准化生产带来了产量与效能，但在“钟表谷”里的每一位制表师，信奉着“让时间更美地流淌”并为其执着投注一生，用精湛的工艺向我们展示，在冰冷表壳的背后，不仅是旋转的飞轮，还会有非凡的想象与精密的感官世界。

瑞士人制表的这种精神，让瑞士表独步天下，以真正的“匠心”换来巨大的成就。

二、瑞士工匠精神的内涵

瑞士人的工匠精神和其淳朴的文化氛围是分不开的。在瑞士的著名城市日内瓦，任何手工艺人，无论是制表的还是做手工零食的店主，他们脑子里想的都不是如何赚钱，而是家里的这一份事业怎样让后代传承下去，直至千百年。

正因为瑞士这份淳朴的精神，才有了今天的百达翡丽、昆仑表、浪琴、劳特莱这些百年品牌，以及现在被重新提起来的“瑞士工匠精神”。

瑞士的工匠精神首先是坚定执着。钟表业是前工业革命时期最为精密的手工业，自然资源匮乏的瑞士人就是靠着坚定执着在“欧洲屋脊”上开创了自己的巅峰产业。第二次世界大战爆发前，全世界90%的钟表都产自瑞士。20世纪70年代，日本发明了更加精准且成本更低的石英机芯，日本石英手表大举进攻钟表市场，瑞士传统的机械表经历了前所未有的危机。

在当时，很多瑞士钟表匠纷纷失业，很多人认为，瑞士钟表将要面临末日。然而，瑞士钟表业者拒绝随波逐流，而是专注自身升级，坚持用“工匠精神”精造手工机械表。在经历了20余年的艰难转型，瑞士钟表业不仅走出了低谷，而且迎来了空前的繁荣。

瑞士的工匠精神还在于精益求精。瑞士的顶级钟表都是工匠一个零件一个零件打磨而成。钟表工匠对每一个零件、每一道工序、每一只钟表都精心打磨、细心雕琢。工匠们的眼里，唯有对制造的一丝不苟、对质量的精益求精、对完美的孜孜追求。一只高品质的腕表不仅要有强劲的机芯，而且还要有亮丽的外壳。

瑞士的工匠精神最核心的当数开拓创新。开拓创新与坚定执着毫不矛盾，开拓创新更是精益求精的必然结果，对于瑞士钟表工匠而言，“只有更好，没有最好”绝非一句空洞的口号。为了追求极致化体验，工匠们不断雕琢产品，改善工艺，好比劳特莱融合“传统与现代”“经典与时尚”的制表文化，成功以精致的设计、优雅绅士的英伦风范收获大众的喜爱。

三、瑞士工匠精神的商业之美足可借鉴

所谓的商业之美，就本质而言，是人们对自然与物质的一种敬畏，并在这一敬畏之上，以自己的匠心为供奉，投注一生。当今的世界级名表名单上几乎是清一色的瑞士表。简单归纳，瑞士人做到了以下三点。

（一）拒绝转型，专注升级，坚持制造手工机械表

20余年里，瑞士钟表工厂执着于机械表的功能升级创新，开发出诸多

极其复杂的工艺，例如升级版的陀飞轮、卡罗素、万年历、月相、两地时，甚至还有中华年历表。

在珐琅工艺、深潜防水、金属表面处理等方面，瑞士人利用当代最先进的新材料进行了革命性的创新。比如，机芯厂 Manufacture 里很多独有的模具都是由当地工匠自主研发而成的，每一个模具的价值为 3 万至 20 万瑞士法郎，该机芯工厂拥有超过 10 万架模具，这在无形中构成一道长长的“技术护城河”，让其他国家的钟表工厂望尘莫及。

瑞士机械表的精密度越来越高，在宝珀公司，有一款名为“1735”的机械表，内有 744 个零件，其中最小的零件细如毫发，一位顶级表匠全心投入，一年只能制造出一只。

（二）强势资本并购，形成超大型钟表集团

随着数以千计的中小型表厂的破产，瑞士人展开了大规模的同业并购。1983 年，瑞士钟表工业公司（ASUAG）和瑞士钟表总公司（SSIH）率先合并，并于 1998 年改名为斯沃琪集团（Swatch Group），旗下拥有欧米茄、雷达、浪琴、天梭、卡文克莱、雪铁纳、美度、汉米尔顿、巴尔曼、斯沃琪等手表品牌，同时拥有自己的装配系统生产企业、钟表机芯生产企业以及纽扣电池厂等多家配套生产企业，迄今已成为当今世界最大的钟表工业集团。

宝珀公司诞生于 1735 年，是瑞士最早注册品牌的机械表公司，它也是在 1983 年正式并入瑞士钟表总公司的公司，到 2010 年，斯沃琪集团将汝拉山谷里最大，也是最先进的机芯工厂 FP 更名为宝珀机芯工厂（Manufacture Blancpain），归于宝珀旗下，由此让这一古老品牌形成了新的核心竞争优势。

目前，瑞士形成了斯沃琪、劳力士、Vendome 三大钟表集团，控制全球八成的名表品牌和生产能力。

（三）实施全球化品牌战略，引领世界奢侈品消费浪潮

从 20 世纪 70 年代到 80 年代，在美国和日本的强力压迫之下，欧洲制造业在成本控制和效率提升两方面几乎完败，以致众多行业土崩瓦解。相反，一些传统行业，比如服装、钟表、化妆品等，则守正出奇，以文化为背靠，蹚出一条高附加值的品牌营销之路。

20 世纪 90 年代之后，这些传统品牌进一步开拓全球市场，特别是彻

底地激活了中东和东亚市场。在钟表领域，我们目前所熟知的名表品牌几乎都是这一轮全球化营销的结果，那些跟上了潮流的，焕然一新，那些固守于既往的，则销声匿迹。

瑞士手表这一段绝地复活的历程，可以为当今中国制造业所借鉴。

四、瑞士工匠精神的教育培育方式

放眼全球，"瑞士制造"产品之精良、技艺之高超正是工匠精神的最佳诠释。其工匠精神世代传承背后的秘密，在于双轨制教育体系及学徒制。

瑞士实行九年义务教育，学生十五六岁初中毕业，有两种教育途径可供选择：一是进入职业学校，一边当学徒在企业工作，一边到职业学校学习理论知识；二是读普通高中，准备考大学，这在瑞士被称为"教育双系统"或是"双轨制"。

在很多国家，读职校意味着学习成绩不好甚至"失败"，但在瑞士，读职校不仅能找到好工作，更受到全社会的尊重。瑞士有大约75%的青少年在义务教育结束后走进职业学校，走进企业，开始为期2到4年的半工半读的学徒生活。当学徒能让青少年最直接地掌握市场对劳动力的要求，学习最有用的技能，学徒制将教育和就业紧密联系在一起，让瑞士人尽快融入工作。也正因如此，瑞士近年来保持着非常低（不到4%）的失业率。

十五六岁的青少年怎么知道自己喜不喜欢当学徒，喜欢当什么工种的学徒？初中毕业"选路径"之前，瑞士学生都有体验的机会，瑞士公司欢迎在读的初中生走进生产企业，了解企业的生产环节、工作岗位的职责和要求。瑞士的学校会组织初三学生集体参观各种企业，身临其境地了解每家公司，到了初三下学期，每个瑞士学生都有3天的"学徒体验日"，对哪个行业或哪家公司有兴趣，学生就可以递交申请，获同意后到工作岗位体验，再决定自己是否申请成为一名正式学徒。如果没兴趣或不适合，学生还可继续申请和体验，直到找到最合意的岗位。

一些大型企业可以自己组织学徒进行结业考试并颁发证书，一些中小企业则会让学徒参加行业协会组织的结业考试，学徒考试合格后拿到结业证书，可以自由择业，这些证书在瑞士境内受到广泛认可。合格的学徒不仅能获得合理报酬，更为未来就业攒下过硬的筹码。

瑞士大型企业几乎都提供学徒职位，一些企业还专设学徒培训中心，例如，迅达集团是全球领先的电梯、自动扶梯供应商，位于中部城市卢塞恩，该公司在瑞士境内雇用300余名学徒，有23名专职导师培训学徒。学徒前两年的学习是打基础，他们在专职导师指导下，一步步学会画图、用纸板搭模型，直到建造出简易的电梯模型，第三年开始，学徒们要独立设计一个电梯机械模型。来自迅达集团各部门的100余名工作人员也加入导师队伍，指导学徒掌握更高级的技术，4年的学徒生活，让一个学生学会了如何用双手制造出产品，而且满怀信心地进入就业市场。

为了鼓励学生选择职业教育，瑞士政府方面也投入了大量的真金白银。2013年，瑞士的职业教育经费达34亿瑞士法郎（约287亿元人民币），其中，四分之三的经费来自各州，四分之一的经费来自联邦政府。瑞士人读职业学校免费，读普通高中却要交学费，由此可见，瑞士对青少年选择职业教育的鼓励。同时，学徒能从企业领到工资，换句话说，当学徒不仅读书不花钱，还能赚钱，也能获得职业技能和工作经验。

瑞士将双轨制教育体系及学徒制视为保持“瑞士制造”高品质及传承“工匠精神”的关键因素。瑞士职业教育的经验对其他国家有着巨大的吸引力。迄今为止，瑞士因其教育、研究及创新已接待过23个国家的政府高级代表团前来考察。

对瑞士而言，学徒制为企业源源不断地提供高素质技术人才，这是“瑞士制造”的高声誉和竞争力的保证。对瑞士的学生来说，高质量的“双系统”教育体系让他们得以探索自己的兴趣和特长，并能灵活地在职业教育和高等教育之间切换，选择最适合自己的发展路径。

也就是说，瑞士双轨制教育体系、学徒制成功的因素不仅在技术层面，更在文化和社会认可层面。政、企、校三方协作共同发展职业教育，并不是瑞士独特的做法，很多国家包括中国也采用这样的方法。当然，想要复制瑞士职业教育的成功经验，是一个长期的系统工程。

第三节

德国工匠精神及其代表

德意志联邦共和国，简称“德国”，这个在20世纪世界历史上扮演重要角色的国家，却是欧洲大陆近代民族国家中的姗姗来迟者。在从15世纪初到19世纪60年代长达400余年的时间里，德国的国土始终处于四分五裂的状态，甚至被称为“欧洲走廊”，一直是欧洲大陆的主战场，英国、法国、西班牙、俄罗斯的军队经常在这里厮杀。

统一和强大，成为德意志民族国家形成和发展的最大动力，通过不懈努力，经济学家李斯特提出的通过经济统一实现政治统一的路径得以实施，推动了以普鲁士为核心的德意志经济快速发展。面对欧洲列强的挤压、包围，俾斯麦在外交上做足准备后，最终在1871年完成了德国统一。

统一后的德国紧紧抓住第二次工业革命的机遇，经济出现了飞跃性的发展。对工业发展的重视以及教育和科研的大量投入，使德国很快站在了世界工业发展的前沿。世界第一台大功率直流发电机、第一台电动机、第一台四冲程煤气内燃机、第一台汽车等发明创造也纷纷诞生于德国。德国用30余年的时间超过了英国，成为欧洲第一、世界第二大经济强国。

20世纪初，德国在总人口、国内生产总值、钢铁产量、煤产量、铁路里程等方面都超过英国。德国制造的产品也风靡世界，19世纪末20世纪初，德国的酸、碱等基本化学品产量均为世界第一，世界所用燃料的五分之四出自德国。1913年，德国的电气产品占全世界的34%，居各国之首，超过头号工业强国——美国5个百分点。

据统计，1950年至1960年，德国国民经济劳动生产率年均增长

5.3%,工业生产年均增长率高达11.4%,工业总产值从487亿马克(原德国货币单位)增加到1647亿马克,增长2.4倍,国内生产总值从233亿美元增加到726亿美元,增长2.1倍,并先后于1959年和1960年超过法国和英国,成为世界第二经济大国。

德国制造的产品大量走向世界,在20世纪70年代至80年代,德国的机床、汽车、照相机等机械产品已大批出口;80年代以后,“德国制造”的机械设备、化学制品、电气和电子工程设备等大量出口到美国以及中国、印度和巴西等新兴市场,所生产的汽车占世界汽车市场的份额达到17%。“德国制造”在世界市场上成为“质量和信誉”的代名词,“德国制造”崛起的法宝是工匠们信奉标准主义、专注主义和实用主义,这种信奉最终延伸为“耐心专注、精益求精、严格严谨”的工匠文化。

一、工匠精神使德国制造走向世界

一提到德国制造,我们想到的往往是耐用、实用、质量优,德国工业产品以品质优良著称,技术领先、做工细腻,德国工业产品在世界享有盛誉,这种口碑源于德国严谨、理性的工业精神和工业文化。从德国常见的姓氏舒马赫、施耐德、施密特、穆勒、施泰因曼来看,在德语里,它们分别代表一门手艺:制鞋匠、裁缝、铁匠、磨坊主、石匠。从中世纪开始,老师傅带几个学徒做手艺,就成为德国人的职业常态。

时移势易,工业化取代了小作坊,但“手艺人”的基本精神没有变,这种精神就是工匠精神。德国人对待工业的严谨和理性体现在工业化时代的各个方面,包括工业产品、工业设计、工业厂房建筑、工业遗产、工业旅游等。

据科隆大学学者罗多夫的总结,德式工匠精神的第一个特点是“慢”,也就是慢工出细活,对德国人来说,“欲速则不达”——稳健第一、速度第二;第二个特点是“专注”,德国约有370万家企业,其中95%是家族企业,其中不少是世界某一工业领域的“隐形冠军”,其共同特点是“专”,专注于某些单一产品,并做到极致;第三个特点是“创新”,在德国,即使是一些小企业也有自己的研发部门。长期以来,工匠精神已经成为德国文化的一部分。德国的“双元制”职业培训体系,也成为德国工匠培育体系的重要支撑。

工匠精神使得德国工业发展至今依旧焕发着强大的品牌魅力，德国一如既往坚持的工匠精神——专注、坚持、精准、务实，就是一名工匠要有良好的敬业精神，对每件产品、每道工序都凝心聚力、精益求精、追求极致，即使做一颗螺丝钉也要做到最好。有着以"工匠精神"为代表的严谨、踏实、理性的工业文化做支撑，德国工业在进入工业时代以来一直稳步发展。

近年来，德国提出了"工业4.0"目标，如果说英国开启了"工业1.0"时代，那么，德国即开启了"工业4.0"时代。

二、德国工匠精神的形成过程

在一次记者招待会上，一位外国记者问彼得·冯·西门子："为什么一个8000万人口的德国，竟然会有2300余个世界名牌呢？"

这位西门子公司的总裁是这样回答的："这靠的是我们德国人的工作态度，是对每个生产技术细节的重视，我们德国的企业员工承担着生产一流产品的义务，提供良好售后服务的义务。"

当时，那位记者反问他："企业的最终目标不就是利润的最大化吗？管它什么义务呢？"

西门子说："不，那是英美的经济学，我们德国人有自己的经济学。我们德国人的经济学就追求两点：一是生产过程的和谐与安全；二是高科技产品的实用性，这才是企业生产的灵魂，而不是什么利润的最大化。企业运作不仅仅是为了经济利益，事实上，遵守企业道德、精益求精制造产品，更是我们德国企业与生俱来的天职和义务！"

在德国，没有哪家企业是一夜暴富迅速成为全球焦点的。他们往往是专注于某个领域、某项产品的"小公司""慢公司"，但极少有"差公司"，它们大多是拥有百年以上历史、高度注重产品质量和价值的世界著名公司，也被称为"隐形冠军"。

德国哥廷根大学经济和社会历史学院院长哈特穆尔·贝格霍夫教授认为，德国中小企业具有六大特点：家族企业、专注及长期战略、情感纽带、代代相传、家长制及非正式性、独立性。此言不虚，实际上，德国许多中小企业即使成为世界500强之后仍然保留这些基因，而且逐渐升华为德国企业文化的共同特质，最终通过“德国制造”的品牌价值传递到全世界每个商业角落。

品牌影响力无疑是德国经济增长的重要引擎。作为名义 GDP 排名欧洲第一、世界第四的国家，德国还是世界第二大出口国。长期以来，德国的出口量超过全国产出量的三分之一，汽车、机械、化工产品、电子和光学产品等一直是核心出口产品，而且在钢铁、水泥、食品、饮料等行业也是全球规模最大、技术最先进的生产国之一。

早在 1990 年，哈佛商学院教授、“竞争战略之父”迈克尔·波特曾在《国家竞争优势》中写道：“在这个世界上没有一个国家（包括日本）能够在如此牢固的国际地位中展示其工业的广度和深度。”

今天的“德国制造”早已成为高附加值、精益求精的象征，德国产品无论价格高低都具备五大基本特征：精密、务实、安全、可靠、耐用。

与英国、法国等近邻相比，德国是欧洲大陆的后发国家，到 19 世纪 30 年代才开启工业革命的序幕，比英、法晚了几十年，在工业制造方面只能亦步亦趋，模仿、剽窃甚至伪造商标等违背商业道德的潮流席卷全国，经常打上“英国制造”的标签以次充好，甚至连政府都鼓励从英国进口机床回国拆解、仿造，来自德国的粗制滥造的低价产品对美、英、法等发达市场造成猛烈冲击。

1876 年 5 月，在美国费城举行的第六届世界博览会上，德国机械工程学家、“机构动力学之父”弗朗茨·勒洛批评德国产品质量粗劣、价格低廉、假冒伪劣，在德国内外引发震动。

11 年后“德国制造”遭遇了更大的羞辱。1887 年 8 月 23 日，英国议会修改商标法条款，要求所有从德国进口的商品必须标明“德国制造”，试图以这种带有侮辱性的规定将劣质的德国货与优质的英国货区分开来。当时“德国制造”在全球商业领域的声誉由此可见一斑。

其实，当时的德国企业界已经觉醒，“占领全球市场靠的是质量，而不是廉价”，知耻而后勇，德国企业家抓住国家统一与工业革命的时代机遇，不到 10 年时间，“德国制造”已经拥有超越“英国制造”的产品竞争力。

1896 年，英国罗斯伯里伯爵痛心疾首地呼吁道：“德国让我感到恐惧，德国人把所有的一切……做成绝对的完美。我们超过德国了吗？刚好相反，我们落后了。”

张伯伦曾经在一份经济报告中梳理出十几种物美价廉的德国商品，其中包括服装、金属制品、玻璃器皿、化工产品等。实际上，当时德国在钢铁、化工、机械、电气等领域已经涌现出西门子、克虏伯、蒂森、拜耳等一大批全球知名企业。

三、德国工业制造和企业家的工匠文化

1815 年，拥有 39 个主权邦国的松散组织——德意志同盟成立，1834 年德意志关税同盟创建，除奥地利之外的成员国企业家可以在共同市场从事经营活动。作为盟主，普鲁士将铁路建设作为德意志工业化的重要拉动力，机械制造、煤矿开采、钢铁工业、电气、金融等领域蓬勃发展，而且运输成本下降到半个世纪前的四分之一。

1826 年，14 岁的阿尔弗雷德·克虏伯子承父业，镇定自若地管理家族铸钢厂的生意；1847 年，维尔纳·冯·西门子与机械师哈尔斯克创办西门子-哈尔斯克电报机制造厂，1866 年，维尔纳·冯·西门子发明直流发电机；1849 年，德国第一家全能银行亚伯拉罕·沙夫豪森银行诞生。

这些企业开创了德国现代商业史的先河，在此后几十年乃至百余年中影响着德国商业的发展潮流。

西门子发明人类第一台直流发电机之后，德国逐步以“电气时代”取代“蒸汽时代”，率先引领第二次工业革命。

1876 年，德国人奥托制造出第一台以煤气为燃料的四冲程内燃机，这种发明被迅速用于汽车、飞机的研发，内燃机的发明和使用成为德国工业超越欧洲列强的第二大引擎。在工业飞速发展的 19 世纪 70 年代，日后震惊世界的化工巨头拜耳、巴斯夫和爱克发异军突起，奔驰、戴姆勒、迈巴赫、奥迪、欧宝等汽车新秀上演速度与激情，西门子称雄欧美，德国商业的繁荣程度和经济的发展速度令人称奇。

经过短短 40 余年的发展，到第一次世界大战之前的 1913 年，德国人口增长到 6500 万，煤炭和钢铁产量均为欧洲第一，化工产品总产量跃居世界第一，经济总量排名世界第二，仅次于美国。

英国经济学家凯恩斯说：“德意志帝国与其说是建立在铁与血之上，不

如说是建立在煤与铁之上更真实些。”

两次世界大战之后，企业家都伴随战争结局经受荣损盛衰的悲喜，京特、克虏伯、戴姆勒-奔驰、容克斯、卡尔·瓦尔特、保时捷等都在战时遭遇冰火两重天的考验，霍希、奥迪、小奇迹和漫游者四大汽车公司则因为战争赔款和经济危机的双重打击而选择合并，奥迪四环由此诞生。

尽管德国每次在战后都能快速复兴，但希特勒纳粹政府对德国教育体系的彻底摧毁无法修复，此前，德国人几乎包揽诺贝尔物理学奖和化学奖，20 名诺贝尔奖得主在迫害的阴影笼罩中远走国外，1939 年德国学生的数量降到 1900 年的水平，创新体系几乎崩溃。

“二战”后，德国分裂为东德、西德，后者延续德国商业衣钵。有学者评价，传媒帝国贝塔斯曼集团的重建过程相当于一部战后德国历史。其实，具有同样隐喻意义的还有保时捷、宝马、奥迪、大众、蒂森、京特等公司的复兴之路。

从 1950 年开始，西德的工业生产增长率达到 25%，10 年后有所放缓，然后又快速增长。到 1960 年之后，以麦德龙、阿尔迪为代表的零售巨头悄然崛起，阿迪达斯、彪马两大兄弟品牌龙争虎斗，戴希曼鞋店风靡全球。

随着 1955 年之后许多全球尖端技术逐渐减少对德国的限制政策，德国以“购买”的方式实现创新，在化工、生物技术、电子信息等高新技术领域从美国、日本等企业手中购买技术，完成对发达国家的赶超。

到 1990 年柏林墙倒塌、东德与西德统一之时，德国已成为欧洲最大出口国，并且超越日本，几乎与美国相同，重回全球经济大国之列。

如今，奔驰、宝马、奥迪等任何一台德系车的价格都是全球同类产品的 5 倍到 10 倍，汽车已成为德国制造高附加值的代名词，博世也受益于此，成为全球领先的汽车服务商，拜耳、巴斯夫和赫希斯特以及汉高等化工企业在全球开疆拓土。

2005 年,德国首次超过法国成为全球第三大服务业出口国,其中,金融和保险行业发展最快。SAP、西门子、菲尼克斯电气等企业既是德国工业 4.0 时代的领导者,也是全球进入自动化、智能化、无人化制造时代的开拓者,德国工匠精神再次迎来繁华盛世。

200 年间的德国商业史基本上都与工业制造密切相关,无论战争、经济危机、商业潮流、科技革命等外部因素如何影响,甚至是毁灭,德国工业制造的基石始终大而不倒,历久弥新。

在过去 200 余年的很长一段时期内,德国都在战争、政权更迭、国体转变、版图变动的动荡中度过,既给邻国和世界带来灾难,也给自身带来沉重创伤。企业家群体作为精英阶层深受影响,他们在磨炼中变得从容不迫,严谨务实,既有全球格局,也有历史使命。

德国的大公司都有危机和竞争意识,甚至已演变为企业文化。例如,奥迪的企业文化为"竞争是从来不睡觉的",西门子的为"过去总是开头,挑战在后头",宝马的为"只有每一个人都知道自己的任务,才能目标一致"。这样的企业文化加上根深蒂固的工程师文化让德国人视品质如生命,德国几大汽车公司的各类质量管理人员有 1.6 万人,奔驰每天要从生产线上抽检 2 辆汽车,对 1300 个点进行全面检测,对所有协作厂商的零部件也要质检。

日本著名作家渡边淳一的《钝感力》在 2007 年畅销全球,这本书主要讲述"迟钝的力量",告诉人们"从容面对生活中的挫折和伤痛,坚定地朝着自己的方向前进",并将"钝感力"定义为"赢得美好生活的手段和智慧"。

德国企业家身上充满"钝感力",行事风格与我国的"慢工出细活"相似。"慢"是一种精益方式,是一种品质追求,速度、效率、规模等并非企业的价值导向,品质才是生命,是企业竞争力和利润率的保证。

总体而言,"德国制造"和德国企业家身上有 7 大共同文化特征:标准主义、精准主义、完美主义、守序主义、专注主义、实用主义和信用主义。博大精深的德国文化使德国企业尊重规律,精益求精,能以长远眼光专注于最初的经营目标,即便在最艰难的关头也不放弃。

对于大多数德国企业家来说,高品质的产品和服务比投机行为创造的财富更有价值、充满幸福感，他们相信长期成功带来的益处而非短期收益。德国企业大多从创业者的家乡、社区周边起家，利用一切可创造价值的资源，靠自筹资金缓慢发展，即使成为国际品牌之后，也依然保持谦虚低调、严谨务实。

德国社会学家马克斯·韦伯说过："当追求财富与道德自律同步发展时，才能达到现代企业家的最高境界。"

正如菲立普·克劳契维茨在著作《巨人再起：德国企业的兴盛之道》中所写："德国人性格中好的一面正是其彻底性，且通常会尽善其用。享有良好信誉的德国产品无处不在。作为消费者，德国人对需求提出了最高标准；作为制造商，他们自己组织生产，开设公司来满足这种高标准的需求。"他还总结说，德国企业快速崛起应归功于企业家的优良传统，如务实、乐观、努力、审慎和强烈的社会责任感，并因此衍生出相关制度与管理风格。

德国人的优秀品格源于职业教育和文化传承。早在14世纪德国就出现了学徒制，各种各样的行业协会涌现出来，为青少年提供专业的技能培训。大约有70%的青少年中学毕业后会接受两年到三年半的双轨制职业教育，每周有三四天在企业接受实践教育，一两天在职业学校进行理论学习，如今在德国可以提供培训的职业有350余种。

而且，德国技术工人的平均薪资远高于欧美发达国家，与白领阶层相当，学徒制度和职业培训体系不仅为德国工业强国战略提供大量技术人才，更重要的是将遵守秩序、追求效率、重视品质、艰苦奋斗等文化传承后世。在德国的所有全球著名品牌中，人们都可以轻易感受到其创新、高效、品质、勤奋等价值观。

遵守纪律并不意味着缺乏创新精神。国家创新体系理论强调人与人之间的技术和信息流，而企业和制度是创新过程的关键，其中"企业、大学和政府研究机构"为核心要素。另外，德国还有几百个新奇、专门的商品交易会和贸易展览会，为优质产品提供交易平台，这些元素和德国的文化、体育、艺术、音乐、建筑以及饮食、节日、时尚等碰撞交融，共同形成整个国家对外展示的创新形象，它蕴含在产品、品牌、企业、企业家精神的价值观之中。

相比之下，最近几年，互联网思维在中国逐渐成为一门"显学"，互联网行业的浮躁氛围正在向制造业等传统行业迅速蔓延。然而,在德国却很少听说互联网思维,德国甚至没有世界级的互联网公司。可是,当德国人抛出"工业 4.0"之后,迅速在全球掀起新一轮科技革命的热潮。

德国继续引领时代变革浪潮的优势在于其强大的工业体系和制造实力,内在基因则是工匠精神——工匠对每件产品都精雕细琢、精益求精,追求完美和极致,努力把品质从 99%提高到 99.99%。他们穷尽一生潜修技艺,视技术为艺术,既尊重客观规律又敢于创新,拥抱变革,在擅长的领域成为专业精神的代表。即便"粉丝"经济、互联网思维等新话题席卷,他们依然提倡埋头苦干、专注踏实的工匠精神,这才是互联网时代最珍贵的品质。

四、德国工匠精神很值得中国人学习

工匠精神实际上是一种敬业精神,是对所从事的工作锲而不舍、是对质量要求的不断提升、是在工作岗位上不放松的一种精神。它是教育的结果,因此要从教育抓起,抓职业教育,培养专业型人才的工匠精神。

并非每个劳动者都能被称为工匠,因为人的基本素质参差不齐,所以,工匠需要培养,工匠精神需要培育,那些接受了培养并钻研岗位技能,不断提高岗位本领的人才是真正意义上的工匠。相比德国的职业教育,中国的职业教育更多地沿袭了科学教育"讲"和"听"的模式,缺乏合理的课程设计和实践环节。反而一些民营的职业教育机构做得风生水起,比如曾火遍全国的某个民营挖掘机培训学校,其现象和经验值得职业教育界思考和学习。

培养工匠精神的另一条途径是"传、帮、带",这也是中国企业的不足之处。值得一提的是,2015 年 5 月,国务院印发的《中国制造 2025》指出,要强化职业教育和技能培训,引导一批普通本科高等学校向应用技术类高等学校转型,建立一批实训基地,开展现代学徒制试点示范,形成一支门类齐全、技艺精湛的技术技能人才队伍。"学徒制"被提高到了中央政府重视的层面,相信其将重新焕发活力,为培养具有中国工匠精神的人才发挥积极作用。

2016 年,政府工作报告在回顾 2015 年的工作时罕见地提到了一个人,那就是获得 2015 年诺贝尔生理学或医学奖的屠呦呦。屠呦呦之所以能够获得这一中国人难得的奖项,就是因为她以及她所在的团队曾经对青

蒿素孜孜不倦地追求，而在现实中能够做到如此精益求精的“工匠”确实很少。

李克强总理在2016年的政府工作报告中提到工匠精神，其实就是号召各行各业要重新树立起品质意识，这既是我国产业升级所提出来的新要求，也是当前历史阶段的必然要求。中国当前处于高端产品供给不足和高端需求迅速增长的矛盾历史时期，导致高端产品供给不足的原因正是高端人才供给不足。因此，提倡工匠精神，就是要为产业升级提供能力素质相匹配的劳动者。

实际上，这种工匠精神是在中国古代就存在的。古语云：“三百六十行，行行出状元。”这句话背后所反映的其实也是每一行工人对产品品质有极致追求的表现，因为只有具备这种精神的人才能成为行家里手，才能成为“状元”。科研人员一步步地改进创新，医生不错过患者每一个症状的细节，教师做好每一页课件，演员潜心锤炼演技，工人最大限度地降低操作和加工产品的次品率，都是“状元”所应具备的品质，都是具有“工匠精神”的表现。

2014年10月，中国与德国签订了《中德合作行动纲要：共塑创新》，提出了双方要在政治、经济和文化等各个方面展开全方位的合作，其中包括工业4.0和研发领域的合作。如果中国能够真正将德国的工匠精神变为中国的工匠精神，做到内化于心，中国制造向高端跃升的目标就更近了。

第四节

日本工匠精神及其代表

“千年匠心传承看日本”这句俗语道出了日本工匠精神的起源。农耕时代,中国是日本学习的榜样,从7世纪初的隋唐开始,日本派出了几千名“遣隋使”“遣唐使”到中国学习,从政治改革、教育制度,再到茶艺、锻造、木工等各行各业的手工技艺全面学习,奠定了日本人的“职人气质”。日本的工业制造是学习欧美的,日本人将传统手工业者的匠人精神内化于产品制造,大大提升了日本制造的品质。1955年日本政府设立了“人间国宝”制度,用以保护匠人和中小型企业,持续倡导匠人精神。

日本从“二战”后的废墟中逐渐崛起,日本人用了几十年时间塑造了日本货物的高品质口碑,并成功向世界输出了日本式的“匠人精神”。其中,无论是他们做事一丝不苟,实事求是,精益求精的精神,还是从高层到平民对于“匠人精神”的有意识推广,都值得我们学习。

全球寿命超过200年的企业,日本有3146家,为全球最多,为什么?答案就是:他们都在传承着一种精神——工匠精神。日本人说,质量不好是耻辱。

冈野信雄,日本神户的小工匠,30余年来只做一件事:旧书修复。在别人看来,这件事实在枯燥无味,而冈野信雄乐此不疲,最后做出了奇迹:任何污损严重、破烂不堪的旧书,只要经过他的手即光复如新,就像施了魔法。

在日本,类似冈野信雄这样的工匠灿若繁星,竹艺、金属网编、蓝染、铁器等,许多行业都存在一批对自己的工作有着近乎神经质般追求的匠人。他们对自己的出品几近苛刻,对自己的手艺充满骄傲甚至自负,对自己的工作从无厌倦并永远追求尽善尽美。如果任凭质量不好的产品流通到市面上,这些日本工匠(多称“职人”)会将之看成一种耻辱,与收获多少金钱无关。

“工匠”在日语中被称为Takumi,从词义上来看被赋予了更多精神层面的含义,用一生的时间钻研、做好一件事在日本并不鲜见。比如,日本一家只有45个人的小公司,全世界很多科技水平非常发达的国家都要向这家小公司订购小小的螺母。

一、永不松动螺母的创始人——若林克彦

日本公司哈德洛克(Hard Lock)工业株式会社生产的螺母号称“永不

松动”。按常理大家都知道，螺母松动是很平常的事，可对于一些重要项目，螺母的松动可是人命关天的事。比如高速行驶的列车，长期与铁轨摩擦造成的震动非常大，一般的螺母经受不住震动很容易松动脱落，那么，满载乘客的列车就会有解体的危险。

日本哈德洛克工业株式会社创始人若林克彦，当年还是公司小职员，在大阪举行的国际工业产品展会上看到一种防回旋的螺母，他带了一些样品回去研究，发现这种螺母是用不锈钢钢丝做卡子来防止松动的，结构复杂、价格又高，而且还不能保证绝不会松动。

到底该怎样才能做出永远不会松动的螺母呢？小小的螺母让若林克彦彻夜难眠，他突然想到了在螺母中增加榫头的办法。想到就干，结果非常成功，他终于做出了永不松动的螺母。

哈德洛克螺母永不松动，结构却比市面上其他同类螺母复杂得多，成本也高，销售价格更是比其他螺母高了30%，自然，他的螺母不被客户认可。可若林克彦认死理，决不放弃，在公司没有销售额的时候，他兼职去做其他工作来维持公司的运转。

在若林克彦苦苦坚持的时候，日本也有许多铁路公司在苦苦寻觅。若林克彦的哈德洛克螺母获得了一家铁路公司的认可并与之展开合作，随后更多的包括日本最大的铁路公司JR最终也采用了哈德洛克螺母，并且全面用于日本新干线。走到这一步，若林克彦花了20年。

如今，哈德洛克螺母不仅在日本，甚至在全世界得到了广泛应用。迄今为止，哈德洛克螺母已被澳大利亚、英国、波兰、中国、韩国的铁路所采用。

哈德洛克的网页上有非常自负的一笔注脚：本公司常年积累的独特的技术和诀窍，对不同的尺寸和材质有不同的对应偏芯量，这是哈德洛克螺母无法被模仿的关键所在。这也就明确地告诉模仿者，小小的螺母虽不起眼，而且物理结构很容易解剖，但即使把图纸给你，它的加工技术和各种参数配合也不是一般工人能实现的，只有真正的专家级工匠才能做到。

二、“变态”的家具厂厂长——秋山利辉

日本人认为，工匠精神的核心是——不仅仅是把工作当作赚钱的工

具，而是树立一种对工作执着、对所做的事情和生产的产品精益求精、精雕细琢的精神。其典型代表就是“秋山木工”的创始人秋山利辉，提起他，不少人说他是“变态”的家具厂厂长。

(一)学徒十条规则

为什么说他“变态”呢？因为这家家具厂只有34个人，规模只算是一个木工小作坊，年收入却超11亿日元，是日本皇家指定的家具特供厂家；上到日本宫内厅、迎宾馆、知名大饭店，下到寻常百姓家，都有“秋山木工”纯手工打造的精制良品，据说可以放心使用200年。

除了变态的业绩，“秋山木工”的人才培养制度更是让人看了“不寒而栗”。针对以成为工匠为目标的见习者和学徒，颁布了10条规则：

1.不能正确、完整地进行自我介绍者不予录取。要谈及8年后的自我期许和梦想。(说清未来想干什么，想成为什么样的人)

2.被秋山学校录取的学徒，无论男女一律剃光头。(为了让学徒下定决心，决心不够，无法坚持到底)

3.禁止使用手机，只许书信联系。(书写是一种训练，连给客户的感谢信都不会写，怎么胜任工作)

4.只有在八月盂兰盆节和正月假期才能见到家人。(除了这些日子，即使父母来了也不准见面，防止精神松懈)

5.禁止接受父母汇寄的生活费和零用钱。(用自己辛苦工作赚来的钱购买工具，才会懂得珍惜)

6.研修期间，绝对禁止谈恋爱。(必须心无旁骛、专心学习)

7.早晨从晨跑开始。(既振作精神，又培养集体意识)

8.大家一起做饭，禁止挑食。(挑食的人往往也会挑工作挑人，克服不喜欢的食物很重要)

9.工作之前先扫除。(工作前先做各种大扫除，磨砺归零心态)

10.朝会上，齐声高喊“匠人须知30条”(后文有具体介绍)。

能做到上述10条者，留下；做不到者，离开。

秋山利辉，13岁开始接触木工，19岁正式全面学习，26岁开始为日本皇室制作家具，27岁创办“秋山木工”，32岁开始招收学徒，40余年来培养了超50位世界级木工大师，被尊称为日本“匠人中的匠人”。

没有人生来就是大师。秋山利辉从小家境贫困,因其基础太差,学习成绩一直是班里倒数第一,甚至到初二才学会写自己的名字,别人都笑他是个“蠢材”,连他的父母也摇摇头放弃了他。

直到一次偶然的机会,邻居家的鸡笼坏了,喜欢做手工的秋山利辉主动跑过去帮忙修补,并说给邻居做一个新鸡笼,邻居奶奶看了看他,只当是无知的小孩子吹大牛,并没放在心上。谁知一周后,秋山利辉竟搬来一个自己亲手做的漂亮的双层鸡笼,老奶奶惊喜得合不拢嘴:“荒年饿不死手艺人,你要学会了木工,一辈子都不用发愁喽!”

小秋山利辉的眼中闪过一束光,谁说只有学习好才能有出息?你最愿意做的那件事才是你真正的天命所在,这是一种近乎神圣的使命,要用一生的努力来面对它,才能够获得生命真正的价值。

16 岁初中毕业后,秋山利辉进入一家寄宿制木工学校做学徒,整整 3 年,连工具都没摸到,只是做大家都不愿做的、又累又不讨好的跑腿送货工作。然而,正是在这一次又一次与客户最直接的接触中,秋山利辉慢慢摸索出一名工匠应有的举止和礼仪。

这也是为什么秋山利辉一直强调:“我想培养的,不是‘会做事’的工匠,而是‘会好好做事’的匠人。”因为在他看来,把家具正式交到客户手里,一名匠人的工作才算是真正的结束,一个不懂得跟客户交流的匠人,不算是合格的匠人。

所谓“会好好做事”,就是一心想要让客户满意,而且要拥有发生意外事件时能够从容、自信解决问题的判断力;同时,具备能与客户顺畅交流的沟通能力,无论面对什么样的客户都能侃侃而谈、如数家珍。

3 年后,秋山利辉终于拿起了工具,一头扎进了木头的世界里。掌握一门专业的技术,并不是一件简单的事情,他每天 24 小时跟师傅吃住在一起,像海绵吸水一般,忘我地汲取知识和技术,凭借着死磕的精神很快成为同期学徒中的佼佼者。

经过 11 年备受磨砺的学徒生活,秋山利辉的名气越来越大,越来越多的客户求上门来,甚至连皇室都慕名而来。但最终,他还是离开了师傅,并不是因为翅膀硬了急着飞走,而是他发现,师傅满脑子都只是赚钱,培养徒弟也不过是把他们当成赚钱的工具。

秋山利辉不想只是一个工具,他一直梦想着成为一名真正的匠人,而真正的匠人,从不做金钱的奴隶。

27岁那年,他创办了自己的工坊——“秋山木工”。当别人开始变得浮躁,投机取巧,改用比较省事的钉子时,秋山利辉还是坚持最传统的榫卯结构;当别人连客户最基本的要求都不一定达到时,秋山利辉却总是竭尽所能为客户着想,最后呈现给客户的物品总是超过他要求的一倍甚至更多。秋山利辉说:“我不做用用就丢的东西,我做的是能够传世的家具。”

把简单的事情做到极致,功到自然成,最终“止于至善”,正如古大德云:“成大人成小人全看发心,成大事成小事都在愿力”。秋山利辉说:“这个时代,最缺乏的就是工匠。”

他在创立“秋山木工”伊始就意识到:“20世纪的旧工匠迟早会消失,如果不能培养出让客户满意、属于21世纪的新工匠,是无法生存下去的。而不管多强的企业,如果不培养有益于社会、有益于他人的一流人才,企业也是无法维持那么久的。”

有一流的心性,必有一流的技术。什么是21世纪的新工匠?什么是一流的人才?在秋山利辉十几年的木工生涯中,他发现一个规律:凡是对人热情的木匠,手上活也不错。

“能否成为一流的匠人,取决于人性而非技术,如果你的心是一流的,那么经过努力,技术绝对可以成为一流。”“秋山木工”的评价标准是技术40%、品行60%。21世纪的新工匠应该是懂得关心他人、知道感恩、能为别人着想的人,是能够说“好的,明白了。请交给我来做”的人,也就是拥有一流人品、“会好好做事”的匠人。

为了培养最一流的匠人,秋山利辉延续学徒制,制定了《8年育人制度》,学费全免,还有奖学金。1年见习,4年学徒,3年工匠,从生活习惯到匠人心性再到技术,当完全具备了一个一流匠人的所有素质后,才算合格。

(二)《匠人须知30条》

在“秋山木工”成立第13年的一个晚上,秋山利辉在思考如何培养一流人才时彻夜难眠,最终总结出《匠人须知30条》:

1.必须先学会打招呼。

2.必须先学会联络、报告、协商。

3.必须先是一个开朗的人。

4.必须成为不会让周围的人变焦躁的人。

5.必须能够正确听懂别人说的话。

6.必须是和蔼可亲、好相处的人。

7.必须成为有责任心的人。

8.必须成为能够好好响应的人。

9.必须成为能为他人着想的人。

10.必须成为“爱管闲事”的人。

11.必须成为执着的人。

12.必须成为有时间观念的人。

13.必须成为随时准备好工具的人。

14.必须成为很会打扫整理的人。

15.必须成为明白自身立场的人。

16.必须成为能够积极思考的人。

17.必须成为懂得感恩的人。

18.必须成为注重仪容的人。

19.必须成为乐于助人的人。

20.必须成为能够熟练使用工具的人。

21.必须成为能够做好自我介绍的人。

22.必须成为能够拥有“自慢”的人。

23.必须成为能够好好发表意见的人。

24.必须成为勤写书信的人。

25.必须成为乐意打扫厕所的人。

26.必须成为善于打电话的人。

27.必须成为吃饭速度快的人。

28.必须成为花钱谨慎的人。

29.必须成为“会打算盘”的人。

30.必须成为能够撰写简要工作报告的人。

“秋山木工”的学徒经常在素描本上写一天的工作总结报告，报告中有成功的记录，也有失败的记录。前辈看完后会在报告上写评语，通过这种文字交流就能明白自己为什么会失败。

当一本工作报告写完后寄给家人或恩师,请他们在报告书上写下想说的话再寄回来。当学徒们意识到周围所有人都支持自己的时候,必然会产生感激之情,有了感激之情,他们就朝一流匠人更迈进了一步。

一条条认真读下来,发现这30条“必须”涵盖了“礼仪、感谢、尊敬、关怀、认真”等,其中的深意放之四海而皆准,是“匠人须知”,更是“做人须知”。弟子每天背3遍,8年就是8760遍,当他们遇到困难和突发事件时,就会不自觉地参照这30条去应对,这样,大部分问题就能够迎刃而解,从而完成超出客户期待的产品。

秋山利辉没有把工人当成自己赚钱的工具,而是提出了“守、破、离”三字诀。

首先是“守”。跟着师傅修业,守就开始了。对于师傅所说的事情,要全部回答:“是,我明白了。”忠实、全力地吸收师傅所传授的知识。

其次是“破”。所谓“破”,指的是将师傅传授的基本形式努力下功夫变成自身本领的阶段。通过一边摸索、一边犯错,在师傅的形式中加入自己的想法。此时,如果没有坚实的基础,自己擅加修改也是行不通的。

最后是“离”。所谓“离”,指的是开创自己新境界的阶段,也就是从师傅那里独立出来。在“秋山木工”,工匠从第九年开始独立,迈向崭新的道路。

最重要的是这个“离”。辛辛苦苦倾尽全力培养的人才,说赶走就赶走了,营业额减少不说,还会有负债,这也太傻了吧!可秋山利辉却不这样觉得,徒弟不是他赚钱的工具,“我的目标是培养10个超越我的徒弟。”

(三)十则挨骂哲学

秋山利辉是严师,他每次训斥弟子都绝不留情面,也要求师傅对徒弟都要如此:“这才是对他的人生负责”,甚至提出了“十则挨骂哲学”:

1.最好是在年轻时挨骂——如果可以的话,最好是在20岁之前。

2.趁批评的人还有能量时被骂——因为骂人需要比被骂的人拥有10倍的勇气。

3.最好比其他人早被批评——工作进度超前,可比其他人先遇到问题。

4.不要老是因为同一件事被骂——别人没有那么多时间理你。

5.被人格魅力高的人批评——被尊敬的人批评会更有效果。

6.趁能指导我们的人还没有死——他们不会永远地等在那里。

7.越早被批评越好——早一分钟都是好的。

8.要因为质量高的问题被批评。

9.要知道被骂也要付出代价。

10.与其看着别人被骂,不如自己被批评——自己什么都不做的话,是不会被批评的。

每一条都值得我们这些听不得任何批评的年轻人好好拜读并永远铭记于心。

秋山利辉更是良师,招收每一个学徒前,他都会进行全面细致的家访,以完全了解学徒的心性;他跟学徒们一起吃饭,一起5点起床、晨跑、作业,于每一个细微之处感染并影响着他们的技艺和人生,如师亦如父。

“真正顶尖的人、大师级的人,都是‘德’在前面。我的工作就是培养一流匠人,用8年时间,慢慢教他德行、做人,成为一流的人之后,就能成为一流的工匠。有了德行和精神,才能走得很远很高。”

正是秋山利辉,让“秋山木工”成为木工界的“黄埔军校”,40年的授教生涯中,培养出50名世界一流的木工大师,活跃在日本和世界各地。因为有德有才,时刻怀有感恩和敬畏之心,只要秋山利辉打声招呼,他们随时随地都会出现,形成了一个足以称霸世界木工界的网络。

三、日本工匠精神为什么能延续至今

同样面临现代工业的冲击,同样面对传承艰难的危机,但为什么由传统时代而来的工匠精神能够在日本发扬?究其原因,工匠精神的传承离不开职人的培养、手工作坊的存续和社会大环境等因素。

(一)职人的培养

在日本,手艺人被称为“职人”,日本“职人”阶层形成于江户时代。日本战国末期,城市只有领主居住的地方才有“城”(城堡),领主住城内,武士和市民住城下(町)。人口集中于都市之后,为满足上流社会的需要,日本的手艺人阶层逐渐从农民中分化出来,与商人混居在一起,并称“町人”。现代日本的许多都市都是由那时的“城下町”发展而来的，不少还保留了町名，如衣橱町、桶屋町、丝屋町、木工町等。

日本手艺人阶层的出现促使工匠精神的萌发。一种说法是，江户时代手艺人身份都是世袭的，阶层的固化使每个阶层的人安于现状，以把自己分内的事情做好作为实现人生价值的方式。此外，日本手艺人在当时并不受重视，他们暗含一股较劲心理，寄希望于以技艺震撼对方。因此，他们对自己的手艺有一种近似于自负的自尊心。

学徒制度是维系职人行业的重要支柱，日本的学徒制度盛行于江户时代。学徒一般 10 岁左右进入店铺，经历“丁稚”（小伙计）、“手代”（领班者）、“番头”（掌柜）、“支配人”（经理）等阶段的学习，以及考察后才被允许独立经商或开店。手艺人的儿子通常也会子承父业，数代人只做一件事，以父传子、子传孙的方式延续着手工业制造技术。

二十世纪六七十年代，日本政府意识到保护职人之重要性。1950 年，日本的《文化财产保护法》明确界定“有形文化财”“民俗文化财”“无形文化财”“重要无形文化财产保持者”“史迹名胜天然纪念物”等类别。其中“无形文化财”分成演剧、音乐和工艺技术三类；“重要无形文化财产保持者”被大众称为“人间国宝”。“人间国宝”的申报程序和评议程序并不复杂，日本文化厅咨询文化财专门调查，会接受各种推荐，同时受理个人申报并进行筛选和初评，文化厅文化审议会复议，提交文部科学大臣审定、批准，再颁发认定书。

为了使技艺长久传承，日本政府规定，身怀绝技的候选人，不管社会地位多么高，如果不收弟子，艺不外传，也不能当选。一旦认定“人间国宝”，政府每年资助 200 万日元用于当选者录制保存技艺资料，进行公开的展览、出版与宣传，传习技艺以及改善生活和从艺条件。

1955 年，“人间国宝”第一批名单公布，截至 2004 年的 49 年间，仅有 145 人当选“人间国宝”。1971 年，大阪月山家族刀匠二代目月山贞一被认定为“人间国宝”，大阪月山家族是日本刀界的传奇。明治维新时期，月山家族迫于禁刀令，一代目月山贞一（月山家族的第二代当家，二代目月山贞一的祖父）成为帝室技艺员。此后，月山家族先后奉命为明治、大正、高阶陆、海军将官制作佩刀，进而奠定权威世家地位。如今，工艺技术类

“人间国宝”大多年事已高，作品稀少，因此，他们作品的升值效应比较明显，收藏价格不断上涨，甚至接近古董行情。

前文所述的日本神户有一位名叫冈野信雄的工匠，30余年来只做一件事——旧书修复。在日本，类似冈野信雄这样的工匠灿若繁星，竹艺、金属网编、蓝染、铁器等行业就有许多这样的工匠。

可以说，日本不是在工业时代的冲击下留住了工匠精神，而是工业时代的竞争培育了工匠精神，这种精神主要体现在蓝领工人身上。早稻田大学教授鹈饲信一指出，日本超过90%的企业都是中小型企业，而其中还有很大一部分是工作人员不满10人的零碎小规模企业。但是，不少中小企业拥有支撑日本制造业的技术实力，小规模企业的竞争武器是高素质的劳动者，他们自我革新、熟练程度的提高、对新的机械设备的熟悉，以及对新技术和新知识的学习等，是日本经济发展的重要支柱。

在日本，蓝领工人也是很体面的工作，体力劳动和脑力劳动收入差别不大，蓝领工人的薪资水平在全世界都处于前列，蓝领工人在社会上也深受尊重，一个高级技术工人的月薪足以支撑起全家的开销。有这样坚实的物质基础做后盾，技术工人得以全身心地投入到工作当中，从而不断创造出新产品。

早稻田大学教授鹈饲信一认为，高素质的劳动者才能产出高附加值的产品，而一个成熟的技术工人必须经历一段不计较眼前利益、不辞劳苦、努力学习技能的岁月。可以说，精益求精的“工匠精神”和制造业中“劳动者就是创造者”是日本制造业的精髓。

（二）手工作坊的长久存在

一个作坊就是一个工匠及其家庭赖以为生的最重要的财产，因此他会为此付出一生的心血，乃至代代相传。有恒产者有恒心，一间固定的产业，对于工艺的传承、精神的延续有着重要的意义。而手工作坊的稳定一方面要寄希望于整个社会大环境不发生大动荡，另一方面和继承人制度、工匠的经营理念分不开。

“二战”之前，日本的家业传承严格实行长子继承制度，即只有长子能够继承家业，并分配到大部分的财产，这能防止家族成员因争产而反目成仇，导致家族衰落。如今，一些从事民间艺术工作的人士仍然会采用遗嘱的方式，让长子继承家业，以保证不废业。此外，日本许多百年老店专注“小而美”，不像一些企业，有点名气就想做大做强，大搞加盟连锁，这既反映了日本职人自江户时代就形成的职业性格，既不看重钱财，也与日本文化的内敛性有关，即小就是美。

（三）社会大环境等因素

一个稳定的社会环境才能为传承技艺和工匠精神提供可能，制作方法是代代相传的技术，这样的传统并非一朝一夕可以形成。工匠精神中的重要内容如信仰、纪律、仪式等也是在长时间的师承关系中，在相对稳定的职业圈子、顾客群体的互相作用下逐渐发展起来的。

正如日本著名民艺理论家、美学家柳宗悦所说：“工艺之美是社会之美。若是缺少相爱与协作，工艺之美就会被伤害。工艺必须与社会紧密结合，必须是集体的生活，这样的集体就要有自己的正确制度和良好秩序。”

事实上，日本之所以形成现在的这种社会大环境，是因为日本由来已久的引进传统。

世界古代史里有这样一个说法，即中国人的技术、古希腊人的哲学和文学、阿拉伯人的诗与宗教、土耳其人的战斗技术是出类拔萃的。意思是说，不同的风土和地缘条件培养出不同的民族特长。在近代以来世界文明格局的变动中，有一个非常值得注意的现象：现代的日本取代了过去中国擅长技术的位置，成为当今世界的技术大国。

日本主动地、大规模地引进外来文明的行动开始于向中国隋朝和唐朝派遣留学生，这些留学生通常叫遣隋使和遣唐使，仅派遣遣唐使前后就有20次。当时航海技术不成熟，渡海风险极大，据估计，渡海人员的死亡率约为50%。这种求知欲是现在的留学生无法比拟的，当然，收获也无法比拟。仅从那些遣唐使带回日本的科技种类看，就包括天文历法、数学、医药学、建筑土木、纺织、工艺、农业，甚至还有科技体制等，这使日本有了较完整的科技体系。之后，留学生在日本社会发展中始终占有重要位置，这不仅是因为他们带回了大量文物，更重要的是他们眼界更开阔了。

日本人很善于学习外来文化，特别是那些有关物品的制造技术。过去对于从外国引入的先进技术，日本人只需要大约40年的工夫就可以在这方面超过原来引入技术的国家。也就是说，日本人不仅有“照葫芦画瓢”

的本事，而且画出来的“瓢”比原来的“葫芦”还漂亮。下面看几个有代表性的例子。

一个是制造大佛铜像的例子。日本从中国和朝鲜引进铜铸佛像的熔铸技术大概始于公元 708 年，大约 40 年后，公元 747 年建成奈良大佛像。所谓熔铸技术，指的是大型铜铸佛像不能一次成型，要分成许多模子分阶段铸造；开始时在最初的模子里把熔化的铜倒入后冷却成型，再放置下一个模子，把熔化的铜倒入，如此不断重复直到整个工作完成。

由于铜与铁的性质不同，用简单方法很难把冷却的铜和熔化的铜牢固地连接在一起。现代的铜熔技术是在 20 世纪 60 年代才发明的，所以用此方法建造巨大铜佛像对古代人来说是非常困难的。它对匠人的工艺水平和细心程度要求极高。现在有名的铜像，如纽约的自由女神像就没有采用熔铸技术，而是通过在表面粘贴铜板的方法制成。日本奈良的铜铸大佛花了两三年时间建成，没有一次失败，一气呵成。20 世纪 80 年代以前，奈良大佛一直是世界上最大的用熔铸技术制造的佛像，可以说，日本在引进熔铸技术 40 年后的水平已经超过了中国和朝鲜，达到世界先进水平。

同样的例子还有铁炮（相当于火药枪）技术。日本在 1543 年从葡萄牙引进铁炮生产技术，40 年后的 1583 年，日本的铁炮生产无论是数量还是质量都达到世界第一，而且日本的生产能力和技术水平也超过了葡萄牙。

这方面的例子还有日本近代的生丝技术和棉纺技术。日本从 1868 年明治维新开始从法国引进制丝技术，1871 年建成样板工厂。当时从设计图纸、机械设备到桌椅等办公用品全部从法国购买，并且还从法国雇用了十几名技术人员，建成的工厂也是法国工厂的拷贝。但是到 40 年后的 1910 年，日本已经超过法国成为世界第一的生丝出口国。同样，日本在引进英国棉纺技术 40 年后也成为世界最大的棉纺品出口国。

到了“二战”后，日本通过引进技术而迅速崛起，传承工匠精神是日本强盛的主要原因之一。

第五节

美国工匠精神及其代表

美国当代著名的发明家迪恩·卡门曾说:工匠的本质——收集改装可利用的技术来解决问题或创造解决问题的方法从而创造财富,不仅仅是这个国家的一部分,更是让这个国家生生不息的源泉。简单来说,任何人只要有好点子且有时间去努力实现,就可以被称为工匠。

美国工匠精神的核心是创新,优秀的工匠就是别出心裁、不拘一格、自由创造的人。工匠精神不仅促成了美国今天的成就,也丰富和发展了美国文化。这种文化特别崇尚精英有改变世界的力量,这种精神信仰很好地支持了"创客"般的工匠精神。美国的"创客"创造影响世界的产品,包括好莱坞大片所塑造的英雄们,力挽狂澜,史诗般的场景最大化地激发了美国人的英雄情结,也极大地吸引了美国人的创造兴趣与热情——这都是培育工匠文化的"肥沃土壤"。

当我们追溯美国的工匠精神时,不能忽略一个事实:这个国家最有影响力的人,包括一些国家领袖,都曾经以"工匠"身份为人所铭记。本杰明·富兰克林的壁炉、避雷针,乔治·华盛顿的水利工程,托马斯·杰斐逊的坡地犁,詹姆斯·麦迪逊的内置显微镜手杖……通过这些例子,我们也能更生动地理解"工匠精神"对于美国的重要意义:它不仅塑造了这个国家,更成为美国社会充满创造力的精神源泉。

一、美国工匠精神第一人——迪恩·卡门

迪恩·卡门,被誉为美国当代最著名的发明家,个人专利超过 400 个,

被称为美国工匠精神第一人。

卡门于 1951 年出生在纽约洛克维尔中心,从小就展现出一些知名工匠共有的特征。他的父亲是古怪的科学家和疯狂的漫画插画家,母亲是一名教师,很小的时候卡门就开始摆弄小玩意,在他 5 岁的时候就开始搞发明。青少年时期的他非常擅长数学,但是因为只关注自己感兴趣的课程而成绩不佳,他也喜欢阅读如牛顿的《自然哲学的数学原理》和伽利略的相关书籍。

16 岁时,卡门已经在用他的发明赚钱了,在叔叔的帮助下,卡门找到了一份暑期兼职工作。他的叔叔是一位牙医,认识纽约美国自然历史博物馆海登天文馆的工作人员,他被雇来为那个替博物馆制作幻灯片的人帮忙,他的工作是制作放置幻灯片投影仪的柜子。这份工作实在无聊,卡门在几个星期之后就感到厌烦了。

但在博物馆工作的时候,卡门可以去参观建于 1935 年的海登天文馆,这个天文馆被认为是迄今技术最先进的天文馆。然而,卡门对天文馆老式烦琐的照明系统大为吃惊,根据以前制造灯箱的经验,他知道可以利用可控硅整流器和交流电三极管来改善天文馆的照明设备的同步功能,可以省去很多手动操作。

有一次,卡门趁机闯入博物馆馆长的办公室,试图将他升级天文馆照明系统的想法"推销"给馆长,馆长对这个傲慢的年轻人有点怀疑,回绝了他,但是卡门没有放弃。在接下来的几周内,他在自家地下室里用从无线电器材公司购买的零部件制作了一个复杂的灯光设备,因为有员工通行证,所以他顺利地进入博物馆并将他发明的设备连接到天文馆现有的系统上。当他第一次尝试时,电路板爆炸冒烟,当时暑假快要结束了,卡门很着急又不得不从头开始,当设备终于运转正常时,他邀请馆长去体验一下。馆长虽然感到很愤怒,但他还是对卡门的设备表现出浓厚的兴趣,并最终聘请他在包括芝加哥科学博物馆在内的四个博物馆安装设备,馆长为每个设备支付了卡门 2000 美元。

不久之后,卡门开始向当地的摇滚乐队销售他的灯光设备,并为其他用户定制幻灯片展示服务,此时他才刚刚高中毕业。卡门 1971 年去马萨诸塞州的伍斯特理工学院就读,但除了物理和工程课程之外,他对其他课程没有兴趣,也不在意自己的成绩和学位,周末时,他会开车回家管理自己的灯箱业务。1972 年,读大二的卡门年收入约为 6 万美元,并且业务量还在不断增长,赚到的钱比他父母的工资加起来还要多。

在马萨诸塞州伍斯特理工学院(WPI)读书期间,与上课相比,卡门还是更对发明感兴趣,于是两年之后便中途退学了。

退学之后,卡门成立了自己的公司 Auto Syringe,该公司第一个发明是微量药物的释放。当时,卡门的哥哥是哈佛大学医学院的实习医师,负责婴儿部门。有一天,哥哥向弟弟求助说:"婴儿服用的药物剂量都非常小,而且必须定时给药,但有些药物毒性颇大,如果过量会有致命的危险,你能帮忙解决吗?"

那时微处理器刚上市,卡门就以微处理器来控制马达及注射的药物剂量,经过几次的尝试与失败,终于完成一部示范仪器,可以定时释放定量的药剂。临床试验的结果相当理想,主任医师也很满意,并把结果发表在《新英格兰医学学刊》上。

几个月后,卡门的公司就接到大批订购单。随后卡门又发明了一个可随身携带的胰岛素泵,并能定时定量地供给胰岛素,改善糖尿病患者的生活品质;1993 年,卡门发明了名为 Home Choice 的便携式肾透析机,这样病人就没有必要必须去医院定期接受治疗。

当年,卡门搬到了新罕布什尔州曼彻斯特,在那里他推出了自己的新公司——DEKA。DEKA 是卡门的名字和姓氏的前两个字母的组合:Dean Kamen。

2003 年,卡门还研发了"弹弓"水净化系统。"无论把这根进水管插进哪一种水体里面(含砷的水、咸水、厕所流出来的水),还是化学废物处理厂储水池中的水,从出水管里流出来的都绝对是百分之百纯净的、达到药用级别、可用于注射的水。"目前,可口可乐公司将在全球 200 余个国家布置卡门的该项发明,这种机器的最新型号一天能够净化 1000 升的水,而它的功耗仅仅相当于一个电吹风机。

卡门一直有一个梦想,用自己的发明改变残疾人的生活,比如可以帮助残疾人的"卢克之手"。

事情的起源很简单,卡门的几个发明都大获成功,很快引起了美国政府的关注，于是，国防部高级研究计划局的人来找卡门。这些人专门资助开发那些商业界和大学不肯冒险去做的先进技术，而他们现在对那些可以帮助士兵们的发明很感兴趣，来找卡门的是一位资深的军医和国防部研究计划局的负责人。

他们告诉卡门一个故事，大意是我们使用的医疗技术已经十分先进，即使在像阿富汗或是伊拉克的山区这样最偏远的驻军处，士兵们也能受益于这些技术。他们骄傲地说，如果有士兵们受伤了，在尘硝未尽时这些伤员就会被找到并带回来，并得到顶级的急救护理，比在美国的一个大城市里遭车祸受伤后得到的急救更加快。这些是好的方面，而坏消息是，如果他们带回来的人失去了一只手臂，一条腿或是一部分的脸，那他面临的就是终身残疾。

他们给卡门看了那些失去手臂的战士的人数统计，然后那位军医愤怒地说："在用步枪打仗的内战末期，如果有人失去了一只手臂，我们给他一支带钩子的木棍做代替。现在，我们有了黄蜂和猛禽战机，但是如果有人失去了一只手臂，为什么我们能给他的还只是一支带钩子的塑料棍？"

他们认为这根本说不过去。"所以，我们来这是想让你为我们做一只手臂。"一个完全可以替代真人手部功能的机械手臂，而检验这个手臂是否合格的标准就是带一个手臂残缺的军人过来，给他装上机械手臂，然后可以从桌上拿起一粒葡萄干或是葡萄。如果拿的是葡萄，整个过程中不能把葡萄捏碎，并且可以保证他们可以自如地把它吃下去，并且，他只有两年时间通过测试，保证商业化用途。

卡门当时第一个想法就是——天哪，我这是要做一个终结者吗？就这样，那天晚上回到家，卡门开始考虑这件事。他怎么也睡不着，满脑子想着一个人要是没有肩膀要怎么翻身这种事儿，第一步当然是做调查，并且召集这个领域的专业人士，开始尝试这项前无古人后无来者的工作。然后整整一年后，他们做出了具备 14 个自由度的义肢，所有的传感器，所有的微处理器，所有的东西都包括在里面了。

最终，他们选择了一个自认为最靠谱的设计方案，卡门来到了国防部进行最终的"吃葡萄测试"。测试过程异常无聊，一位单肢残缺的士兵坐在桌子前，茫然地按照要求拿起了一粒葡萄，没有弄掉也没有弄碎。在他自己惊讶的眼神中，他把葡萄吃了下去，要知道，他已经将近3年时间没有过这种感觉了。之后，这位实验者兴奋地拿起桌上的水，一饮而尽！“伙计，这感觉真好！”他说。

而整个研发设计到制作成品的过程是15个月，卡门提前完成了这个“终结者”。

再讲讲平衡车的故事。在机械假肢取得成功之后，国防部又提供了一个设想：既然你可以做一个完美的拟人化的手臂，那么对于轮椅，你应该也可以做一个与众不同的？

于是，卡门再次启程去了复员军人康复中心，在那里他见到了很多下肢残疾的军人，他和他们聊天，得到了研发全新轮椅的灵感。最终，一位残疾军人的话打动了他：“我需要的轮椅不是要跑多快，或者有多么智能，我只需要两个功能——能不借助残疾人辅助通道自由地上下楼梯，还有就是我需要我的视线和正常人能保持平视的状态，哥们，你知道吗，我之前是个军人，被人俯视的状态实在太糟糕了。”

卡门没有让残疾军人失望，制造的轮椅满足了两个特别需求：能爬楼梯和与人平视。卡门又拿到了国防部大笔的订单以及数不尽的荣誉。卡门的成功，充分说明工匠精神的核心就是创新，优秀的工匠就是别出心裁、不拘一格、自由创造的人。

在美国，任何人只要有好的点子并且有时间去努力实现，就可以被称为工匠。美国人崇尚发现别人发现不了的机会，这就是为什么人们喜欢乔布斯和巴菲特。例如，企业招聘者喜欢寻找那些T字形人才：一竖代表某个领域有深入的研究，一横表示能够与来自其他领域的专家合作——他们能够很好地了解自己专业领域外的东西。他们认为，真正的工匠只会被事物本身的趣味激发，并不受奖励的驱使，一些工匠露出“纯粹的野心家”的本性，而一些工匠则非常低调，甚至在艰苦的环境中进行工作。表层工匠们通常大肆宣扬他们的方法、工作过程，以及他们创造的令人难以置信的产品，而深层工匠们不在乎传播媒介，更专注于通过思想创新改变我们对事物的思考方式。

工匠文化表现出创造的一面，是因为他们的文化土壤里已经有了对创新者的崇拜。西方宗教认为上帝创造万物、创造人是神圣的，因而那些能够创造新鲜事物的人,也像上帝一样神圣,也因此产生了一群“创客”,直到现在所倡导的工匠文化。

美国的“创客”创造影响世界的产品,包括好莱坞影片塑造的英雄们,史诗般的场景最大化地激发了美国人的英雄情结,也极大地吸引了美国人的创造兴趣与热情——这都是培育工匠文化的“肥沃土壤”。

美国开放、自由的文化,特别是崇尚精英有改变世界的力量,这种精神信仰很好地支持“创客”般的工匠精神。美国亚力克·福奇在《工匠精神:缔造伟大传奇的重要力量》一书中,对美国工匠精神发展史的梳理,我们可以看出一些问题的答案。

他认为工匠有三个基本内涵:一是用我们周围已经存在的事物制造出某种全新的东西;二是工匠们的创造行为在最初没有明确的目的性,就算有也和当时确定好的目的有很大不同,能够激发人们的激情和对它的迷恋;三是工匠们背对历史开始了一段充满发明创造与光明的全新旅程。

美国建国初期工匠精神的杰出代表有很多,例如,本杰明·富兰克林通常被认为是美国第一位工匠,同样的称号也能够“套”在乔治·华盛顿身上。事实上,很多美国开国元勋都是各个领域的工匠,托马斯·杰斐逊发明了坡地犁、旋转椅和通心粉机。

在这些早期工匠代表身上有一些共同的特征:他们都是博学、充满好奇心的人,生活在一个并不便利的时代,电灯和能够打发大量时间的电视还没有被发明出来。

真正的工匠精神是一种思维状态,而不是指向未来的一些兴趣或技能的集合。工匠精神是国家强盛的重要力量。

二、世界著名竖琴公司——莱昂-希利公司

美国中西部城市芝加哥西郊,在世界著名竖琴公司莱昂-希利公司的厂房内,女工芭芭拉手握一把由马尾制作的小刷子,在自己的脸颊上轻轻摩擦两下,然后小心翼翼地用刷子粘上小块金箔,准确快速地贴在原木琴柱上,之后开始细细抛光。春日的阳光里,一朵朵手工雕刻的木头花纹变得金光闪闪、美丽夺目。

这个过程看上去简单,实际上非常复杂。贴金箔前,需要先给原木部

件涂上黏土和石膏打底剂，然后一层层打磨，之后才能贴金箔。贴金箔时，芭芭拉先用刷子在脸上摩擦产生静电，再吸起金箔、粘贴、打磨，整个过程一气呵成，不能有丝毫差错。这种贴金箔的方法在莱昂-希利公司叫水法贴金，早在100多年前，该公司就开始使用这一独有的工艺。

如果用手拿着金箔，受体温影响，金箔可能褪色乃至熔化，浪费原料，也无法保证美观，更无法使之与原木柱体融合，必须掌握正确的方法、准确的温度、精确的时间，才能达到标准。女工芭芭拉所做的工作、手法基本和100多年前一样，制作胶水和石膏打底剂的温度也和当年一样，莱昂-希利的水法贴金技术就是这样经过一代代工匠之手传承下来的。

莱昂-希利公司由乔治·沃什伯恩·莱昂和帕特里克·J.希利于1864年在芝加哥创立，是美国首家竖琴制作公司，历经两次世界大战、美国经济大萧条和芝加哥大火灾幸存下来，成为世界上最大的竖琴公司之一，打造了世界竖琴界的经典品牌。

一架竖琴可拆成约2500个独立部件，将如此多的部件组合成一件完美的艺术品般的乐器，需要每个部件都完美无缺。150多年来，莱昂-希利公司坚持传统手工制作每个部件，水法贴金只是其中非常小的一个传统手工技艺。这种手工制作虽保证了质量，但需要花费大量精力和时间，在莱昂-希利制作一架竖琴需要2年多，不同的木块需要不同的设计、打磨等加工处理。

这一切都离不开好的工匠。在莱昂-希利公司，工匠的献身精神是竖琴传奇和魅力的一部分，莱昂-希利公司的技术工人都有一些艺术和音乐天赋，这是该公司工匠团队的独特之处。在美国，平均而言，工人为一家公司工作约4年就会跳槽，而莱昂-希利公司员工的平均工作年限是这一数据的3倍，这有收入方面的原因，更包含着认同感和成就感。

三、美国工匠文化的借鉴意义

美国的“创客”创造影响世界的产品，包括好莱坞大片所塑造的英雄们，力挽狂澜，史诗般的场景最大化地激发了美国人的英雄情结，也极大地吸引了美国人的创造兴趣与热情，这都是培育工匠文化的“肥沃土壤”。

美国开放、自由的文化，特别是崇尚精英有改变世界的力量，这种精神信仰很好地支持“创客”们的工匠精神。

美国亚力克·福奇在《工匠精神:缔造伟大传奇的重要力量》中有这样一句话:只要持续为那些看问题方式不一样并且坚持自己梦想的人提供发展空间,工匠就会为我们提供宝贵、可持续的资源,最重要的是要为他们提供足够的自由空间,可以突破界限是美国工匠精神的内在本质。

美国有一个叫杰佛·图利的人创办了一所工匠学校,它不是教人学会某种技艺和磨炼基本人格,而是运用创造力和动手能力进行实践活动。比如,孩子们第一天的任务就是用三合板和宽60厘米、厚10厘米的板材制作一个椅子;第二天,他们的任务是建造一个6米长、连接工作室中办公桌和一棵树的组合桥,并且这个桥要能承受整个班级成员的重量;第三天他们要建造各种高度的塔,其中最高的塔能让成员们爬上工作室的屋顶;等等。

杰佛·图利创办的工匠学校中所有的项目必须真实,不存在虚假的工具或预先设定的结果。换句话说,孩子们能够建造他们自己的船(他们做了一个夏天),那么他们需要去水中试航,如果船不能漂浮,孩子们就会掉进水里。这也许是一件很危险的事情,但是孩子们在参加类似项目时,父母们需要签署一系列文件,包括“我已经了解到我的孩子在参加的过程中有受伤或死亡的风险”。

有人问杰佛·图利创办工匠学校的初衷是什么?他认为美国浪费了许多国家资源,现在的教育趋向于创造更多的消费者,而不是创造者,所以,应该加强新一代儿童的创造力和创新力。在我们的眼中,美国在创造力方面已属世界的领导者,然而,他们还认为这远远不够。

第四章 弘扬工匠精神的新时代意义

习近平总书记在党的十九大报告中指出:“建设知识型、技能型、创新型劳动者大军,弘扬劳模精神和工匠精神,营造劳动光荣的社会风尚和精益求精的敬业风气。”

工匠精神体现出劳动者精益求精、持之以恒、爱岗敬业、守正创新的高尚品德,是新时代劳模精神的重要载体。大力弘扬工匠精神,有利于建设创新型国家,也是建设质量强国和文化强国的需要。

第一节

弘扬工匠精神是实现员工自我价值的革新要求

实现个人价值,这是每个人都十分关心的问题,特别是当代青年人,尤其渴望实现自己的人生价值。但是,人生价值的实现是一个复杂的社会实践过程,它既依赖于社会生产力的发展水平,又取决于个人主观努力的程度和参加社会实践的效果。对于企业员工来说,要实现自己的人生价值,就必须弘扬工匠精神。

一、要树立远大的人生理想,确立崇高的人生价值目标

所谓人生价值目标,就是满足主体的什么需要及在什么程度上满足主体的需要,它是人生目的和人生理想在人生价值观上的体现。人生价值目标对于推动人们实现自己的人生价值具有极其重要的作用,它规定了人生实践活动的方向、内容及方式,提供进行实践活动的内驱力。崇高的人生理想和人生价值目标,是当代青年人实现人生价值的首要条件。只要树立起崇高的人生理想和人生价值目标,不论在人生的道路上遇到多少坎坷、挫折和失败,都能够开拓进取,为祖国强盛、民族振兴和人民幸福而忘我地学习和工作,以不懈的努力创造出闪光的人生价值。否则,胸无大志,就会浑浑噩噩,浪费宝贵的光阴,其人生价值就难以实现。

大国工匠未晓朋,他的理想就是在主管道焊接中绽放。“焊主管道是每个焊工的梦想,从进入核电第一次拿焊枪开始,这个梦想就成了我追求的目标。”未晓朋非常清楚地知道自己该走怎样的一条焊接路。也正是凭

借如此坚定的理想追求，使他在从事核电焊接工作的8年间多次获得焊接大奖。2016年国庆节期间，他更是在央视《大国工匠》新闻专题片中展示高超的焊接技能，并在《新闻联播》长达4分钟的播报中尽显从事主管道焊接的魅力人生。

主管道是连接核电站最核心设备的管道，因为它的特殊性，一直被业界形象地称为核电站的“大动脉”。如此重要的管道，其焊接难度和质量都备受各方关注，而完成这项高难度焊接工作的焊工也由此成了大家眼里的公众人物。进入公众视野，从事梦寐以求的主管道焊接，这对很多焊工来说一直是个梦想，能够实现的人寥寥无几。

未晓朋是一个典型的北方小伙，有着高大魁梧的身材和稍显黝黑的皮肤，每天精神抖擞的他总会给人莫名的安全感。2008年，未晓朋21岁，这是一个最有冲劲和不断探索的年龄，也是从事焊接工作的黄金年龄，此时的他，对于学习焊接技术流露出了北方小伙的那股韧劲与执着。他每天几乎都是泡在焊工培训中心里，反复地进行手工操作练习，不断地翻阅专业书籍，可是这样的练习并没有达到理想效果，自己的焊接技能提升也不是特别明显。他心里非常清楚，要是有位焊接师傅带着自己，那对于自己的成长是非常有帮助的。此时，他心里已经有了心仪的师傅人选，那就是彭存利，核电焊接领域的专家。然而，彭存利的严格与名气一样厉害，这让未晓朋的心里直打鼓，也是他迟迟没有拜师的原因。

执着的未晓朋并没有因为自己认定的师傅严格而打退堂鼓，反而自我学习更勤奋了。“如果我是优秀的，那彭师傅还能不要我？”面对同事们的劝说，他没有丝毫动摇。几次试探性地向彭存利询问遭到拒绝后，他还是坚持练习技能，等待机会，“或许他是在试探我呢。”未晓朋暗自安慰自己。功夫不负有心人，未晓朋的努力都被彭存利看在眼里。眼前这个勤勤恳恳、好学耐劳的小伙儿，不正是年轻时的自己吗？未晓朋的真诚打动了彭存利，在邀请未晓朋到自己家做客时，彭存利告知他可以做自己的徒弟。听到师傅肯定的回答，未晓朋心里的石头落了下来，当即表示：“我可能不是你最优秀的徒弟，但我会是最努力的那一个。”

练习焊接依然伴随着未晓朋每天的生活，不同的是，未晓朋的练习更刻苦也更卖力了，近乎到了有些“疯狂”的地步。每天未晓朋第一个到焊工培训中心,开始一天的焊接练习,遇到不懂的地方,他立马找到师傅请教,并观察师傅焊接时的一招一式和焊条摆动的频率及幅度。为了更清楚地看到熔池的流动和熔孔的形成,他经常拿较亮的黑玻璃观察,导致眼睛被弧光照得通红而泪流不止,脸上的皮肤也受到弧光灼烧而一层层掉皮。别人练习结束,他依然在那里摆弄着手里的焊枪,未晓朋扎实的基本功就是在这段时间练就的,焊接技能也在彭存利的悉心指导下有了长足进步。

出师后的未晓朋怀揣梦想投入到了核电建设中,和别的焊工一样,他也是从最初的焊接支架开始做起。拥有扎实技术功底的他,在焊接支架不久后就开始了管道焊接,意料之中的是,他所焊接的管道一次合格率高达99%。“慢一些,认真一些,就不会出现太大的问题。”这么高的合格率,未晓朋也有自己的心得。

然而,焊接就如竞技比赛一样,有赢就会有输。未晓朋第一次出现焊接失误的情形让他记忆深刻,同时也颇感无奈。由他完成的一道焊口中,在无损检测中发现有超过规定大小的气孔,需要进行返修,返修是在无损检测中发现有焊接缺陷时进行的局部焊接,且一道焊口只允许返修 2 次。虽然返修并不能直接说明这道焊口存在质量问题,但对于要求严格的未晓朋来说,返修就是自己的耻辱。“那几天都抬不起头来,晚上睡觉都睡不好。”未晓朋如同犯了大错一样。而在返修那道有缺陷的焊口时,他才发现,原来 2 个气孔几乎叠加到了一起,无损检测的时候,不仅算了气孔的大小,气孔的间隙也加了进去,如果气孔不叠加得这么紧密,按照气孔大小这道口就不是有缺陷的焊口。未晓朋对于这次看似“运气不佳”的探伤有些无奈,但有气孔存在,终究是有缺陷的,他认真地完成了第一次出现的这道返修口。

梦想有时候就是在一次次的努力与拼搏中越来越近。在从事了 6 年多的管道焊接中,未晓朋的焊接一次合格率始终保持在 99%以上,在焊接领域已经崭露头角。他多次参加中国核建集团和中核二三公司组织的焊接比赛,均取得优异成绩。2014 年,参加北京“嘉克杯”国际焊接技能大赛时,他从国际、国内优秀的焊接技能人才中脱颖而出,夺得钨极氩弧焊单项第一名,并被国务院国资委授予“中央企业技术能手”荣誉称号。站在世界舞台上,他用雄厚的实力证明了他高超的焊接技能,他的匠人风采让对手折服,也敲开了焊接主管道的大门。

田湾核电是未晓朋实现梦想的地方,在这里,他开始了焊接主管道的征途。考取焊接主管道资格证后,未晓朋迎来了实现他梦想的第一步,实现梦想似乎从来都不是一件容易的事情,巨大的考验降临在第一次焊接主管道的未晓朋身上。

田湾核电 3 号机组主管道焊接开启前,现场各监管方(国家核安全局、业主公司、监理公司、工程公司)对中核二、三公司的主管道焊工们还有种种质疑,这给刚开始焊接主管道的未晓朋带来了巨大的压力。如果他焊接的焊口出现一丝瑕疵,那将会给大家带来更大的压力,或许还会影响队友的心理,造成更大的失误。在各方质疑的目光下,未晓朋顶着压力与队友开始了首道焊口的焊接。此时,他觉得主管道焊接不单单是将两段管道用焊条简单地连接在一起,这是一场只能赢的攻坚战,想要赢得这场战役,那主管道焊工就要有超人的毅力和平和的心态。“刚开始的时候特别紧张,越往后,反而越轻松、越流畅了。”未晓朋说,“就是不去想它是主管道,心里也就平静下来了。”这道焊口在他的控制下,焊接了将近一个月的时间,这一个月时间里,他除了享受着焊接过程之外,都是在煎熬中度过。焊接完每一阶段要进行无损检测时,他紧张得夜不能寐。作业时他蜷缩在管道里直至腿麻,一忍再忍,为节省上厕所耽误的时间,即使口渴他也很少喝水。当检测结果显示他焊接的这道主管道焊口是合格的时候,一切的煎熬对他来说,都值了!

“责任心是一个焊工应该具备的素质。”未晓朋给出了自己对焊工职业的理解,在核电领域焊接 8 年时间,未晓朋就达到了焊接的巅峰。一路走来,并不是他的焊接技艺比别人高多少,而是他始终怀着对核安全的敬畏和对焊接质量的极致追求,这份责任伴随着他焊接的每一道焊口和使用的每一根焊条,也伴随着他追求主管道焊接梦想的每一步。正是因为这份责任心,在他给自己敲开主管道焊接梦想大门的同时,也开启了他不同寻常的职业生涯。我们相信,成为“大国工匠”并不是他职业生涯的终点,而是他职业生涯的一个全新的起点。

匠心筑梦!一个不断追求高技能焊接水平的人,终会实现自己的梦想。这就是“大国工匠”未晓朋,一个自始至终怀揣着主管道焊接梦想的人！

二、要努力学习，练就过硬本领，掌握过硬技能

没有文化的军队是没有竞争力的军队，而没有竞争力的军队是不能战胜敌人的。同理，没有文化的员工是没有竞争力的员工，没有竞争力的员工是不能胜任岗位的。随着时代的发展，企业对知识与人才的要求会愈来愈高，无论专业技术人才，还是管理干部人才，既是企业发展的核心资源，也是中华民族伟大复兴的宝贵资源，提高素养，加强学习，成为我们每一个员工的首要任务。

当前，一些员工对待学习的态度不够端正，存在着三种误区：一是工作忙，难学习；二是水平低，学不进；三是学历高，不用学。这些观念认识导致企业内部的学习氛围不浓，专业队伍不专。因此，必须从以下三方面予以坚决克服：

第一，要把提高学习能力作为一种责任追求，进一步增强学习的自觉性和主动性，带着深厚的感情学，带着执着的信念学，带着实践的要求学，力求学得认真、学得深入，努力把学习提高到一个新高度、新水平。

第二，要坚持“专”与“博”的统一，打牢坚实的知识基础。每个员工都要在特定的岗位上具备本职工作所要求的专业知识，同时，还要学习和了解其他方面的知识，拓宽视野、拓展知识，在本职岗位上融会贯通，在调配岗位时做到进退自如，成为企业宽领域、广口径的人才。

第三，要结合岗位和工作实际，坚持学以致用、知行合一，做到学用互相结合、互相转化，把学习的成果落实到具体工作中去，活学活用，用理论指导实践，在实践中创新理论，实现两者相互促进，共同发展。

三、要不懈奋斗，具备强烈的进取精神

人的一生不可能是一帆风顺的，必然会遇到一些困难和挫折。特别是当代年轻人，从学校到企业，没有经历过社会环境的锻炼，心理承受能力和社会生存能力都较差，一旦走上社会，可能会遇到许多意想不到的问题。这就需要自己的奋斗，要不畏艰难险阻，积极进取，创造灿烂的人生，没有强烈的进取精神，就可能在逆境中败下阵来，使本应闪光的人生蒙上灰尘。

从每个人的人生旅程看，人生都是有限的，它和自然的时间一样，是一维性的，它的流逝总是单向推进的，一去不复返。由于人生的这种不可逆性，一个人要想在有限的人生旅途中充分实现自己的雄心壮志和人生价值，就必须珍惜宝贵光阴，争分夺秒地奋斗。要学会驾驭时间，做时间的主人，凡事只争朝夕，从眼前做起，从现在做起。要加快自己的步伐，追赶时间的浪潮，提高学习和工作效率，用自己的奋斗拉长生命的旅程，创造出更大的人生价值。

当然，我们强调要不断奋斗、积极进取，并不是主张只搞个人奋斗，而是提倡为社会、为国家奋斗，或者为企业、为集体奋斗，因为任何个人的奋斗都是在社会中进行的，单纯个人奋斗是不可能的。特别是在当今时代，不依赖于前人奋斗的基础和现实社会所提供的物质文化条件，只靠个人的力量去奋斗，要实现自己的人生价值更是不可能的。

四、要不断适应和改造社会环境，优化人生价值实现的客观条件

人要想运用自己在社会实践中所获得的智慧、才能，创造物质和精神财富，对人类作出贡献，实现人生价值，还必须依赖于一定的社会环境。

社会环境包括大环境和小环境两种。所谓大环境，即人所生存的宏观环境，是指社会制度的现状、性质、发展水平和发展趋势，主要包括生产关系性质、生产力状况、社会结构特点、科技发展水平、教育事业发达程度以及民族特点、阶级属性、传统和文明水平等。所谓小环境，即个人生活的微观环境，指的是个体直接接触的生活范围，主要包括家庭、学校、居住区、工作单位以及社交活动的范围等。比较进步的大环境和小环境，有益于个人人生价值的实现；反之，则不利于个人人生价值的实现。

实践证明，良好优越的社会环境是充分实现人生价值的重要支柱。我国社会主义制度的建立，从根本上消灭了剥削制度，为人的全面自由的发展创造了良好的大环境，特别是改革开放以来，社会生产力水平大大提高，社会主义商品经济空前发展，现代化建设进程不断加快，这就为当代年轻人大展宏图、实现人生价值创造了优越的社会条件。只要广大青年人认清自己面临的形势和挑战，顺应社会发展规律，积极投身于改革开放和社会主义现代化建设的洪流，勇挑重担，克服困难，就一定会在人生旅途上充分

实现自己的人生价值。

美国旅馆业巨头康拉德·希尔顿年轻时有过在酒店打工的经历。最初,上司安排他打扫卫生,刷马桶是其中必要环节。希尔顿对这份工作不满意,对待工作很懈怠。有一天,一位年龄稍长的女同事见他刷的马桶很不干净,就亲自为他做示范并告诉他,自己刷完的马桶,是有信心从里面舀水喝的。这件事对年轻的希尔顿触动很大。后来,希尔顿拥有了自己的酒店,并在行业内独树一帜。回顾他的成功之路,不难发现,他年轻时所遭遇的“喝马桶水”的职业精神教育这一课,是他成长、成才、成功的重要精神财富。

第二节

弘扬工匠精神是帮助企业占领市场制高点的神兵利器

一、工匠精神是企业品牌价值增值的重要来源

市场起源于古时人类对于固定时段或地点进行交易的场所的称呼,指买卖双方进行交易的场所。发展到现在,市场具备了两种意义:一种意义是交易场所,如传统市场、股票市场、期货市场等;另一种意义为交易行为的总称,即市场一词不仅仅指交易场所,还包括了所有的交易行为。故当谈论到市场大小时,并不仅仅指场所的大小,还包括了消费行为是否活跃。广义上,所有产权发生转移和交换的关系都可以成为市场。

市场是商品交换顺利进行的条件,是商品流通领域一切商品交换活动的总和。市场体系是由各类专业市场,如商品服务市场、金融市场、劳务市场、技术市场、信息市场、房地产市场、文化市场、旅游市场等组成的完整体系。同时,在市场体系中的各专业市场均有其特殊功能,它们互相依存、相互制约,共同作用于社会经济。

随着社会交往的网络虚拟化,市场不一定是真实的场所和地点,当今许多买卖都是通过计算机网络来实现的,中国最大的电子商务网站淘宝网就是提供交换的虚拟市场。淘宝网,亚洲第一大网络零售商圈,致力于创造全球首选网络零售商圈,由阿里巴巴集团于 2003 年 5 月 10 日投资创办。

随着社会分工和市场经济的发展,市场的概念也在不断发展和深化,并在深化过程中体现出不同层次的多重含义:(1)市场是指商品交换的场所;(2)市场是各种市场主体之间交换关系乃至全部经济关系的总和;(3)市场表现为对某种或某类商品的消费需求。

企业要占领市场,就必须有品牌资本。在品牌领域,积聚品牌资本是顺应企业占领市场制高点的现实需求,品牌资本是全球市场消费革命的原动力,不仅涉及生活领域,也涉及经济金融领域。人们在追求生活品牌的同时,对金融也必然有品牌的要求,国内的企业如果不培育自己的品牌,将来就难以满足这些日益高新化的需求。

某个行业或产业的产品或服务,品牌知名度越大,品牌的价值越高,其忠实的消费者就越多,势必其占有的市场份额就越大;某个行业或产业的产品或服务,品牌知名度越小,品牌的价值越低,其忠实的消费者就越少,势必其占有的市场份额就越小,将导致利润减少,被市场淘汰,其让位的市场将会被品牌知名度高的产品或服务代替。在品牌资本领域这是普遍存在的市场现象:强者恒强,弱者恒弱,或者说,赢家通吃。

所以,塑造良好的品牌形象,有效开发、经营品牌资本,是企业参与市场竞争、占领市场制高点的重要手段。事实上,工匠精神在企业品牌形象塑造和品牌资本创造过程中具有十分重要的作用。

我国经过改革开放 40 多年的发展,早已成为世界第一制造业大国,尽管我们成了"世界工厂",贴着"MADE IN CHINA"标签的产品在世界随处可见,大到汽车、电器制造,小到制笔、制鞋,国内许多产业的规模居于世界前列,但这里面却依然缺少真正中国创造的东西,甚至一些外国人将其等同于"山寨"产品,这严重损害了中国企业和中国品牌的形象。

在许多业内人士看来,我国制造业大而不强,产品质量整体不高,背后的重要根源之一就是缺乏具备工匠精神的高技能人才。为实现中国从全球制造大国到制造强国的跨越,2015 年 5 月 8 日,国务院正式印发《中国制造 2025》,提出了中国政府实施制造强国战略第一个十年的行动纲领。中国要迎头赶上世界制造强国,成功实现中国制造 2025 战略目标,就必须在全社会大力弘扬以工匠精神为核心的职业精神,只有将工匠精神融入设计、生产、经营的每一个环节,实现由"重量"到"重质"的突围,中国制造才能赢得未来。

为什么一些企业寿命短、缺乏竞争力,重要的一点就是工匠精神的缺失,工匠精神缺失的企业往往追求短期利益、忽视产品品质,缺乏市场竞争力。一些企业经营困难,纵然外部因素很多,但最重要的原因还是拿不出过硬产品、服务不到位。2017 年 9 月 8 日,李克强总理在考察天津职业技术师范大学时曾一针见血地指出:我们已有精密制造工艺,但在生产普通日用消费品时总是"差不多就行"。事实上,只有让工匠精神融入每件产品的每道工序,生产出品质卓越的产品,"中国制造"才能在市场上立于不败之地。有人曾统计过,中国企业的平均寿命为 3.5 年,但也有一些始终如一用工匠精神经营的优秀企业、百年老店,历经风云变幻、各种挑战而岿然屹立。

中华老字号全聚德烤鸭为什么能够驰名世界?就是得益于其"食不厌精、脍不厌细"的工匠精神。全聚德烤鸭创建于 1864 年(清朝同治三年),历经几代的创业拼搏获得了长足发展,1999 年 1 月,"全聚德"被国家工商总局认定为"驰名商标",是我国第一例服务类中国驰名商标。

全聚德菜品经过不断创新发展,形成了以独具特色的全聚德烤鸭为龙头,集"全鸭席"和 400 多道特色菜品于一体的全聚德菜系,备受各国元首、政府官员、社会各界人士及国内外游客喜爱,被誉为"中华第一吃"。

中华人民共和国首任政府总理周恩来曾多次把全聚德"全鸭席"选为国宴。所以,工匠精神是企业品牌内涵的重要体现,也是企业品牌知名度、美誉度以及顾客忠诚度培育的有效途径,更是企业品牌价值增值的重要来源。

二、追求企业品牌价值的典范——海尔集团

2021 年 6 月 22 日，由世界品牌实验室主办的“世界品牌大会”在北京举行，会上发布了 2021 年《中国 500 最具价值品牌》分析报告。海尔集团已经是连续十八年登上这一榜单。海尔为什么有如此骄人的成就？

从 1984 年创业至今，海尔集团经历了名牌战略发展阶段、多元化战略发展阶段、国际化战略发展阶段、全球化品牌战略发展阶段，2012 年 12 月，海尔集团宣布进入第五个发展阶段：网络化战略发展阶段。

（一）名牌战略发展阶段（1984 年—1991 年）：要么不干，要干就干第一

20 世纪 80 年代，正值改革开放初期，很多企业引进国外先进的电冰箱技术和设备，包括海尔。那时，家电供不应求，很多企业努力上规模，只注重产量而不注重质量。海尔没有盲目上产量，而是严抓质量，实施全面质量管理，提出了“要么不干，要干就干第一”，当家电市场供大于求时，海尔凭借差异化的质量赢得竞争优势。

这一阶段，海尔专心致志做冰箱，在管理、技术、人才、资金、企业文化方面有了可以移植的模式。

1985 年，一位用户来信反映海尔冰箱有质量问题，创始人张瑞敏让员工用大锤亲自砸毁 76 台有缺陷的冰箱，砸醒了员工的质量意识。这把大

锤已被中国国家博物馆正式收藏为国家文物;文物收藏编号为:国博收藏092号;文物命名是:1985年青岛(海尔)电冰箱总厂厂长张瑞敏带头砸毁76台不合格冰箱用的大锤。

(二)多元化战略发展阶段(1991年—1998年):海尔文化激活“休克鱼”

20世纪90年代,国家政策鼓励企业兼并重组,一些企业兼并重组后无法持续下去,或认为应做专业化而不应进行多元化。海尔的创新是以海尔文化激活“休克鱼”思路,先后兼并了国内十八家企业,使企业在多元化经营与规模扩张方面,进入了一个更广阔的发展空间。当时,家电市场竞争激烈,质量已经成为用户的基本需求,海尔在国内率先推出星级服务体系,当家电企业纷纷打价格战时,海尔凭借差异化的服务赢得竞争优势。

这一阶段,海尔开始实行OEC(Overall Every Control and Clear)管理法,即每人每天对每件事进行全方位的控制和清理,目的是“日事日毕,日清日高”。这一管理法也成为海尔创新的基石。

1998年,哈佛大学把海尔文化激活“休克鱼”写入教学案例,邀请张瑞敏参加案例的研讨,张瑞敏成为第一个登上哈佛讲坛的中国企业家。

(三)国际化战略发展阶段(1998年—2005年):走出国门,出口创牌

20世纪90年代末,中国加入WTO,很多企业响应中央号召走出去,但出去之后非常困难,又退回来继续做定牌。海尔认为走出去不只为创汇,更重要的是创中国自己的品牌,因此,海尔提出“走出去、走进去、走上去”的“三步走”战略,以“先难后易”的思路,首先进入发达国家创名牌,再以高屋建瓴之势进入发展中国家,逐渐在海外建立起设计、制造、营销的“三位一体”本土化模式。

这一阶段,海尔推行“市场链”管理,以计算机信息系统为基础,以订单信息流为中心,带动物流和资金流的运行,实现业务流程再造。这一管理创新加速了企业内部的信息流通,激励员工使其价值取向与用户需求相一致。

美国海尔大厦位于美国纽约曼哈顿百老汇大街,这幢建筑是纽约的标志性建筑,成了海尔在美国的总部。

（四）全球化品牌战略发展阶段（2005年—2012年）：创造互联网时代的全球化品牌

互联网时代带来营销的碎片化，传统企业的“生产—库存—销售”模式不能满足用户个性化的需求，必须从“以企业为中心卖产品”转变为“以用户为中心卖服务”，即用户驱动的“即需即供”模式。互联网也带来全球经济的一体化，国际化和全球化之间是逻辑递进关系。“国际化”是以企业自身的资源去创造国际品牌，而“全球化”是将全球的资源为我所用，创造本土化主流品牌，是质的不同。因此，海尔整合全球的研发、制造、营销资源，创全球化品牌。

这一阶段，海尔探索的互联网时代创造顾客的商业模式就是“人单合一双赢”模式。

2010年，张瑞敏在美国与世界顶级的管理大师迈克尔·波特和加里·哈默交流海尔“人单合一双赢”模式。两位管理大师对海尔“人单合一双赢”的自主经营体的实践给予了高度评价，加里·哈默认为海尔推进的自主经营体创新是超前的。

（五）网络化战略发展阶段（2012年—2019年）：网络化的市场，网络化的企业

互联网时代的到来颠覆了传统经济的发展模式，而新模式的基础和运行则体现在网络化上，市场和企业更多地呈现出网络化特征。在海尔看来，网络化企业发展战略的实施路径主要体现在三个方面：企业无边界、管理无领导、供应链无尺度，即大规模定制，按需设计，按需制造，按需配送。

2012年12月，瑞士洛桑国际管理发展学院院长多米尼克·特平将“IMD管理思想领袖奖”颁发给了张瑞敏，以表彰其对现代管理艺术与实践作的贡献。

第三节

弘扬工匠精神是推动中国制造转型升级的强大动力

我国是制造大国,但“中国制造”少见享誉世界的品牌,在2015年福布斯全球品牌100强中,中国榜上无名。同是百年老店,德国福腾宝、双立人、菲仕乐的品质、价格、市场占有率和品牌认可度,要远超我国张小泉、王麻子等品牌。在从大国向强国迈进的过程中,转型升级是中国制造业的必由之路,于国家层面,这是高质量发展的时代需求和历史使命,一个开放、公平的市场经济体系显得尤为重要;而具体到企业,转型升级则是不同发展路径的选择。

选择是痛苦的,企业家变革首先要革自己的命,企业转型升级的过程就是蜕变重生的过程。在这一过程中,企业家眼光既要向外,准确看到新时代环境的改变及趋势;又要向内,重新审视企业自身的优势和核心竞争力,其中有五道关口是必须攻克的,分别如下:

第一道关口是市场壁垒。让企业作为市场主体在一个开放、公平的市场环境中展开良性竞争,取长补短,相互促进,制造业的转型升级就有了基石和保障。

第二道关口是惯性思维。企业越大越成功,惯性就越大,这样的企业往往忽视了依赖过去的成功可能意味着今天的失败。今天的世界是一个跨界竞争的世界,打败乐凯胶卷的不是柯达,而是这个行业被数字影像颠覆了。未来会有越来越多的行业凋零甚至消失,这警示我们,破除惯性思维,以跨界的视野重新审视自己的优势和核心竞争力,从而找到新的成长方向。

第三道关口是小富即安。不少企业感到转型升级成本很高、负担重、风险大,常常选择能不转就不转,能维持就尽可能维持;很多制造业都是在做贴牌生产,尽管产品三分之二的利润被品牌商拿走,但还没有生存危机的时候,很多企业宁愿看到眼前的微薄利润,也不愿去冒险。"我要转型升级"是企业需要解决的问题,除了政府要支持新动能培育,企业自身也要克服"船大不好转身"的惰性以及"转型找死,不转型等死"的困惑。

第四道关口是创新能力。我国制造业大多处于产业链的低端,从低端产品起家,向高端产品发展,这是一条艰难的创新之路,依靠创新累积起来的知识产权是企业参与竞争的重要制胜武器。我们对知识产权的保护力度远远不够,从而影响企业创新的积极性,我国现在是世界上发明专利申请受理量最多的国家,但一项专利侵权最高赔偿额只有 100 万元,远低于制造业发达国家,如果案子大一点,这些钱还不够付律师费;同时,企业创新的投入不够、人才的缺失也制约了企业的自主创新能力。

第五道关口是融合水平。制造业和服务业的融合,制造业和信息化的融合,已经成为制造业转型升级的大趋势,企业以前可能只是卖产品,现在可能要卖服务。现在美国通用公司的传统制造仅占产值总量的 30%左右,70%的业务是由与其制造业关联的"技术+管理+服务"构成。在推动转型升级过程中,新一代的信息技术提供了强大的技术基础,特别是 5G 网络商用以后,一个去中心化的万物互联的时代将会到来,物联网完全可以更低成本地将供应链的上下游连接起来,形成一条连接市场最终客户、制造业内部各部门、上下游各方的实时协同供应链,这将极大地提升传统制造业的竞争力。对于传统制造业来说,服务业和信息化都是需要深度学习的领域,它也注定了融合之路的艰难。

制造业正面临前所未有的挑战,同样面临前所未见的机遇。如何克服重重困难,中国制造业的转型升级才能"杀开一条血路",实现高质量发展?这离不开广大职工的创新和创造,离不开对工匠精神的继承和发扬。

凡是制造业发达的国家,往往拥有大批技艺精湛的工匠,且工匠精神深植于企业文化,形成一种鲜明的工业价值观。德国作为一个拥有 8000 万人口的国家,却拥有 2300 多个世界级品牌,是名副其实的制造业强国和大国。“德国制造”成功的背后,有着庞大的技能娴熟的工匠群体以及工匠精神作为动力支撑,他们是其中当之无愧的“隐性功臣”。德国企业家认为:一个优秀的工匠和科学家没什么两样,而在日本,如果一个人被称为工匠,这意味着受到了极大的尊重。创建了两家世界500强公司的日本“经营之圣”稻盛和夫就是一个具有工匠精神的企业家。

稻盛和夫曾说:“企业家要像匠人那样,手拿放大镜仔细观察产品,用耳朵静听产品的‘哭泣声’。”在全球具有超过200年历史的企业中,日本有3146家,德国有837家,荷兰有222家,法国有196家。这些“长寿企业”之所以能存在,有一个极其重要的原因:传承和弘扬匠人精神。

新一代信息技术与制造业深度融合,正在引发影响深远的产业变革。时代呼唤我国装备制造业必须转型升级和创新发展,而这些技术要实现,那就需要大批有知识、有志向、有职业素养的劳动者,尤其是一线制造业职工。

科技越发达,工匠精神就越重要。在科学技术日新月异的今天,尽管很多工作被机器人替代,但是工匠身上所拥有的精益求精、专心敬业的精神品格是机器人代替不了的。当今社会,并不是一味地鼓励人们去当从事手工劳动的工匠,因为手工作坊的生产方式已经一去不复返,我们可以不做工匠,也不可能人人都成为工匠,但是工匠精神值得传承。弘扬工匠精神是促进我国制造业转型升级的迫切需要。

附录:做自己的模特　穿合适的服装　咸阳服装产业转型升级助力企业走出去

5月12日下午,丝博会网络行采访团来到咸阳市新兴纺织工业园(科技产业园),该园区成立于2011年4月,规划面积10.83平方公里,是咸阳打造全省“三个经济”先行区产业聚集的主平台和“北上西扩”城市发展战略的前沿阵地,已形成了“装备制造、高新技术、纺织服装”三大产业体系,重点打造新能源汽车和纺织服装两大特色产业链条。

园区区位交通优越、配套设施完善,加上拥有先天的纺织服装产业基础。该园区实力雄厚,目前已形成年产纱线5万吨、坯布2.3亿米、服装100万件(套)的生产能力,纯棉、粘胶、化纤等面料享誉国内外。同时,该园区以国家级西咸纺织服装创新园为平台,充分发挥“两院一馆一协会”

优势，依托纺织服装跨境电商园，打造纺织服装全产业链条，聚集了咸阳纺织集团、青岛酷特、陕西杜克普服装、陕西华润印染、国家纺织面料馆、杭州好牛电商等上下游配套企业。

当采访团来到陕西咸阳杜克普服装有限公司时，不少人被该公司先进的智能服装生产研发设备所吸引，在一台名叫"智量"的智能化设备面前，大家争先恐后体验智能"量体裁衣"效果。

与传统的"量体裁衣"方式不同，该设备只需要输入被测量者的身高和体重，再分别拍摄一张被测量者的正面照和侧身照，设备就能立刻采集到被测量者的头围、腰围、肩宽等各项身体数据，数据中心根据建立的三维模型匹配相应样本后，工人再按具体要求裁剪服饰。

"以前靠人工操作，一件衣服从接单到打板完成最少需要2个半小时，而现在采用智能化设备后，4分钟就可以完成了。"据相关负责人介绍，智能化设备和数据库的应用大大提升了服装产业的产销率。

"我们的口号是'做自己的模特，穿合适的服装'"，他说，传统的服装产业多数是套号生产，人们很难找到刚好适合自己体型的衣服，产销率很低，导致库存量过大，转型升级后，普通人也能实现个性化定制，而且价格也不算太高。

据了解，创建于1986年的陕西咸阳杜克普服装有限公司，是一家专业从事服装设计、研发、生产、销售、外贸加工为一体的现代化国有控股企业。现有标准厂房48000平方米，年产服装100万件(套)，产值1.6亿元。产品涵盖高档西服、衬衣、时装、羽绒服、棉衣、户外服饰、运动衫、风衣、警服、军用服装等，其中"杜克普西服"为陕西省名牌产品，公司连续三年被评为"陕西服装行业十强企业"，是陕西省服装自主品牌的龙头企业。

公司拥有西北唯一的服装大数据中心，国际最先进的法国力克MTM设计系统、裁剪系统，可实现高效的个性化设计。公司利用互联网云数据实现由传统的大规模制造转型为大规模柔性化个性定制，满足市场对服装的个性化、多样化的需求。同时，该公司依靠强劲的技术实力，通过与H&M、金企鹅、BOSS、ZARA、皮尔卡丹等国际一线品牌合作，使得杜克普品牌的品质和企业影响力逐步提升，为咸阳纺织产业乃至陕西服装品牌走出去做出积极贡献。(西部网讯2019年5月12日)

第四节

弘扬工匠精神是参与“一带一路”建设的重要抓手

一、“一带一路”倡议的提出

2013年金秋，习近平主席在哈萨克斯坦和印度尼西亚提出共建丝绸之路经济带和21世纪海上丝绸之路，即“一带一路”倡议，顺应时代发展要求和各国加快发展的愿望，赢得了国际社会的广泛认同和普遍赞誉。

“一带一路”旨在借用古代丝绸之路的历史符号，高举和平发展的旗帜，积极发展与共建国家的经济合作伙伴关系，共同打造政治互信、经济融合、文化包容的利益共同体、命运共同体和责任共同体。

“一带一路”倡议是一项充满远见的倡议，将给共建国家带来重要发展机遇和切实利益。企业要在这一过程中作出应有贡献、实现较好效益，必须看得远、想得远、谋得远。

践行“一带一路”倡议需要有全球眼光、国际视野。企业尤其是大型企业集团参与“一带一路”建设，应积极发挥自身的综合优势，增强配置全球资源、经营全球商务的意识和能力，着眼于形成全球产业链布局、扩大海外市场空间和营运规模，以重大项目为载体，逐步提升自身在国际市场配置资源的能力，全方位、全产业链地参与到“一带一路”建设中，在国际化竞争中获得领先优势，努力发展成为世界一流企业。

党的十九大报告明确提出，深化国有企业改革，培育具有全球竞争力的世界一流企业，为新时代国有企业发展指明了前进方向。

培育具有全球竞争力的世界一流企业，关键是要培养造就一大批具有国际水平的战略科技人才、科技领军人才、青年科技人才和高水平创新团队,需要一大批实践技能突出、具有娴熟技术、善于解决实际问题的高技能人才。而我国高素质技术工人缺乏的现状,直接影响了制造业的快速发展,人才是创新实践的主体和主导者,具有工匠精神的产业工人是新时代建设创新型国家的生力军。

新时代大力弘扬工匠精神,是培育富有创新精神、充满活力的产业工人队伍,稳步提升我国产业工人的整体素质,创造经济发展持续动力,加快建设创新型国家的重要举措。

二、中央企业开展"四个一流"职工队伍建设

国务院国有资产监督管理委员会曾专门颁发《关于中央企业建设"四个一流"职工队伍的实施意见》。文件指出,为进一步加强中央企业职工队伍建设,激发中央企业广大职工特别是基层一线职工的创造活力,提升中央企业核心竞争力,现就中央企业深入开展建设"四个一流"(一流职业素养、一流业务技能、一流工作作风、一流岗位业绩)职工队伍工作提出如下意见。

(一)建设"四个一流"职工队伍的工作目标

经过不断努力,中央企业职工的政治素养、道德水准、职业操守明显提升,责任意识、发展意识和创新意识明显增强,操作技能、业务能力、岗位贡献明显提高,技师、高级技师及其他高技能人才占技能劳动者的比例明显增加,中央企业普遍建立起产学结合的职工技能培训基地,对一线职工的高水平职业技能培训和现代管理知识培训全面普及,有利于高素质职工队伍建设成长的工作制度和工作环境较好地建立和形成,使中央企业职工成为具备世界眼光、顺应时代潮流、具有较高科技文化素质和思想道德修养、能和国际先进企业职工相媲美的现代企业职工。

(二)建设"四个一流"职工队伍的基本要求

一流职业素养,就是牢固树立社会主义核心价值观的主导地位,有良好的思想素质、职业道德和敬业精神,勤劳朴实、踏实工作、热爱岗位、忠诚企业、牢记使命、报效国家。

一流业务技能,就是熟练掌握岗位知识,技艺精湛、业务精通、勤奋好

学、开放包容，有较强的学习力、执行力、创造力和自主管理、自我完善、持续改进的能力，关键岗位职工的业务技能和工作效率达到国际先进企业职工水平。

一流工作作风，就是严谨、诚实，在工作中遵章守纪、服从管理、一丝不苟、认真精细，严格按工艺纪律和业务规范操作，信守诺言和规则，在同行业中发挥表率作用。

一流岗位业绩，就是敢为人先、创新超越、不断挑战、勇争一流，在安全生产、产品质量、服务水平、成本控制等方面行业领先，优质高效地完成任务。

（三）建设“四个一流”职工队伍的主要任务

1.一是加强职工队伍思想道德建设，激发广大职工奋发向上的精神动力。要结合企业实际深入开展社会主义核心价值体系学习教育活动，加强理想信念教育和思想政治工作，有针对性地开展形势政策教育，引导广大职工牢固树立中国特色社会主义共同理想，坚定搞好国企、报效国家、振兴中华的信心，争做模范公民，努力塑造热爱党、热爱祖国、热爱社会主义、热爱企业、热爱岗位的价值取向。要加强企业优良传统教育，传承以大庆精神、“两弹一星”精神、载人航天精神、青藏铁路精神等为代表的优秀企业精神，鼓励和引导职工热爱本职岗位，倾心本职工作，干一行、爱一行，在平凡的岗位上努力做出不平凡的业绩。要构建具有时代精神和企业特色的企业文化，充分发挥中央企业先进文化的凝聚、激励、协调和导向作用，使企业文化理念内化为广大职工的思想意识和行为习惯。

2.加强职工队伍业务技能建设，不断提高职工的岗位竞争能力。适应中央企业结构调整、产业升级、装备更新、产品创新、工艺优化的需要，鼓励职工结合岗位特点和要求，不断提高自身科技文化水平、改善知识结构、提升技能等级，增强对新技术、新工艺、新知识的掌握和运用能力。切实抓好职工技能培训和技能评价、考核、激励制度建设，强化对职工的综合性考核和多项技能的考核。要组织和引导职工与国际先进企业对标竞赛，鼓励职工积极参与技术革新和项目攻关活动。制订个人职业生涯规划，鼓励职工通过本职岗位的扎实、勤奋工作，按照阶梯式发展规律实现自身价值，畅通技能人才的职业发展通道。

3.加强职工队伍工作作风建设，培育爱岗敬业、严谨诚实的主流企业文化。要把爱岗敬业、严谨诚实作为企业的主流文化，大力倡导“三老四严”（对待事业：要当老实人，说老实话，办老实事；对待工作：要有严格的要求、严密的组织、严肃的态度、严明的纪律）、“四个一样”（黑天和白天工作一个样，坏天气和好天气工作一个样，领导不在场和领导在场工作一个样，没有人检查和有人检查工作一个样）等中央企业的优良工作作风，以岗位责任制为基础，以自主自律、自我管理为手段，加强企业基层建设。认真学习借鉴国际知名企业员工严谨工作、用心做事的良好态度。教育职工严格遵守规章制度，严格执行岗位工作标准和作业规程，严格按照工艺纪律操作，把精益求精、一丝不苟、办事认真、工作细致的理念变成职工的工作作风和自觉的行为习惯，以全优的标准要求每一个岗位、每一位职工，为企业生产一流产品、创造优质服务。

4.加强职工队伍绩效体系建设，引导职工为实现企业发展目标创造一流工作业绩。要加强职工绩效管理，完善职工业绩考核办法，建立客观合理科学高效的业绩考核体系。坚持正面激励为主，激励职工为实现企业发展目标创造良好业绩。要充分相信和善于运用职工的智慧，最大限度发挥个人创造力和团队力量，鼓励职工独立思考、自我发现问题，鼓励职工在不断实践中创新，在不断创新中超越。要充分挖掘一线职工潜能，把企业质量、成本、安全、服务等指标层层分解至每一班组、每一岗位，发动职工改善攻关，创造一流的工作业绩。要把职工的岗位业绩作为岗位任用、调配和确定劳动报酬的依据，准确地衡量和评价职工的工作质量和工作业绩，激励先进、鞭策落后。及时查找制约职工业绩提升的因素，帮助职工寻求改进业绩的方法，提供改进机会和资源支持，努力营造比学赶帮超的发展氛围，促进每位职工不断提高工作业绩，高质量地完成工作目标。

三、“一带一路”为全球治理体系现代化贡献中国智慧

有了大批具有国际水平的战略科技人才、科技领军人才和实践技能突出、具有娴熟技术、善于解决实际问题的工匠，何愁中国企业没有竞争力？何愁中国产品质量上不去？何愁中国制造走不出去？中国企业有了竞争力，中国产品质量上去了，中国制造走出去了，“一带一路”建设自然会更

快更好！

事实已经证明，自2013年以来，中国会同各国各方持续推进“一带一路”民心相通工作，取得了丰硕的成果。

据中央电视台报道，从2013年提出“一带一路”倡议，到2017年首届“一带一路”国际合作高峰论坛举办，“一带一路”从愿景到现实，正在朝着和平、繁荣、开放、绿色、创新、文明的方向不断走深走实，结出丰硕成果。“和平合作、开放包容、互学互鉴、互利共赢”的丝路精神有了新的内涵，构建人类命运共同体，达成广泛国际共识。

中国与意大利于2019年3月下旬签署了“一带一路”谅解备忘录，这是首个G7国家正式加入“一带一路”。此前，全球已有123个国家和29个国际组织与我国签署了171份“一带一路”合作文件。

共建“一带一路”倡议及其核心理念已被纳入联合国、二十国集团、亚太经合组织、上合组织等重要国际机制成果文件，成为推动地区和平与发展的重要途径，实现联合国2030年可持续发展目标的重要平台。

顺应时代潮流，共建“一带一路”，在世界多极化、经济全球化的大背景下，让各国看到了互利共赢的前景，“一带一路”的朋友圈越扩越大，随着各国政策沟通走向深入，发展战略也正在无缝对接。

白俄罗斯总统卢卡申科在接受中央电视台记者采访时说，中国在“一带一路”合作中从未向任何国家提过任何条件，包括白俄罗斯。“一带一路”不是任何形式的贸易扩张，也不是中国将自身利益强加于他国的借口，在此过程中，中国是很友好地向“一带一路”共建国家提供贷款、投资和最先进的技术，这在世界上是绝无仅有的。

“一带一路”倡议提出以来，在政策沟通、设施联通、贸易畅通、资金融通、民心相通等“五通”建设方面取得明显进展，从倡议到现实，已经成为全球规模最大、最受关注的公共产品。

“一带一路”政策沟通。越来越多的国家和地区把自己的发展战略与中国的“一带一路”倡议相对接，包括俄罗斯“欧亚经济联盟”、蒙古国的“草原之路”、越南的“两廊一圈”、柬埔寨的“四角”战略、欧盟的“容克计划”、非洲国家的工业化战略等。2019年3月1日，英国《每日电讯报》网站发表文章称，“一带一路”倡议意义重大且规模宏大，各国都势必会从中获益,英国可以成为这项倡议中的一个赢家,意在连接60多个国家和超过40亿人口。

“一带一路”设施联通。近几年,亚吉铁路开通运营,马尔代夫中马友谊大桥竣工,阿联酋阿布扎比码头、马来西亚关丹深水港码头正式开港,被称为巴基斯坦“三峡工程”的巴基斯坦最大水电站首台机组实现并网发电;中俄合作的亚马尔液化天然气项目3条生产线提前竣工,“冰上丝路”将穿越北极。

“一带一路”贸易畅通。在全球贸易持续低迷的背景下,2013年至2017年,中国与共建“一带一路”国家贸易总额增幅为4.88%;2018年,我国企业在56个共建“一带一路”国家非金融类直接投资156.4亿美元,同比增长8.9%。我国与共建国家已经建设80多个境外经贸合作区,为中国企业海外投资找到新空间。

“一带一路”资金融通。2018年,亚洲基础设施投资银行迎来3次扩容,新纳入9个成员国,成员国总数达到93个,遍布世界各大洲。截至2023年9月,成员国达109个。

“一带一路”民心相通。一大批项目陆续开工或建成,其中民生、文化领域的占比越来越大,为当地民众带来了实实在在的收益。在柬埔寨西哈努克港,中国企业不光开发建设了工业园,还配套建设了职业学院,毕业后进园区上班成为当地很多学生的梦想。

柬埔寨西哈努克港特区公司董事长陈坚刚在接受采访时说,最终要把西港特区建设成为有300家企业入驻、8万到10万产业工人就业的样板园区,成为“一带一路”上的民心工程。

从基础设施到经贸往来,从金融互通到文化交流,共商、共建、共享的“一带一路”合作理念得到国际社会的广泛认可。2023年10月1日,《共建“一带一路”:构建人类命运共同体的重大实践》白皮书发布,10年来,中国与共建国家的贸易合作量增质升,2013年至2022年货物贸易累计规模达19.1万亿美元,实现年均6.4%的增速;双向投资成果丰硕,10年累计双向投资超过3800亿美元,其中中国对共建国家的直接投资超过2400亿美元,共建国家对华投资超过1400亿美元,在华新设的企业接近6.7万家;项目建设稳步推进,10年来在共建国家的承包工程年均完成营业额大约1300亿美元，建设了中老铁路、雅万高铁、蒙古铁路等一系列标志性项目，大幅提升了互联互通水平。“一带一路”倡议正沿着“和平、繁荣、开放、绿色、创新、文明”的方向，朝着高质量发展的未来迈进，为构建人类命运共同体注入新的动力，为全球治理体系现代化贡献中国智慧。

第五节

弘扬工匠精神是实现中华民族伟大复兴的使命呼唤

习近平总书记在党的十九大报告中指出：“经过长期努力，中国特色社会主义进入了新时代。”

一、新时代的内涵

“时代”这个词，在《辞海》中解释为“指历史上依据经济、政治、文化等状况来划分的社会各个发展阶段”。党的十九大报告对于“新时代”的内涵，讲了五点：第一点，从历史、现在、未来的联系上看，这是承前启后、继往开来，在新的历史条件下继续夺取中国特色社会主义伟大胜利的时代；第二点，从我们承担的历史使命看，这是决胜全面建成小康社会、全面建设社会主义现代化强国的时代；第三点，从中国人民对美好生活的追求上看，这是全国各族人民团结奋斗、不断创造美好生活、逐步实现全体人民共同富裕的时代；第四点，从民族复兴的角度看，这是全体中华儿女勠力同心、奋力实现中华民族伟大复兴的中国梦的时代；第五点，从世界大局中看，这是我国日益走近世界舞台中央、不断为人类作出更大贡献的时代。

二、中国特色社会主义进入新时代的意义

习近平总书记曾经从三个方面阐释了它的意义：一是从民族复兴的角度来看，意味着近代以来久经磨难的中华民族迎来了从站起来、富起来到强起来的伟大飞跃，迎来了实现中华民族伟大复兴的光明前景；二是从社会主义角度来看，意味着科学社会主义在21世纪的中国焕发出强大生机活力，在世界上高高举起了中国特色社会主义伟大旗帜；三是从中国特色社会主义对世界发展中国家的贡献来看，意味着中国特色社会主义道路、理论、制度、文化不断发展，拓展了发展中国家走向现代化的途径，给世界上那些既希望加快发展又希望保持自身独立性的国家和民族提供了全新选择，为解决人类问题贡献了中国智慧和中国方案。

三、新时代的任务

党的十九大报告的第四部分提出了两大任务：一是决胜全面建成小康社会，二是开启全面建设社会主义现代化国家的新征程。

全面建设社会主义现代化国家，就必须认真落实习近平总书记在党的十九大报告中强调的，要建设知识型、技能型、创新型劳动者大军，弘扬劳模精神和工匠精神，营造劳动光荣的社会风尚和精益求精的敬业风气。

弘扬劳模精神和工匠精神，首先要激发广大职工的劳动热情和创造活力，为基层一线广大职工搭建展现聪明才智、实现自我价值、提高工作业绩的广阔舞台；其次要在立功竞赛、技术攻关、创新创效等活动中积极发现苗子、培养先进、彰扬典范；第三要让劳模和工匠群体不断发展壮大，逐渐汇聚成一股具有强大的感召力和影响力，能引领广大职工充分发挥主力军作用的中坚力量。

中国特色社会主义是不断发展、不断前进的事业，犹如一部鸿篇巨作，需要一代又一代辛勤的劳动者继续奋笔书写。幸福不会从天而降，蓝图也不会自动成真。中华民族伟大复兴的中国梦，需要靠辛勤的劳动创造，靠奋斗精神引领，靠劳模精神和工匠精神引领。

崇尚劳动，弘扬劳模精神和工匠精神，就是要脚踏实地，兢兢业业，追求卓越；就是要干一行爱一行，专一行精一行，立足平凡的工作岗位干出不

平凡的业绩，为党和人民的事业贡献力量。

2017年的《政府工作报告》中提出，要大力弘扬工匠精神，厚植工匠文化，恪尽职业操守，崇尚精益求精，完善激励机制，培育众多“中国工匠”，打造更多享誉世界的“中国品牌”，推动中国经济发展进入质量时代。中国作为“制造大国”正在稳步向“创造强国”跨越。从嫦娥二号卫星、北斗卫星导航系统、神舟七号飞船、天宫二号空间实验室、歼-20战斗机、国产大飞机C919，到高铁复兴号、世界最大口径射电望远镜、055型万吨大型驱逐舰、辽宁号航母、蓝鲸一号钻井平台、蛟龙号载人潜水器……弘扬工匠精神，正在为推进中国制造的“品质革命”提供源源不断的动力。

据《人民日报》报道，2016年全国两会上，“工匠精神”被首次写入《政府工作报告》。一时间，“工匠精神”一词备受社会关注。在互联网时代下，制造业的社会地位受到了一定程度的削弱，有些人认为再提“工匠精神”已经落伍了。但是，正如《中国制造2025》所指出的，制造业是国民经济的主体，是科技创新的主战场，是立国之本、兴国之器、强国之基。目前，我国制造业还存在着大而不强、产品档次整体不高、自主创新能力弱等问题。要实现《中国制造2025》确定的目标和任务，从“制造大国”变为“制造强国”、从“中国制造”转向“中国智造”，尤其需要培育和弘扬工匠精神。

娃哈哈集团前董事长宗庆后表示，我国制造业之所以“大而不强”，一方面是因为科技含量偏低，另一方面是因为缺少工匠精神，我国应发扬工匠精神，提高产品质量和附加值。格力集团董事长董明珠表示：“如果没有工匠精神，‘马桶盖事件’就难以杜绝。只有具有工匠精神，我觉得‘马桶盖事件’才可能不会发生。”

四、我国为什么需要工匠精神

中国品牌战略学会秘书长杨清山说：古往今来，工匠精神一直都在改变着世界，热衷于技术与发明创造的工匠精神，是每个国家活力的源泉，中国的创新驱动发展也正呼唤工匠精神的回归。

（一）时代在呼唤

中国作为一个拥有“四大发明”的文明古国，具有历史悠久而技艺高超的手工业，薪火相传的能工巧匠们留下了数不胜数的传世佳作。在现代工业中，我国成了制造业大国，却缺乏巨匠。《政府工作报告》中提及“工匠精神”是以国家的名义重拾起来的，这是国家的行动，更是时代的呼唤。

1.工匠精神讲究精雕细琢、追求完美，是我们的优良传统，也是我们的宝贵财富。新中国成立以来，工匠精神成就了“两弹一星”等事业，也涌现出了钱学森、陈景润、时传祥、王进喜、许振超等一大批追求卓越、爱岗敬业的代表人物。然而，一段时期以来，浮躁之风冲淡了“工匠精神”，一些企业生产出来的产品，不能满足人们对高品质美好生活的需求。与此同时，新的发展阶段讲究又好又快，因此，人们呼唤工匠精神的回归，就是情理之中的事了。

2.经济全球化，参与国际市场竞争，这样的时代呼唤工匠精神。中国加入世界贸易组织已经多年，网络购物也打破了国境边界，中国产品和服务已经深深融入世界经济。在人力成本等各种因素的制约下，中国不可能再打“价格战”，中国制造必然转型升级。也就是说，中国产品和服务要占领国际市场，必须以品质取胜，由制造业大国迈向制造业强国，生产出更多更高品质的产品，没有工匠精神的支撑就无从谈起。

3.工匠精神是社会主义核心价值观题中应有之义。培育工匠精神重在弘扬精神，这绝不仅限于物质生产，还需要全社会各行各业去除浮躁，培育和弘扬精益求精、一丝不苟、追求卓越、爱岗敬业的品格，从而提供高品质产品和高水准服务。当前，我们已经踏上实现中华民族伟大复兴的征程，要让蓝图变为现实，让梦想成真，需要一砖一瓦的接力，需要每时每刻的努力，无论在哪个岗位上，我们都应该做一名专注的工匠。

（二）中国制造亟须工匠精神

经过改革开放40多年的发展，我国经济正摆脱低端竞争格局，中国制造正在向中高端迈进，工匠精神正是中国制造亟须补上的“精神之钙”。在“大众创业、万众创新”的背景下，我们不仅仅要关注互联网及互联网精神，也要细心呵护热爱发明、崇尚技术、献身工程的“工匠精神”。“互联网精神+工匠精神”，才是一个国家更合理的创新创业驱动力。

1. 改造提升传统产业离不开工匠精神。大到汽车、电器制造，小到制笔、制鞋，国内许多产业的规模居于世界前列，使用的也是一流的机器设备，然而，这些产业长期大而不强，产品档次整体不高，自主创新能力偏弱。

究其原因，工匠精神的缺失不可忽视，只有当一丝不苟、精益求精的执着融入设计、生产的每一个环节，实现由"重量"到"重质"的突围，中国制造才能赢得明天。

2.升级的消费需求在呼唤工匠精神。消费正在成为支撑国内经济增长的重要力量，解决温饱之后，市场面对的是一群越来越"挑剔"的消费者，他们固然喜欢物美价廉，但同时也愿意为新技术和高品质体验"买单"。近年来，中国游客在海外抢购一些小家电、化妆品等，一方面反映出国内制造业品质的短板，另一方面证明国内消费需求正在升级。在这种背景下，企业必须发扬工匠精神，善于从细节发现需求，臻于至善地追求品质，以赢得消费者的青睐。

3.发展新经济、培育新动能也在呼唤工匠精神。一个充满活力、创新驱动的中国，既需要天马行空的"创造力"，也需要脚踏实地的"匠心"。在这个充满创业创新机遇的时代，需要一种不投机取巧的拙朴，真正创造出经得起挑剔目光检验的产品。

因此，坚持弘扬劳模精神、劳动精神和工匠精神，中国经济发展才能进入质量效益时代，中国制造业才能在做大做强中跻身世界前列。工匠是产业发展的重要力量，工匠精神是创新创业的重要精神源泉。2021 年 9 月，党中央批准了中央宣传部梳理的第一批纳入中国共产党人精神谱系的伟大精神，工匠精神被纳入其中。

中华民族伟大复兴的中国梦，需要培养更多的职业技能人才作为支撑制造强国根基，只有让更多的大国工匠脱颖而出，中国才可能实现"创造强国"的梦想。

第五章 走进工匠精神的主要路径

一个优秀工匠可以带动一群人，一群工匠可以带动一个明星企业，一群明星企业可以提升一座城市的核心竞争力，所以，全社会都应重视和弘扬工匠精神。

让工匠精神走进各个行业中，培养出更多的优秀工匠，不可能一蹴而就，需要一代人观念的更新，更需要国家战略、国家意志，如提升职业教育地位、重视技能型人才培养、提高工匠福利待遇、重点扶持某些行业，使工匠安心在自己的领域里追求极致、精益求精，并将技术与精神一代一代传承下去。

第一节

重视人才，建立健全弘扬工匠精神体制

一、完善体制机制，重视人才培养

古往今来，人才都是富国之本、兴邦大计。党的十八大以来，习近平总书记在不同场合强调要爱才惜才，聚天下英才而用之。人才是未来中国创新发展之路上的原动力，只有重视人才培养，健全完善弘扬工匠精神体制机制，才能为中国创新发展提供源源不断的原动力。

建立政策引导机制，探索社会各方培养工匠精神和工匠人物的方法和途径。对那些在员工长期培训、再教育方面取得优异成绩的企业，政府应给予力度较大的财政补贴和专项奖励，并进行宣传。支持企业培训中心与职业院校联合办学，鼓励企业加大投入培养工匠人才。

建立工匠评价考核体系，为技艺精湛的工匠获得更好的职业发展和薪酬待遇创造条件，使工匠有地位、有较高收入、有发展通道，从机制上保证工匠有良好的生活和工作环境，得到社会的尊重和认可。

健全激励保障制度，对各行业涌现的工匠加大表彰奖励力度，引导广大劳动者精益求精钻研技术，干一行爱一行，干一行钻一行，用勤劳和智慧创造更多社会财富和美好人生。

党的十八大以来，我们党和国家高度重视工匠精神的宣传，开展了一系列表彰活动，营造了良好的工匠成长社会氛围。习近平总书记在全国第一届职业技能大赛开幕式贺信中指出，各级党委和政府要高度重视技能人才工作，大力弘扬劳模精神、劳动精神、工匠精神，激励更多劳动者特别是青年一代走技能成才，技能报国之路，培养更多高技能人才和大国工匠，为全面建设社会主义现代化国家提供有力人才保障。

习近平总书记在2019年的新年贺词中回顾国家重大成就时说，这一年，中国制造、中国创造、中国建造共同发力，继续改变着中国的面貌。嫦娥四号探测器成功发射，第二艘航母出海试航，国产大型水陆两栖飞机水上首飞，北斗导航向全球组网迈出坚实一步。在此，我要向每一位科学家、每一位工程师、每一位"大国工匠"、每一位建设者和参与者致敬。

2019年，我们迎来了中华人民共和国成立70周年，回望这70年，中国在从站起来、富起来到强起来的历史征程中，正是每一位科学家、每一位工程师、每一位"大国工匠"、每一位建设者和参与者，将他们对工匠精神的理解，升华成了对祖国的无限忠诚，追逐梦想，接续奋斗，才铸就了今天的中国荣耀！

二、首届10位"大国工匠年度人物"

2018年6月，由中华全国总工会、中央广播电视总台联合举办的首届"大国工匠年度人物"发布活动启动以来，各级工会层层组织推荐选拔，职工群众广泛参与，组委会办公室经过认真审核材料、广泛征求意见、反复对比遴选，从推荐人选中初选出50位"大国工匠年度人物"候选人。由30位相关领域知名专家、劳模代表、资深媒体人士组成的专家评委会，经过严格评审，从候选人中评选出10位"大国工匠年度人物"。

2019年3月1日晚8点，中华全国总工会、中央广播电视总台举办了2018年"大国工匠年度人物"颁奖典礼，获奖人物的主要事迹及颁奖词如下：

1.高凤林，中国航天科技集团有限公司第一研究院首席技能专家，焊接火箭"心脏"发动机的中国第一人。长征系列火箭是我国最重要的运载火箭，40%的长征系列火箭"心脏"的焊接都出自高凤林之手。精湛的技艺将火箭心脏的最核心部件——泵前组件的产品合格率从29%提升到92%，破解了20多年来掣肘我国航天事业快速发展的难题。火箭生产的提速让中国迎来了航天密集发射的新时代。

对高凤林的颁奖词：突破极限精度，将龙的轨迹划入太空；破解20载难题，让中国繁星映亮苍穹！焊花闪烁，岁月寒暑，高凤林，为火箭铸

“心”,为民族筑梦!

2.李万君,中车长春轨道客车股份有限公司首席焊工,破解“复兴号”动车组列车核心技术难题的焊工。复兴号,当今世界上大规模运行的动车组列车,目前最高运营时速350千米。李万君以独创的一枪三焊的新方法破解转向架焊接的核心技术难题,实现我国动车组研制完全自主知识产权的重大突破,也焊出了世界新标准,推动复兴号的批量生产成为现实。如今每天290多对复兴号风驰电掣,已经成为闪耀世界的中国名片。

对李万君的颁奖词:一把焊枪,一双妙手,他以柔情呵护复兴号的筋骨;千度烈焰,万次攻关,他用坚固为中国梦提速。李万君,那飞驰的列车,会记下你指尖的温度!

3.夏立,中国电子科技集团公司第54研究所高级技师。钳工是个普通的工种,但是能将手工装配精度做到0.002毫米绝不简单,这相当于头发丝直径的四十分之一。30多年来,夏立亲手装配的天线指过北斗,送过神舟,护过战舰,亮过“天眼”,他从17岁的学徒工成长为身怀绝技的大国工匠,在人类极目宇宙的背后是一份极致的磨砺。

对夏立的颁奖词:技艺吹影镂尘,擦亮中华翔龙之目;组装妙至毫巅,铺就嫦娥奔月星途。夏立,当“天马”凝望远方,绵延着我们的期待,也温暖你的梦想!

4.王进,国网山东省电力公司检修公司输电检修中心带电班副班长。特高压带电作业是世界上最危险的工作之一,被称为“刀锋上的舞者”。215米,70层楼高,这是特高压带电检修工王进常常攀爬的高度。王进,在±660千伏超高压直流输电线路上带电检修的世界第一人!目前,我国在运、在建特高压工程24项,线路长3.5万千米,累计输电超过1万亿千瓦·时,均居世界第一。

对王进的颁奖词:平步百米铁塔,横穿超、特高压。世界第一的荣耀,他直面生死从容写下!王进,在“刀锋”上起舞,守护着岁月通明,灯火万家!

5.朱恒银,安徽省地矿局313地质队教授级高级工程师。地质钻探的水平体现着一个国家的综合实力。朱恒银的定向钻探技术彻底颠覆传统,取芯的时间由30多个小时,一下缩短到了40分钟;在全国50多个矿区推广应用后，产生的经济效益高达数千亿，填补7项国内空白。44年，朱恒银，一个普通的钻探工人，用智慧、毅力向技艺的巅峰不断挑战。

对朱恒银的颁奖词：从地表向地心，他让探宝“银针”不断挺进。一腔热血，融入千米厚土；一缕微光，射穿岩层深处。朱恒银，让钻头行走的深度，矗立为行业的高度！

6.乔素凯，中国广核集团运营公司大修中心核燃料服务分部工程师、核燃料修复师。核电站代表着一个国家的高端制造业水平。乔素凯作为国内唯一的核燃料组件修复团队领军人，26年来参与20多台核电机组、100多次核燃料装卸任务，带领团队操作零失误。2018年初，历经10年研发的核燃料组件整体修复设备，更是成功打破国外长期垄断。

对乔素凯的颁奖词：4米长杆，26年，56000步的零失误让人惊叹！是责任，是经验，更是他心里的“安全大于天”！乔素凯，你的守护，如同那汪池水，清澈蔚蓝！

7.陈行行，中国工程物理研究院机械制造工艺研究所高级技师。年仅29岁的陈行行是国防军工行业的年轻工匠，在新型数控加工领域以极致的精准向技艺极限冲击。用在尖端武器装备上的薄薄壳体，通过他的手，产品合格率从难以逾越的50%提升到100%。一个人最大的自豪是，这个世界不必知道他是谁，但他参与的事业却惊艳了世界。

对陈行行的颁奖词：青涩年华为多彩绽放，精益求精铸就青春信仰。大国重器的加工平台上，他用极致书写精密人生。陈行行，胸有凌云志，浓浓报国情！

8.王树军，潍柴动力股份有限公司首席技师。在世界上最繁忙的重型柴油机生产线，平均每95秒就有一台大功率低能耗的发动机下线。王树军，一个普通的维修工，闯进国外高精尖设备维修的禁区，针对国外产品的设计缺陷，突破进口生产线的技术封锁，生产出我国自主研发的大功率低能耗发动机。让中国在重型柴油机领域和世界最强者站在了同一条水平线上。

对王树军的颁奖词：他是维修工，也是设计师，更像是永不屈服的斗士！临危请命，只为国之重器不能受制于人。王树军，中国工匠的风骨，在平凡中非凡，在尽头处超越！

9.谭文波,中国石油集团西部钻探工程有限公司高级技师。坚守大漠戈壁20多年,被称为油田的"土发明家"。他冒着生命危险研制出电动液压地层封闭技术,这是中国自主产权技术,也是世界首创的新技术,打破了地层封闭工具都要从国外引进的局面,也为世界石油技术实现了一次重大革新。如今,他发明的试油工具正在广泛使用,创造直接经济效益几千万元。

对谭文波的颁奖词:听诊大地弹指可定,相隔厚土锁缚气海油龙。宝藏在黑暗中沉睡,他以无声的温柔唤醒。谭文波,你用黑色的眼睛,闪亮试油的"中国路径"!

10.李云鹤,敦煌研究院原副院长、修复师。敦煌第一位专职修复工匠,几十年写下一百多本修复笔记,建立起一套科学的工序流程。独创了大型壁画整体剥离的巧妙技法,既不伤害上层壁画,又让掩藏得更为久远的历史舒展卷轴无限增值。他说,要对得起祖先,对得起子孙。把这么多珍贵遗产的生命延续下去。

对李云鹤的颁奖词:风刀沙剑,面壁一生。洞中一日,笔下千年!六十二载潜心修复,八十六岁耕耘不歇。李云鹤,用心做笔,以血为墨,让风化的历史暗香浮动,绚烂重生!

还有不得不提及的工匠精神群相:港珠澳大桥建设者集体。港珠澳大桥是目前世界上最长的跨海大桥,它被誉为桥梁界的珠峰,水上长城,整整15年的建设工期,创造了7项世界之最,港珠澳大桥以新世界七大奇迹之一的美誉,让来自中国的超级大工程又一次被载入了史册。

在这项震撼世界的工程背后,是30000多名中国建设者的智慧凝聚、集体攻坚。也许我们无法记住每一个人的面孔,但是他们拥有一个共同的响亮的名字——中国工匠!

在浩瀚的伶仃洋上,一条巨龙跃海而起,集桥、岛、隧为一体的超级工程——港珠澳大桥,人类当代桥梁建设工程史上的最壮丽彩虹。这,是一座创造纪录的大桥,7项突破刷新世界桥梁建设新纪录;这,是一座挑战极限的大桥:120万吨钢材,300万方混凝土,足以抵御16级台风和8级地震。

港珠澳大桥管理局总工程师苏权科说:"每一个人都抱着一种信念,把港珠澳大桥做成一个经得起历史考验的伟大工程。"

2600多吨的海豚钢塔，180度翻身起吊，34节预制沉管，拼接成6.7千米的世界最长海底公路沉管隧道，每一节沉管近8万吨，哪怕将它挪动1厘米，都需要一支舰队的力量。

对港珠澳大桥建设集体颁奖词：3000多个日日夜夜，30000名气吞风涛的建设大军，30000双劲健有力的工匠之手，30000个智慧巧思的头脑。高效运转，系统集成，创造出世界顶级大桥，成就中国工匠的巅峰之作！

上述这些“大国工匠”，基本上都是奋战在一线的杰出劳动者，他们以其聪明才智、敬业勤勉，书写着一线劳动者的不平凡。他们为我们的时代、社会作出突出的贡献，让我们为之震惊、为之叹服、为之激动、为之点赞。

三、2021年“大国工匠年度人物”

2021年7月，由中华全国总工会、中央广播电视总台联合举办的2021年“大国工匠年度人物”活动发布以来，经过推荐、自荐、初选、专家评委会严格评审等环节，最终评选出10位2021年“大国工匠年度人物”，2022年3月2日正式揭晓，名单如下：

2021年度“大国工匠”名单：

艾爱国　湖南华菱湘潭钢铁有限公司焊接顾问

刘湘宾　中国航天科技集团九院7107厂数控铣工

陈兆海　中交一航局第三工程有限公司工程测量工

周建民　中国兵器淮海工业集团有限公司十四分厂工具钳工

洪家光　中国航发黎明工装制造厂数控车工

刘更生　北京金隅天坛家具股份有限公司龙顺成公司工艺总监

卢仁峰　内蒙古第一机械集团有限公司焊工

徐立平　中国航天科技集团有限公司四院7416厂班组长

张路明　广州海格通信集团股份有限公司无线电通信设计师

刘　丽（女）大庆油田有限责任公司第二采油厂第六作业区48队采油工

四、2022年“大国工匠年度人物”

为深入学习宣传贯彻党的二十大精神，大力弘扬劳模精神、劳动精神、工匠精神，团结引领广大职工为全面建设社会主义现代化国家、全面推进中华民族伟大复兴不懈奋斗，2023 年 2 月 28 日由中华全国总工会和中央广播电视总台联合开展了 2022 年“大国工匠年度人物”发布活动，并在江苏省南京市录制发布仪式，现场揭晓 10 位“大国工匠年度人物”：

秦世俊　航空工业哈尔滨飞机工业集团有限责任公司数控铣工

郑志明　广西汽车集团有限公司钳工

成卫东　天津港集团第一港埠有限公司港口内燃装卸机械司机

母永奇　中国中铁隧道局集团盾构操作工

何小虎　中国航天科技集团有限公司第六研究院西安航天发动机有限公司数控车工

田得梅（女）中国水利水电第四工程局有限公司机电安装分局桥式起重机司机

冯新岩　国网山东省电力公司超高压公司电气试验工

周琦炜　中国商飞上海飞机制造有限公司飞机装配工

孟　维　徐工集团徐州重型机械有限公司数控车工

郭汉中　四川广汉三星堆博物馆文物修复师

五、2023 年“大国工匠年度人物”

2024 年 3 月 1 日，由中华全国总工会、中央广播电视总台主办的 2023 年“大国工匠年度人物”发布活动，在四川省成都市揭晓 10 位“大国工匠年度人物”：

彭　菲（女）汉王科技股份有限公司高级工程师

董礼涛　哈电集团汽轮机厂公司数控铣工、特级技师

杨戌雷　上海城投污水处理有限公司白龙港污水处理厂高级技师

张帅坤　中国铁建重工集团股份有限公司正高级工程师

崔兴国　东方电气集团东方电机有限公司水轮机装配特级技师

吴顺清　荆州文物保护中心研究馆员

许映龙　国家气象中心（中央气象台）首席预报员

李　辉　南方电网云南昆明供电局变电修试所继电保护工、特级技师

张国云　特变电工股份有限公司新疆变压器厂工艺技术员、特级技师

潘从明　金川集团铜贵有限公司贵金属冶炼工、特级技师

第二节

完善制度,营造工匠成长的良好社会氛围

一、人才培养需要政府企业共同努力

我国自古就有尊崇和弘扬工匠精神的优良传统,世界上的大国崛起无不有工匠精神的底色。习近平总书记强调,各级党委和政府要充分“激发广大劳动群众的劳动热情和创新创造活力,切实保障广大劳动群众合法权益。用心帮助广大群众排忧解难,推动全社会进一步形成崇尚劳动、尊重劳动者的良好氛围”。2023年在五一国际劳动节到来之际,习近平总书记向全国广大劳动群众致以节日的祝福和诚挚的慰问:“希望广大劳动群众大力弘扬劳模精神、劳动精神、工匠精神、诚实劳动、勤勉工作、锐意创新、敢为人先,依靠劳动创造扎实推进中国式现代化在强国建设、民族复兴的新征程上充分发挥主力军作用。”

当前,我国正由高速发展阶段向高质量发展阶段转变。要进一步完善工匠培育机制,加强顶层设计,需要一套行之有效的制度保障,打通体制机制障碍健全技能人才培养、使用、评价、激励制度。大力发展现代职业教育、提高技能人才素质,努力搭建一个高技能产业工人培养体系,加强宣传引导,让技能改变命运的价值观念深入人心,倡导劳动者主动学、用心钻、追求卓越、精益求精。制度带有根本性、全局性、稳定性和长期性,没有好的制度,“工匠”不可能产生及成长。

人才培养需要政府企业两个主体长期共同努力,在政府主导下,社会

各方积极参与,尊崇质量、创造质量、共享质量。一是加强新时代工匠人才的培育,进一步落实企业办校的相关激励政策。我国“十四五”规划指出,加大人力资本投入,深化职普融通、产教融合、校企合作,探索中国特色学徒制,大力培养技术技能人才。例如,2019年出台的《国家职业教育改革实施方案》等。二是加强新时代工匠人才保障制度,进一步营造发扬工匠精神的良好氛围。进一步完善技工等级晋升制度,职业技能等认定政策,建立学历、技能证书互认制度,加大对工匠人才的公共服务水平,在子女教育、医疗保障等方面给予支持,社会要持续开展尊重工匠、崇尚工匠相关宣传表彰活动,形成良好社会氛围。例如,陕西为了培养“工匠”,弘扬工匠精神,加快陕西发展,专门制定印发了《陕西省“三秦工匠计划”实施办法》。

2018年7月17日《陕西日报》报道, 陕西省委办公厅、省政府办公厅联合制定印发《陕西省“三秦工匠计划”实施办法》,计划用5年左右的时间,面向省内外培养引进支持不同层次、不同领域技术技能人才1100名左右。

“三秦工匠计划”由三秦工匠、陕西省首席技师、陕西省技术能手三个项目构成。其中,三秦工匠项目每年遴选一批,陕西省首席技师项目每两年遴选一批,陕西省技术能手项目每年遴选一批。项目选拔范围为各级各类经济组织、机关事业单位中在基层一线岗位上直接从事技能工作的人员,以及符合条件的自由职业者。

根据《陕西省“三秦工匠计划”实施办法》安排,陕西省将“三秦工匠计划”项目入选者纳入省优秀人才资源信息库管理,并在奖励资助、技能交流、专项培训、项目申报等方面给予政策支持。项目入选者技术成果转化所得收益,应当按照一定比例分配给个人。同时,陕西省鼓励企业设立三秦工匠、陕西省首席技师、陕西省技术能手岗位,参照企业经营者实行年薪制。此外,还将对“三秦工匠计划”项目入选者实行动态管理,每年进行一次考核,管理期内不再从事技能或技术岗位工作的,或调往省外的,可继续保留其称号,但不再享受有关待遇。

《陕西省“三秦工匠计划”实施办法》要求,“三秦工匠计划”项目入选者应当自觉履行社会责任,积极参加社会公益事业,承担“名师带徒”义务，进行技能传承和人才培养。

二、“三秦工匠”被纳入陕西省“十三五”人才计划

“三秦工匠”是由陕西省总工会最先创立、后被提升到省委、省政府表彰的荣誉。2016年，陕西省总工会创立“三秦工匠”，当年8月，省总工会首次表彰10名顶尖技术工人为“三秦工匠”并奖励每人1万元。

2017年10月，陕西省总工会再次表彰10名“三秦工匠”。2018年7月，陕西省委办公厅、省政府办公厅印发《陕西省“三秦工匠计划”实施办法》，将陕西省总工会表彰的“三秦工匠”提升到由省委、省政府表彰的荣誉，并且纳入陕西省“十三五”人才计划。

2019年2月21日上午，陕西省在西安人民大厦大宴会厅召开大会，隆重表彰2018年“三秦工匠”，来自全省各行各业的20名技术“大拿”，意气风发地走上“三秦工匠”领奖台。他们在不同岗位上刻苦钻研、创新创业，紧紧围绕追赶超越和“五个扎实”要求，全面落实“五新”战略任务，永不放弃、不言败的坚守，有力推动了技术创新和质量提升，为陕西省经济高质量发展作出了积极贡献。

省总工会在2016年、2017年先后命名表彰了20名“三秦工匠”的基础上，2018年通过与省政府召开第26次联席会议，形成落实《产业工人队伍建设改革实施方案》的具体意见，推动制定《陕西省“三秦工匠计划”实施办法》，每年选拔树立20名“三秦工匠”，由省委、省政府表彰，激励产业工人创先争优、勇攀高峰。

“‘三秦工匠’入选者，省财政给予每人5万元的奖励资助，其中1万元奖励‘三秦工匠’获得者个人，4万元用于劳模和工匠人才创新工作室建设，支持其开展技术创新、人才培养和团队建设等。”省总工会技协办主任喻伯兴说，“三秦工匠”作为正式荣誉，已纳入国务院备案，并列入《陕西省“十三五”人才发展规划》。

首批受表彰的“三秦工匠”、中国航天科技集团公司第四研究院7416厂航天发动机固体燃料药面整形组组长徐立平这次也来到了现场。不同的是，他这次坐在了主席台上，并以省总工会兼职副主席的身份，向新一批“三秦工匠”颁奖。徐立平感慨地说：“‘三秦工匠’是陕西对高技能人才的

一个非常重要的奖项,本届的'三秦工匠'升格为省委、省政府表彰,这必将激励广大职工掀起学习技术技能、立足本职建功立业的热潮,在助力陕西追赶超越的过程中发挥更加重要的作用。"

在表彰大会现场,"三秦工匠"、陕鼓动力股份有限公司装配钳工唐正钢说,自己将继续在品质上追求质量零缺陷,在技术工人队伍培养上当好排头兵,厚植工匠精神,助力企业高质量发展。"三秦工匠"、西安航天动力机械有限公司电焊工范新阳表示,自己将和其他高技能人才一起做好人才梯队的培养工作,助力青年员工的成长,为我国航天事业的发展铸就一支有理论知识、有过硬技能的人才梯队。

2019 年 2 月 3 日,陕西省委、省政府下发关于命名表彰 2018 年"三秦工匠"的决定,授予唐正钢等 20 人"三秦工匠"称号,颁发证书和奖章,并按规定给予奖励。具体名单如下:

唐正钢　西安陕鼓动力股份有限公司装配钳工、高级技师
高喜喜　西安西电开关电气有限公司数控车工、高级技师
田浩荣　宝鸡机床集团有限公司装配钳工、技师
王汝运　中铁宝桥集团有限公司电焊工、高级技师
李　强　中盐榆林盐化有限公司维修电工、高级技师
宋卫东　陕西化建工程有限责任公司钳工、高级技师
范新阳　西安航天动力机械有限公司电焊工、高级技师
刘湘宾　陕西航天时代导航设备有限公司铣工、高级技师
叱培洲　陕西铁路工程职业技术学院电焊工、高级技师
侯海峰　秦川机床工具集团股份公司装配钳工、高级技师
王　军　陕西钢铁集团有限公司龙钢公司维修电工、高级技师
范小东　中国飞行试验研究院外勤机械工、高级技师
朱　力　西北工业集团有限公司加工中心操作工、高级技师
霍　威　陕西群力电工有限责任公司工具钳工、高级技师
祁　磊　陕西中烟工业宝鸡卷烟厂烟机设备修理工、高级技师
王海荣　陕西延长石油(集团)宝塔采油厂井下作业工、高级技师
禹　康　国网陕西省电力公司安康供电公司配电线路工、高级技师
沈龙庆　陕西建工集团有限公司电工、高级技师

刘志韬　中国铁路西安局集团宝鸡工务段探伤工、高级技师

王　博　陕西省花店业协会花艺环境设计师、高级技师

陕西省委、省政府高度重视，各地市也纷纷召开大会，隆重表彰工匠，掀起了学习工匠精神、争当先进模范的热潮。

三、“西安十佳工匠之星”暨“西安工匠”

2018 年 6 月 21 日，西安市召开大会，隆重表彰 2018 年“西安十佳工匠之星”暨“西安工匠”。“西安十佳工匠之星”每人获 3 万元奖励，“西安工匠”每人获 1 万元奖励。“西安工匠”和“西安十佳工匠之星”是西安市为技能人才设立的最高奖项，这是西安市继 2017 年首次表彰之后的第二次表彰。

2018 年的评选表彰活动是经西安市政府同意，西安市委组织部、市委人才办、市人力资源和社会保障局、市总工会联合组织开展的。评选活动从 3 月启动，坚持开放包容和公平、公开、公正的原则，面向西安地区，经征集报名、组织推荐、专家评审、实地考察、公示监督等环节评选出 10 名“西安十佳工匠之星”和 90 名“西安工匠”。

此次评选涉及 12 大类 80 个专业工种，涵盖装备制造、航空航天、工程建设、农林水利、现代服务、新能源、环保、轨道交通、文化传承等。涉及工种较首届的 50 个工种增加了近 60%。新增的工种主要是一些新产业、传统产业的新技术工种，如刑侦、物流、制药、飞机维护、印钞、古琴、陶艺、美容美发等，专业更加全面、更加丰富，而且区分更加精细。10 名“西安十佳工匠之星”名单如下：

白　莲　西安中核核仪器有限公司

郭缠俊　西安盛源葡萄科技有限公司

高喜喜　西安西电开关电气有限公司

王乃良　鄠邑区王乃良农民画精品工作室

朱　涛　西安昱诚酒店管理有限公司

李永军　中车西安车辆有限公司

杨　岗　西安泾渭钻探机具制造有限公司

杨　峰　西安航天六院 7103 厂

杨　萍(女) 中国电子科技集团公司第二十研究所

张凤奇　西安飞机工业(集团)有限责任公司

四、"宝鸡工匠之星"

2018年9月4日晚,"匠心筑梦·让梦起航"——"宝鸡工匠之星"颁奖典礼在宝鸡市工人文化宫举行,现场授予周红亮、田浩荣、白芝勇等10人为"宝鸡工匠之星"。受表彰的10名"宝鸡工匠之星",分别来自装备制造、航空航天、现代服务等不同行业、不同工作岗位,他们个个身怀绝活绝技,有着"精益求精、敬业守信、严谨专注、创新传承"的工匠精神,充分彰显了宝鸡市作为建设装备制造名城排头兵的风采。

近年来,宝鸡市高度重视技能人才培育,组织开展追赶超越劳动竞赛、技能比武、技术创新等活动。全市广大职工秉承精益求精、持之以恒、爱岗敬业、创新奉献的精神,奋战在追赶超越第一线,以精湛技艺、精致产品、精细品质,打造了宝鸡制造、宝鸡创造的亮丽名片,为宝鸡经济社会发展作出了新的贡献。

当天颁奖典礼分为敬业、精益、专注、传承、创新五个篇章,台上表演者们用优美的舞姿、嘹亮的歌声、精彩的诗朗诵,讴歌劳动群众,致敬"宝鸡工匠之星",传递最美力量。现场用视频播放的形式,讲述了"宝鸡工匠之星"的动人故事,让台下观众真切感受到劳动之美,感悟工匠精神的力量,10名"宝鸡工匠之星"还齐声朗诵了《宝鸡工匠宣言》,并一同点亮了代表工匠精神的启动球。"宝鸡工匠之星"名单如下:

田浩荣　宝鸡机床集团有限公司智能制造研究所新产品试制班装配钳工

席小军　陕西汽车控股集团公司汽车装备制造厂装备车间铣磨班班长

彭永利　陕西长岭电气有限责任公司机加中心装配班班长

周红亮　国网宝鸡供电公司运维检修部秦岭输电运维班班长

杨忠州　宝鸡机床集团公司装配车间综合班数控机床试车工

白芝勇　中铁一局集团五公司宝鸡精测分公司工程测量工

马新平　宝鸡石油机械有限公司钢结构厂马新平班班长

王汝运　中铁宝桥集团有限公司钢结构车间电焊组电焊工

胡德虎　宝鸡石油钢管有限责任公司输送管公司制管三分厂自动焊焊工

林克明　陕西西凤酒股份有限公司酒体设计中心高级品酒师

五、2020年度“三秦工匠”

人常说：“榜样的力量是无穷的。”在以“三秦工匠”为楷模的力量的感召下，三秦大地营造了劳动光荣的社会风尚和精益求精的敬业风气，各行各业的工匠能手书写着出彩人生。2020年以来，陕西省广大职工立足本职、拼搏奉献，涌现出一大批爱岗敬业、精益求精、勇于创新、追求卓越、业绩突出的优秀职工，为夺取疫情防控和经济社会发展双胜利发挥了重要作用。陕西省委、省政府决定授予李国栋等20名同志2020年“三秦工匠”称号，颁发荣誉证书和奖章并给予奖励。具体名单如下：

李国栋　陕西飞机工业(集团)有限公司飞机钣金工、高级技师

曹文军　宝鸡石油钢管有限责任公司卷管成型工、高级技师

李桐坡　神华神东煤炭集团有限责任公司维修电工、高级技师

杨文宗　陕西历史博物馆文物修复师

刘　欢　陕西省地方电力(集团)公司咸阳供电分公司配电线路工、技师

商　杰　宝鸡石油机械有限责任公司焊工、高级技师

宋子深　陕西航天时代导航设备有限公司车工、高级技师

唐　建　中核陕西铀浓缩有限公司铀浓缩生产供取料操作工、高级技师

白景朝　延长油田股份有限公司南泥湾采油厂采油工、技师

焦悦峰　陕煤集团神木柠条塔矿业有限公司矿井维修电工、高级技师

魏　诚　中国石油长庆油田分公司第四采油厂采油工、高级技师

张　超　陕西法士特汽车传动集团有限责任公司数控铣工、高级技师

刘金浪　西安优耐特容器制造有限公司焊工、高级技师

时　晶(女)国网陕西省电力公司宝鸡供电公司电能表修校工、高级技师

王小卫　中国铁路西安局集团公司西安机务段动车组指导司机、高级技师

蔡　松　陕西宏远航空锻造有限责任公司锻造工、高级技师

王永智　中车西安车辆有限公司维修电工、高级技师

代小刚　中国航发西安动力控制科技有限公司铣工高级技师

胡步洲　西安西电开关电气有限公司装配钳工、高级技师

薛　东　陕西汽车控股集团有限公司钳工、高级技师

六、2021年度“三秦工匠”

2021年，为了不断壮大高技能人才队伍，推动产业工人队伍建设改革走深走实，经陕西省委、省政府批准，将加大“三秦工匠”选树力度，评选名额由往年20名增加至40名。经推荐申报、专家评审、会议研究，2021年12月，陕西省委、省政府决定授予王勇军等同志“三秦工匠”荣誉称号。具体名单如下：

王勇军　中车西安车辆有限公司机修钳工，高级技师

周　辉　西安市轨道交通集团有限公司机修钳工、高级技师

杨　志　中铁一局集团第五工程有限公司工程测量工、高级技师

蔡　嵘（女）陕西法士特汽车传动集团有限责任公司维修电工、高级技师

侯晓雯（女）咸阳纺织集团有限公司细纱挡车工、技师

张学峰　华能铜川照金煤电有限公司继电保护工、高级技师

王红来　西安重装铜川煤矿机械有限公司车工、高级技师

王　勇　陕西中汇煤化有限公司钳工、技师

陈海军　中冶陕压重工设备有限公司制齿工、高级技师

张发珠　延长油田股份有限公司吴起采油厂井下作业工、高级技师

朱东华　陕西中烟工业有限责任公司延安卷烟厂烟机设备修理工、高级技师

王新伟　陕西榆林能源集团杨伙盘煤电有限公司焊工、高级技师

温　伟　中核陕西铀浓缩有限公司控制系统与装置修理工、高级技师

赵小燕　安康职业技术学院焊工、高级技师

李战荣　国网陕西省电力有限公司商洛供电公司电测仪表工、高级技师
张德杰　陕西化建工程有限责任公司焊工、高级技师
梁小伟　北方光电股份有限公司电子设备装接工、高级技师
何小虎　中国航天科技集团有限公司第六研究院 7103 厂车工、高级技师
赵伟清　陕西北方动力有限责任公司加工中心操作调整工、高级技师
王　靖　陕西黄河集团有限公司钳工、高级技师
肖　彬　中航飞机起落架有限责任公司燎原分公司车工、技师
万胜强　中航西安飞机工业集团股份有限公司飞机铆装钳工、高级技师
张永乐　西安理工大学数控铣工、高级技师
李　伟　西安航空职业技术学院数控铣工、高级技师
冯　敏　陕煤集团神南产业发展有限公司电工、高级技师
强会明　宝鸡石油钢管有限责任公司无损探伤工、高级技师
唐子阳　中煤科工集团西安研究院有限公司钳工、高级技师
冯建斌　陕西龙门钢铁有限责任公司维修电工、高级技师
付战武　陕西陕焦化工有限公司维修电工、高级技师
袁培东　九冶建设有限公司焊工、高级技师
王战义　陕西省交口抽渭灌溉中心泵站运行工、技师
孙　健　中交西安筑路机械有限公司焊工、高级技师
彭　东　中铁二十局集团第四工程有限公司工程测量工、高级技师
李国强　中铁七局集团西安铁路工程有限公司工程测量工、高级技师
杨联东　中国水利水电第三工程局有限公司金属结构制作与安装工、技师
孟新莉(女)陕西柳林酒业集团有限公司品酒师、高级技师
田　浩　国网陕西省电力有限公司宝鸡供电分公司电工、高级技师
李　军　安康水力发电厂水轮机组检修工、高级技师
杨　玲(女)中国石油长庆油田分公司第一采气厂采气工、高级技师
曹军明　中国铁路西安局集团有限公司宝鸡供电段接触网工、高级

技师

七、2022年度“三秦工匠”

2023年4月15日，陕西省委、省政府关于命名表彰2022年度“三秦工匠”的决定，授予黄卫等40名同志“三秦工匠”称号，颁发荣誉证书和奖章并给予奖励。要求各级党委和政府要以开展高质量项目推进年、营商环境突破年、干部作风能力提升年“三个年”活动为契机，抓好抓实高技能人才工作，不断健全技能人才培养、使用、评价、激励制度，加快构建高技能人才工作体系，培养更多“三秦工匠”“大国工匠”，不断壮大高技能人才队伍，为奋进中国式现代化新征程、谱写陕西高质量发展新篇章作出新的更大贡献。具体名单如下：

黄　卫　陕西飞机工业有限责任公司钳工、高级技师

王惜平　陕西宝成航空仪表有限责任公司数控车工、高级技师

董永亨　西安理工大学加工中心操作工、高级技师

王　明　中国兵器工业第二〇四研究所特种化学检验工、高级技师

李祖锋　中国电建集团西北勘测设计研究院有限公司工程测量工、高级技师

李文群　国网陕西省电力有限公司铜川供电公司高压线路带电作业工、高级技师

刘春斌　中国石油集团测井有限公司长庆分公司测井工、高级技师

彭　刚　陕西中烟工业有限责任公司宝鸡卷烟厂烟机设备修理（卷接）工、高级技师

赵彦邦　中国兵器工业集团第二〇二研究所加工中心操作调整工、高级技师

白晓卫　西安煤矿机械有限公司数控车工、高级技师

胡小定　西安西电避雷器有限责任公司电阻体制造工、高级技师

薛　军　西安航天动力研究所焊工、高级技师

李志坚　陕西银河煤业开发有限公司电工、高级技师

连　杰　安康水力发电厂继电保护工、高级技师

张海明　陕西延长石油（集团）有限责任公司榆林炼油厂汽油煤油柴

油加氢装置操作工、高级技师

陈桂萍　中国水利水电第三工程局有限公司电工、高级技师

李　杰　西安航空职业技术学院铣工、高级技师

段明霞（女）中国石油长庆油田分公司天然气净化操作工、高级技师

王　渤　中煤科工集团西安研究院有限公司数控车工、高级技师

张继武　西安印钞有限公司钞券凸版印钞工、高级技师

佘俊锋　西安庆安航空机械制造有限公司数控车工、高级技师

王英锋　中铁宝桥集团有限公司维修电工、高级技师

樊　凡　陕西汽车控股集团有限公司电工、高级技师

屈　翠（女）国网陕西省电力有限公司延安供电公司变电运行工、高级技师

王永全　中铁一局集团第四工程有限公司试验工、高级技师

张明明　陕西五洲矿业股份有限公司化学检验工、高级技师

张　普　陕西建设机械股份有限公司车工、高级技师

李　锋　陕西法士特汽车传动集团有限责任公司加工中心操作工、高级技师

白　静（女）陕西烽火通信集团有限公司无线电装接工、高级技师

张雷刚　中国电子科技集团公司第二十研究所钳工、高级技师

周耀芝（女）中铁二十局集团有限公司工程测量工、高级技师

汪小华　陕西化建工程有限责任公司焊工、高级技师

雷　浩　宝鸡石油钢管有限责任公司埋弧自动焊焊工、高级技师

周信安　陕西国防工业职业技术学院数控铣工、高级技师

乔海军　陕西煤业化工集团小保当矿业有限公司电工、高级技师

高占平　国能锦界能源有限责任公司集控值班员、高级技师

刘　军　中国航天科技集团有限公司第九研究院第七七一研究所计算机调试工、高级技师

魏创科　九冶建设有限公司第七工程分公司焊工、高级技师

杜晓周　宝鸡石油机械有限责任公司镗工、高级技师

陈　军　中冶陕压重工设备有限公司装配钳工、高级技师

第三节

加强培训，推行终身职业技能培训制度

2013年4月28日，习近平总书记在全国总工会同全国劳动模范代表座谈会上，在听完只有初中文化、通过刻苦学习成为高级技师和知识型工人的中铁一局电务公司电力高级技师窦铁成发言后指出："工业强国都是技师技工的大国，我们要有很强的技术工人队伍。"这一论断深刻揭示了国家工业化发展与技术工人队伍建设之间的内在关系，阐明了建设高技术工人队伍对走新型工业化道路的重要性。

伴随科技进步、经济不断发展、产业结构优化升级的工业化过程，是任何一个国家经济发展不可逾越的阶段。纵观世界发展史，成功的工业化既需要创新和应用先进的技术成果，又需要大批高素质技术工人队伍。日本制造的电子产品精细、汽车环保，德国制造的建筑机具耐用，这与其技术领先有关外，还有一个不可忽视的原因，就是这些国家都拥有一支过硬的技师技工队伍。因此说，工业化离不开技术工人队伍作保证，工业强国都是技师技工的大国。

当下，国际竞争愈发激烈，在这种竞争中，人才因素至关重要，而人才的竞争不仅局限于基础科研、应用科研领域，同时展现在工艺技能的竞技场上。无论是支撑一个制造业大国，还是进而言之的创造业大国，都离不开大批高技能人才。在一些高科技产品领域，我国企业经过自主创新已经掌握了核心技术，但仍然难以生产出质量过硬的产品，不能形成产业优势，很大程度上就是因为缺少技术工人，这严重制约着我国在高技术领域的产业化进程，削弱了我国制造业的竞争力。

人才资源是经济社会发展的第一资源。走新型工业化道路,不断提高全民族的自主创新能力,加快转变经济发展方式,主体在企业,关键在人才。提高企业的核心竞争力,不仅需要掌握核心技术的科研人员,而且需要一大批掌握现代生产制造技术的高技能人才,没有这支掌握精湛技能和高超技艺的高技能人才队伍,再先进的科技和机器设备也很难转化为现实生产力,更谈不上以一流的产品、一流的服务和一流的品牌,在激烈的国际市场竞争中抢占一席之地。

培养高技能人才必须全社会重视,认真落实2018年国务院颁发的《关于推行终身职业技能培训制度的意见》(以下简称《意见》)。《意见》指出,职业技能培训是全面提升劳动者就业创业能力、缓解技能人才短缺的结构性矛盾、提高就业质量的根本举措,是适应经济高质量发展、培育经济发展新动能、推进供给侧结构性改革的内在要求,对推动大众创业万众创新、推进制造强国建设、提高全要素生产率、推动经济迈上中高端具有重要意义。

《意见》要求,以习近平新时代中国特色社会主义思想为指导,全面深入贯彻党的十九大和十九届二中、三中全会精神,认真落实党中央、国务院决策部署,统筹推进"五位一体"总体布局和协调推进"四个全面"战略布局,坚持以人民为中心的发展思想,牢固树立新发展理念,深入实施就业优先战略和人才强国战略,适应经济转型升级、制造强国建设和劳动者就业创业需要,深化人力资源供给侧结构性改革,推行终身职业技能培训制度,大规模开展职业技能培训,着力提升培训的针对性和有效性,建设知识型、技能型、创新型劳动者大军,为全面建成社会主义现代化强国、实现中华民族伟大复兴的中国梦提供强大支撑。

完善终身职业技能培训政策和组织实施体系。面向城乡全体劳动者,完善从劳动预备开始,到劳动者实现就业创业并贯穿学习和职业生涯全过程的终身职业技能培训政策。以政府补贴培训、企业自主培训、市场化培训为主要供给,以公共实训机构、职业院校(含技工院校,下同)、职业培训机构和行业企业为主要载体,以就业技能培训、岗位技能提升培训和创业创新培训为主要形式,构建资源充足、布局合理、结构优化、载体多元、方式科学的培训组织实施体系。

围绕就业创业重点群体，广泛开展就业技能培训。持续开展高校毕业生技能就业行动，增强高校毕业生适应产业发展、岗位需求和基层就业工作能力。深入实施农民工职业技能提升计划——“春潮行动”，将农村转移就业人员和新生代农民工培养成为高素质技能劳动者。配合化解过剩产能职工安置工作，实施失业人员和转岗职工特别职业培训计划。实施新型职业农民培育工程和农村实用人才培训计划，全面建立职业农民制度。对城乡未继续升学的初、高中毕业生开展劳动预备制培训。对即将退役的军人开展退役前技能储备培训和职业指导，对退役军人开展就业技能培训。面向符合条件的建档立卡贫困家庭、农村“低保”家庭、困难职工家庭和残疾人，开展技能脱贫攻坚行动，实施“雨露计划”、技能脱贫千校行动、残疾人职业技能提升计划。对服刑人员、强制隔离戒毒人员，开展以顺利回归社会为目的的就业技能培训。

充分发挥企业主体作用，全面加强企业职工岗位技能提升培训。将企业职工培训作为职业技能培训工作的重点，明确企业培训主体地位，完善激励政策，支持企业大规模开展职业技能培训，鼓励规模以上企业建立职业培训机构开展职工培训，并积极面向中小企业和社会承担培训任务，降低企业兴办职业培训机构成本，提高企业积极性。对接国民经济和社会发展中长期规划，适应高质量发展要求，推动企业健全职工培训制度，制定职工培训规划，采取岗前培训、学徒培训、在岗培训、脱产培训、业务研修、岗位练兵、技术比武、技能竞赛等方式，大幅提升职工技能水平。全面推行企业新型学徒制度，对企业新招用和转岗的技能岗位人员，通过校企合作方式，进行系统职业技能培训。发挥失业保险促进就业作用，支持符合条件的参保职工提升职业技能。健全校企合作制度，探索推进产教融合试点。

适应产业转型升级需要，着力加强高技能人才培训。面向经济社会发展急需紧缺职业（工种），大力开展高技能人才培训，增加高技能人才供给。深入实施国家高技能人才振兴计划，紧密结合战略性新兴产业、先进制造业、现代服务业等发展需求，开展技师、高级技师培训。对重点关键岗位的高技能人才，通过开展新知识、新技术、新工艺等方面培训以及技术研修攻关等方式，进一步提高他们的专业知识水平、解决实际问题能力和创新创造能力。支持高技能领军人才更多参与国家科研项目。发挥高技能领军人才在带徒传技、技能推广等方面的重要作用。

大力推进创业创新培训。组织有创业意愿和培训需求的人员参加创业创新培训。以高等学校和职业院校毕业生、科技人员、留学回国人员、退役军人、农村转移就业和返乡下乡创业人员、失业人员和转岗职工等群体为重点,依托高等学校、职业院校、职业培训机构、创业培训(实训)中心、创业孵化基地、众创空间、网络平台等,开展创业意识教育、创新素质培养、创业项目指导、开业指导、企业经营管理等培训,提升创业创新能力。健全以政策支持、项目评定、孵化实训、科技金融、创业服务为主要内容的创业创新支持体系,将高等学校、职业院校学生在校期间开展的"试创业"实践活动纳入政策支持范围。发挥技能大师工作室、劳模和职工创新工作室作用,开展集智创新、技术攻关、技能研修、技艺传承等群众性技术创新活动,做好创新成果总结命名推广工作,加大对劳动者创业创新的扶持力度。

强化工匠精神和职业素质培育。大力弘扬和培育工匠精神,坚持工学结合、知行合一、德技并修,完善激励机制,增强劳动者对职业理念、职业责任和职业使命的认识与理解,提高劳动者践行工匠精神的自觉性和主动性。广泛开展"大国工匠进校园"活动。加强职业素质培育,将职业道德、质量意识、法律意识、安全环保和健康卫生等要求贯穿职业培训全过程。

建立职业技能培训市场化社会化发展机制。加大政府、企业、社会等各类培训资源优化整合力度,提高培训供给能力。广泛发动社会力量,大力发展民办职业技能培训。鼓励企业建设培训中心、职业院校、企业大学,开展职业训练院试点工作,为社会培育更多高技能人才。鼓励支持社会组织积极参与行业人才需求发布、就业状况分析、培训指导等工作。政府补贴的职业技能培训项目全部向具备资质的职业院校和培训机构开放。

建立技能人才多元评价机制。健全以职业能力为导向、以工作业绩为重点、注重工匠精神培育和职业道德养成的技能人才评价体系。建立与国家职业资格制度相衔接、与终身职业技能培训制度相适应的职业技能等级制度。完善职业资格评价、职业技能等级认定、专项职业能力考核等多元化评价方式,促进评价结果有机衔接。健全技能人才评价管理服务体系,加强对评价质量的监管。建立以企业岗位练兵和技术比武为基础、以国家和行业竞赛为主体、国内竞赛与国际竞赛相衔接的职业技能竞赛体系,大力组织开展职业技能竞赛活动,积极参与世界技能大赛,拓展技能人才评价选拔渠道。

建立职业技能培训质量评估监管机制。对职业技能培训公共服务项目实施目录清单管理,制定政府补贴培训目录、培训机构目录、鉴定评价机构目录、职业资格目录,及时向社会公开并实行动态调整。建立以培训合格率、就业创业成功率为重点的培训绩效评估体系,对培训机构、培训过程进行全方位监管。结合国家"金保工程"二期,建立基于互联网的职业技能培训公共服务平台,提升技能培训和鉴定评价信息化水平。探索建立劳动者职业技能培训电子档案,实现培训信息与就业、社会保障信息连通共享。

建立技能提升多渠道激励机制。支持劳动者凭技能提升待遇,建立健全技能人才培养、评价、使用、待遇相统一的激励机制。指导企业不唯学历和资历,建立基于岗位价值、能力素质、业绩贡献的工资分配机制,强化技能价值激励导向。制定企业技术工人技能要素和创新成果按贡献参与分配的办法,推动技术工人享受促进科技成果转化的有关政策,鼓励企业对高技能人才实行技术创新成果入股、岗位分红和股权期权等激励方式,鼓励凭技能创造财富、增加收入。落实技能人才积分落户、岗位聘任、职务职级晋升、参与职称评审、学习进修等政策。支持用人单位对聘用的高级工、技师、高级技师,比照相应层级工程技术人员确定其待遇。完善以国家奖励为导向、用人单位奖励为主体、社会奖励为补充的技能人才表彰奖励制度。

加强职业技能培训服务能力建设。推进职业技能培训公共服务体系建设,为劳动者提供市场供求信息咨询服务,引导培训机构按市场和产业发展需求设立培训项目,引导劳动者按需自主选择培训项目。推进培训内容和方式创新,鼓励开展新产业、新技术、新业态培训,大力推广"互联网+职业培训"模式,推动云计算、大数据、移动智能终端等信息网络技术在职业技能培训领域的应用,提高培训便利度和可及性。

加强职业技能培训教学资源建设。紧跟新技术、新职业发展变化,建立职业分类动态调整机制,加快职业标准开发工作。建立国家基本职业培训包制度,促进职业技能培训规范化发展。支持弹性学习,建立学习成果积累和转换制度，促进职业技能培训与学历教育沟通衔接。实行专兼职教师制度，完善教师在职培训和企业实践制度，职业院校和培训机构可根据需要和条件自主招用企业技能人才任教。大力开展校长等管理人员培训和师资培训。发挥院校、行业企业作用，加强职业技能培训教材开发，提高教材质量，规范教材使用。

加强职业技能培训基础平台建设。推进高技能人才培训基地、技能大师工作室建设，建成一批高技能人才培养培训、技能交流传承基地。加强公共实训基地、职业农民培育基地和创业孵化基地建设，逐步形成覆盖全国的技能实训和创业实训网络。对接世界技能大赛标准，加强竞赛集训基地建设，提升我国职业技能竞赛整体水平和青年技能人才培养质量。积极参与"走出去"战略和"一带一路"倡议中的技能合作与交流。

《意见》指出，地方各级人民政府要按照党中央、国务院的总体要求，把推行终身职业技能培训制度作为推进供给侧结构性改革的重要任务，根据经济社会发展、促进就业和人才发展总体规划，制定中长期职业技能培训规划并大力组织实施，推进政策落实。要建立政府统一领导，人力资源社会保障部门统筹协调，相关部门各司其职、密切配合，有关人民团体和社会组织广泛参与的工作机制，不断加大职业技能培训工作力度。

做好公共财政保障。地方各级人民政府要加大投入力度，落实职业技能培训补贴政策，发挥好政府资金的引导和撬动作用。合理调整就业补助资金支出结构，保障培训补贴资金落实到位。加大对用于职业技能培训各项补贴资金的整合力度，提高使用效益。完善经费补贴拨付流程，简化程序，提高效率。要规范财政资金管理，依法加强对培训补贴资金的监督，防止骗取、挪用，保障资金安全和效益。有条件的地区可安排经费，对职业技能培训教材开发、新职业研究、职业技能标准开发、师资培训、职业技能竞赛、评选表彰等基础工作给予支持。

多渠道筹集经费。加大职业技能培训经费保障，建立政府、企业、社会多元投入机制，通过就业补助资金、企业职工教育培训经费、社会捐助赞助、劳动者个人缴费等多种渠道筹集培训资金。通过公益性社会团体或者县级以上人民政府及其部门用于职业教育的捐赠，依照税法相关规定在税前扣除。鼓励社会捐助、赞助职业技能竞赛活动。

进一步优化社会环境。加强职业技能培训政策宣传,创新宣传方式,提升社会影响力和公众知晓度。积极开展技能展示交流,组织开展好职业教育活动周、世界青年技能日、技能中国行等活动,宣传校企合作、技能竞赛、技艺传承等成果,提高职业技能培训吸引力。大力宣传优秀技能人才先进事迹,大力营造劳动光荣的社会风尚和精益求精的敬业风气。

附录:匠心办学,陕西正大技师学院堪称一面旗帜

2019年4月12日,陕西省技工教育教学工作指导委员会2019年年会在陕西正大技师学院召开。来自全省70余所技工院校的近百名院校长与相关领导观摩了陕西正大技师学院教育教学和实训教学工作,该院采用"七分实训,三分理论"的一体化教学模式以及校企合作、订单培训,让每位学子轻松实现高薪就业的匠心办学模式赢得领导和近百名院、校长的广泛赞誉。

陕西省技工教育教学指导委员会主任徐明说:"我们的会议之所以选择在陕西正大技师学院召开,一方面是因为整个陕西省的技工教育,陕西正大技师学院在民办学校里面,是办学规模最大、办学条件最好的学校之一;另一方面,该学院的办学理念、在毕业生的就业安置等方面应该说做得非常好,也是我们要重点关注和重点扶持的民办学校之一。"

陕西正大技师学院创建于1991年,是经陕西省人民政府批准成立的一所全日制高等职业院校。学院坐落于国家级能源化工基地、榆林国家现代农业科技示范园区,交通便利,环境优美。学院占地500余亩,在校生5000余人。学院下设交通工程学院、经济管理学院、汽车工程学院、建筑工程学院、机电信息工程学院、医学院、艺术学院、能源化工学院等十余个分院,开设50余个国家紧缺型热门专业。

学院新校区总投资5.6亿元人民币,一期投资2.2亿元,2017年已动工扩建,建设国际化标准足球场、体育馆,游泳馆等多座综合性办公楼,校园基本建设已更加全面和完善。学院总建筑面积13万多平方米,绿化面积达50%以上。学校现有计算机实训室、电子电工实训室、汽车检测与维修实训室、采矿仿真实训室、数控编程实训室、钳工实训室、护理实训室、电钢琴实训室、计算机网络实训室等20余个专业实训室,尤其是由中央财政

投资1000万元的化工仿真实训室，堪称西北地区设备最先进、规模最大的化工实训基地。

学院办学坚持以服务地方经济发展为宗旨，紧跟人才市场需求来设置和调整专业。学院自办学以来，一直坚持实施“以就业为导向”的职教理念，由院长亲自抓就业。学校领导率先提出“就业是必需的，高薪就业才是硬道理”的口号，对合格毕业生由学院全部安排就业并跟踪服务五年。多年来，学院的学生就业率都保持在96%以上，尤其是3个特色专业，充分利用西部大开发、大发展的机遇和能源化工基地的用人优势，学院将进一步以就业为导向，深化校企融合，强化订单培养，创办企业冠名班，把优质就业落到实处。近年来，本校生就业在鄂尔多斯化工集团、乌海化工股份有限公司、北元化工集团等200余个大型企业。

以赛竞学、以赛促学、以赛促教是陕西正大技师学院创新教学的思路之一。他们每年都会组织各种技能大赛，在比赛中锻炼学生的技能和实力。2016年至今参加陕西省职业技能大赛中，4人荣获一等奖，10人荣获二等奖，36人荣获三等奖。尤其是2018年4月参加第45届世界技能大赛“重型车辆维修项目”陕西选拔赛中，陕西正大技师学院选手张智鹏获得大赛第二名，邬金龙获得第五名的好成绩。

办最精致的民校，教出最有用的人才。陕西正大技师学院先后与百余家大中型企业开展了校企合作、订单培养模式，让毕业生提前锁定就业岗位，实现高质量就业。28年来，陕西正大技师学院送走了近10万名莘莘学子，当时稚嫩的学子，现已投身社会服务人民，这些实用人才也赢得了社会的广泛赞誉。

西安技师学院院长李长江接受电视记者采访时说：“我深深地感到这是一所非常有责任感的学校，他们以企业的需求为目标，建立了非常科学的成套的教学课程。同时，为了满足学生的需要，为了培养出更加贴近企业需要的学生，他们配置了非常完备的教学实验条件，也有一支非常优秀的教师队伍，所以我想，这样的学校一定是一所让学生放心，让家长满意，让企业满意的学校。”

陕西正大技师学院党委书记、院长任忠宽表示：“省技工教育教学工作指导委员会2019年年会在我院召开，对我院的教学管理，校企合作有很大的促进作用，我们将以这次大会为契机，不断创新办学模式，加强学校内涵管理，为地方经济培养更多合格的人才。”（陕西正大技师学院官网 2019年4月12日）

第四节

锤炼自己，充分发挥个人主观能动性

有这样一个寓言故事。有一团泥土，有幸被做成了一块砖坯。它很高兴，如果可以顺利成了砖，那么自己就再也不会惧怕风吹雨淋了，再也不会在雨雪中一点点流失被搞得分崩离析了，还可能被垒成墙。甚至有可能被运进城市里，和城市里的车水马龙、霓虹笙歌整天待在一块儿。

它被垛在成千上万块砖坯中，和它们一起憧憬着各自美好的未来。它们在徐徐的田野风中兴奋地幻想着自己的未来，倾诉着各自的心灵期盼。就在它们要被幸福的感觉彻底湮没的时候，有一块砖坯突然想起了什么，它“哎哟”一声，说：“我们只顾着坐在这里高谈阔论未来的荣耀和幸福，咱们可别忘了，咱们现在还只是一块砖坯，还要经过那可怕烈火的焚烧痛苦才能最后成为一块砖啊！”

所有的砖坯听了都大吃一惊，一个个顿时变得忧心忡忡、闷闷不乐起来。是呀，现在自己还只是一块砖坯，要想成为一块真正的砖，那还必须在火焰的炼狱里经过艰难而痛苦的淬炼。听说那火焰太无情太厉害了，连铁块都能烧成汁，自己只是泥土，还不知会被那火焰烧得怎样呢？

所有的砖坯一下子全都沉默了，它们忧愁得连话也不想说了。

静默了好久，一块砖坯终于说话了。它说：“既然由土块变成砖一定要经过火焰的淬炼，那么我们就勇敢地去接受吧。如果害怕淬炼，我们永远都只会是一块平凡的泥土,什么时候都难以成为那令人羡慕的好砖。”听了它的话,许多砖坯又渐渐变得兴奋起来,它们都叽叽喳喳地随声附和:“是呀是呀,烈火的炼狱虽然可怕,但这世界上没有一块铁、一块黄金是可以不经过淬炼而成的。既然我们已经抱定决心要成为一块砖,那我们就应该勇敢地去接受火焰的淬炼!”

当大家都随声附和的时候,只有这一块砖坯还在拧着眉头忧愁。它想到火焰的厉害,害怕得几乎要哭出声来,它太想成为城市高楼大厦上一块登高望远无比荣耀的砖了,但自己又确实害怕那火焰的折磨。它想了好久,最后决定悄悄逃离。

第二天,当明亮亮的太阳照进窑场时,一群工人开始来往窑里搬运砖坯了,一批一批的砖坯坐在工人的搬运车上摇摇晃晃地走进了不远处的一孔孔窑里,它们说说笑笑,个个无所畏惧的样子。它们说:“到火狱里去淬炼,我们就可以成为名副其实的砖了。”只有这一块砖坯不声不响,它也杂在三三两两砖坯队伍中,被一只有力的大手搬上了搬运车,但在距离窑口不远的地方,随着搬运车的一个颠簸,它趁机悄无声息地跳落到了地上。它终于逃脱掉了那火狱的可怕淬炼了,它觉得那些乖乖被搬运进窑里的砖坯太傻了。它想笑,它在暗暗地为自己庆幸。过了两天,在窑里被火焰痛苦淬炼了整整两天的砖坯们出来了,它们个个浑身通红,敲一敲锵锵地清脆作响,它们已不是砖坯了,它们成了一块块结实而漂亮的砖。这块砖坯远远地看见了它们,也听见了它们大声说笑和歌唱,它羡慕极了。又过了几天,窑场里又开进了许多汽车,那些砖个个兴高采烈、神采飞扬地一起坐上车走了,它们大都去了远处的城市,可能很快就能站在城市的高楼大厦上,和那喧闹的车流、人流以及缤纷的霓虹灯相处了。这时,这块砖坯后悔极了,它哭了。

后来,下了两场雨,又刮了几场风,这块砖坯开始裂化了。终于在一场滂沱大雨之中,它被淋成了一坨泥巴,被可恶的暴风冲得支离破碎。这时它才彻底明白了,逃避了命运的淬炼,自己就会被命运遗弃成一堆不值分文的废物;逃避了命运的淬炼,就彻底远离了自己的梦想。

怎么不是呢?这世界上,没有一根木头能够不经斧锯的淬炼就可以成为漂亮的桌椅,也没有一块石头不经烈火的淬炼就可以成为黄金。淬炼,是一切抵达自己梦想的唯一路径;淬炼,是成功路上的一座不可缺少的桥梁。

最纯的黄金,往往是经过多次的生命淬炼才成的;最成功的人生,也是经过命运的多次打磨才造就的。

这个故事充分说明了锤炼的重要性。三百六十行,行行出状元。可哪个状元是等来的、想来的、要来的?都是立足本职岗位,兢兢业业、勤奋工作、艰苦奋斗、刻苦钻研得出的成果、获得的荣誉,最终使自己成为一个成功者。

2018年11月,第十四届中华技能大奖获得者名单公布,在30位获奖者中,有一张年轻的面庞引人注目。她就是来自山东德州恒丰纺织有限公司的细纱挡车工、高级技师王晓菲。30多岁,却已经先后获得了"全国劳动模范""全国五一劳动奖章""全国技术能手"等荣誉称号。

荣誉的背后很少有人一帆风顺,而是要付出比常人更多的努力,王晓菲就是如此。

王晓菲刚到恒丰公司细纱车间上班时只有18岁,当时,车间里轰隆隆的机器声和四处飞溅的棉絮令她心烦意乱。细纱车间是整个纺织厂内劳动强度最大的车间,一年四季都要保持在30摄氏度以上高温运转。特别是每年7月到9月高温高湿季节,长时间待在车间,每日重复同样的工作,王晓菲总会面临全身起痱子的情况。

环境的艰苦、操作技术的高要求让不少人退缩了。当时和王晓菲一起来到细纱车间的有42名学员,没过多久,就有不少人提交了辞职信,她也一度打起了"退堂鼓"。"每天都在上千次地重复着同一个动作,手指上被勒出一道道血痕,下了班整个人像散了架一样。"她说。

苦归苦,累归累,但每当看到公司光荣榜上的一张张笑脸,王晓菲心底"当一名纺织状元"的梦想就会被点燃。

"带着梦想工作,枯燥的练兵就不会再让我感到乏味。那时候我苦练操作,大家都说我长在了车间里。"天道酬勤,入行一年后,王晓菲便成为她所在车间的种子队员。她坦言,能在短时间内取得这样的成绩,离不开自己做事的一股专心劲儿。

除了一股"专"劲外,王晓菲还注重创新。"创新意味着超越,是企业生存发展的灵魂和动力。”王晓菲说。在干好本职工作之余，王晓菲把钻研新技术、解决生产难题作为自己的一项使命。公司刚刚开始生产J4.8tex品种时，产品质量不稳定，王晓菲和小组成员一起进行了上百次实验，经多次改良，最终找到了最佳上机工艺，使棉纱一举达到优等质量指标水平，成为公司的拳头产品之一。

在工作中，王晓菲始终坚持“要干就干到最好”的信念，摸索出很多创新性的操作方法。她多次主持公司新品种的开发，带头研发的“军用服饰纱线”和“森林氧吧纱线”均获得国家专利。王晓菲在工作中偶然发现，困扰车间多时的瞬时断头率居高不下的问题是植物染纱线颜色的原因，断头后不易被挡车工发现，进而无法及时处理。在她的坚持下，车间增加了车头激光灯来帮助挡车工及时发现断头。这一改进使挡车中的巡回减少了50%，为企业创造了效益，进一步增添了发展活力。

王晓菲虽然年轻，但她明白，要想让整个行业、企业发展得更快更好，不能只靠个人的进步，团队更重要。

多年来，王晓菲不断将自己的技能绝活传授给徒弟和新工。她所在的车间成立了“王晓菲操作辅导站”。她的手机号在全车间公示，她保持24小时开机状态，只要有人遇到操作上的困难，王晓菲就会第一时间赶到现场指导示范。她说：“大家开玩笑说我就是操作辅导110，虽然忙得不可开交，但也乐此不疲。自己干好了只代表一个人，只有整个班组、整个车间、整个企业都搞好了，才是真正的好。”

在王晓菲的努力下，新工试用期由原来的3个月缩短到1个月，大大缓解了车间用工紧缺问题。她带出来的徒弟也个个技术过硬，每年都能在公司的操作竞赛上取得好成绩。其中一位叫李瑞瑞的徒弟，更是连续两年获得市级操作比赛第一名。

“带徒弟犹如深耕易耨，想要激发他们的潜力，就得毫无保留地将自己的经验和技能传授给他们。”王晓菲说。截至目前，王晓菲已培训新工1000余人次，带出优秀学员15人。她说：“能在一线岗位上踏实工作的年轻人都是好苗子，他们现在多吃些苦，是为以后的发展奠定基础，这也是我们的责任所在。”

一个优秀工匠可以带动一群人，一群工匠可以带动一个明星企业，一批明星企业可以提升一座城市的核心竞争力,这是至理名言呀!

“中国制造大国”要想走向“中国制造强国”,没有千千万万个优秀工匠只能是喊喊口号!

争当优秀工匠、弘扬工匠精神,是我们每一个中华儿女必须承担的责任!

人人争当优秀工匠、弘扬工匠精神,就一定能实现中华民族伟大复兴的中国梦!

附录一

中共中央 国务院
关于深化产业工人队伍建设改革的意见

（2024 年 10 月 12 日）

产业工人是工人阶级的主体力量，是创造社会财富的中坚力量，是实施创新驱动发展战略、加快建设制造强国的骨干力量。为推动产业工人队伍建设改革走深走实，现提出如下意见。

一、总体要求

坚持以习近平新时代中国特色社会主义思想为指导，全面贯彻党的二十大和二十届二中、三中全会精神，深入贯彻习近平总书记关于工人阶级和工会工作的重要论述，坚持和加强党的全面领导，坚持全心全意依靠工人阶级的根本方针，深刻领悟“两个确立”的决定性意义，增强“四个意识”、坚定“四个自信”、做到“两个维护”，坚持系统观念、问题导向、守正创新，深化产业工人队伍建设改革，团结引导产业工人在中国式现代化建设中发挥主力军作用。主要目标是：通过深化产业工人队伍建设改革，思想政治引领更加扎实，产业工人听党话跟党走的信念更加坚定，干事创业的激情动力更加高涨，主人翁地位更加显著，成就感获得感幸福感进一步增强；劳动光荣、技能宝贵、创造伟大的社会氛围更加浓厚；产业工人综合素质明显提升，大国工匠、高技能人才不断涌现，知识型技能型创新型产业工人队伍不断壮大。力争到 2035 年，培养造就 2000 名左右大国工匠、10000 名左右省级工匠、50000 名左右市级工匠，以培养更多大国工匠和各级工匠人才为引领，带动一流产业技术工人队伍建设，为以中国式现代化全面推进强国建设、民族复兴伟业提供有力人才保障和技能支撑。

二、强化思想政治引领，团结引导产业工人坚定不移听党话跟党走

（一）持续强化产业工人队伍思想政治工作。坚持不懈用习近平新时代中国特色社会主义思想凝心铸魂，推动党的创新理论在产业工人中落地生根，结合实际做好网上思想政治引领，持续抓好主题宣传教育，开展普遍轮训。鼓励支持大国工匠、高技能人才参加国情研修，鼓励支持产业工人参加青年马克思主义者培养工程，深化社会主义核心价值观教育，筑牢团结奋斗的共同思想基础。

（二）加强产业工人队伍党建工作。加强企业党组织建设。加强新经济组织、新就业群体党建工作，及时有效扩大党的组织覆盖和工作覆盖。持续解决国有企业党员空白班组问题。加强在产业工人中发展党员，注重把生产经营骨干培养成党员。

（三）大力弘扬劳模精神、劳动精神、工匠精神。做实“中国梦·劳动美”主题宣传教育。在劳动模范、五一劳动奖章、青年五四奖章、三八红旗手等评选工作中，加大对产业工人的宣传力度。深入开展“劳模工匠进校园”行动，把劳模精神、劳动精神、工匠精神纳入大思政课工作体系，支持在大中小学设立劳模工匠兼职辅导员，在职业学校（含技工院校，下同）开设“劳模工匠大讲堂”，在高等学校设立劳模工匠兼职导师。组织开展劳模工匠进企业、进社区、进机关宣传活动。

三、发展全过程人民民主，保障产业工人主人翁地位

（四）落实产业工人参与国家治理的制度。落实保障产业工人主人翁地位的制度安排。组织开展党的代表大会代表和委员会委员、人大代表、政协委员、群团组织代表大会代表和委员会委员中的产业工人教育培训。引导产业工人依法行使民主权利，有序参与国家治理、社会治理、基层治理。

（五）完善企业民主管理制度。健全以职工代表大会为基本形式的企事业单位民主管理制度，涉及产业工人切身利益的重大事项必须依法依章

程经职工代表大会审议通过。坚持和完善职工董事、职工监事制度，深化厂务公开，积极利用数字技术为产业工人民主参与提供更为精准便捷的服务。

（六）健全劳动关系协商协调机制。全面落实劳动合同制度，推进集体协商和集体合同制度。建立健全各级协调劳动关系三方委员会，发挥国家协调劳动关系三方机制、地方政府和同级工会联席会议制度作用，把推进产业工人队伍建设改革列入重要议程。完善基层劳动关系治理机制，提升劳动关系公共服务水平，开展全国基层劳动关系公共服务站点标准化工作。推进区域和谐劳动关系高质量发展改革创新试点。积极推进行业、企业和工业园区构建和谐劳动关系。

（七）加强对产业工人主人翁地位的宣传引导。主流媒体要加大对产业工人主人翁地位的宣传力度，创作出版、制作播出更多反映产业工人风貌的优秀文学艺术、网络视听和影视作品等，营造崇尚劳模、尊重劳动、尊崇工匠的社会氛围。

四、适应新型工业化发展需求，完善产业工人技能形成体系

（八）推动现代职业教育高质量发展。加快构建职普融通、产教融合的职业教育体系。坚持以教促产、以产助教、产教融合、产学合作，培育一批行业领先的产教融合型企业，打造一批核心课程、优质教材、教师团队、实践项目。实施现代职业教育质量提升计划、职业学校教师素质提高计划，支持大国工匠、高技能人才兼任职业学校实习实训教师。提升办学条件和教学能力，创建一批具有较高国际化水平的职业学校。

（九）加大复合型技术技能人才培养力度。健全产业工人终身职业技能培训制度，为发展新质生产力、推动高质量发展培养急需人才。大力实施技能中国行动、职业教育现场工程师专项培养计划、青年技能人才锻造行动，全面推进工学一体化技能人才培养模式。

（十）落实企业培养产业工人的责任。构建以企业为主体、职业学校为基础，政府推动、社会支持、工会参与的技能人才培养体系。鼓励大型企业制定技能人才发展战略，健全产业工人培训制度，积极开展公共职业技能培训。企业按规定足额提取和使用职工教育经费，确保60%以上用于

一线职工教育和培训。发挥工会系统、行业协会、社会培训机构作用，帮助中小企业开展技能培训。

（十一）促进产业工人知识更新和学历提升。实施产业工人继续教育项目，鼓励更多高等学校、开放大学开设劳模和工匠人才、高技能人才学历教育班、高级研修班，举办劳模工匠创新培训营，持续深化劳模工匠、高技能人才境外培训和国际交流活动。发挥国家各类职业教育智慧教育平台作用。打造全国产业工人智能化技能学习平台。充分发挥工人文化宫等社会公益阵地作用，向农民工、新就业形态劳动者提供普惠制、普及性技能培训服务。

五、健全职业发展体系，促进产业工人成长成才

（十二）畅通产业工人向上发展通道。建立以创新能力、质量、实效、贡献为导向，注重劳模精神、劳动精神、工匠精神培育和职业道德养成的技能人才评价体系。把大国工匠、高技能人才纳入党管人才总体安排统筹考虑，支持各地将急需紧缺技能人才纳入人才引进目录。深入实施职业技能等级认定提质扩面行动。健全"新八级工"职业技能等级制度。

（十三）贯通产业工人横向发展机制。引导企业建立健全产业工人职业生涯指导计划。推进学历教育学习成果、非学历教育学习成果、职业技能等级学分转换互认。建立职业资格、职业技能等级与相应职称、学历的双向比照认定制度，健全专业技术岗位、经营管理岗位、技能岗位互相贯通的长效机制。

六、维护劳动经济权益，增强产业工人成就感获得感幸福感

（十四）提高产业工人经济收入。坚持多劳者多得、技高者多得、创新者多得，进一步完善收入分配制度，提高劳动报酬在初次分配中的比重。完善产业工人工资决定、合理增长、支付保障机制，健全按要素分配政策制度。多措并举推动企业建立健全基于岗位价值、能力素质、创新创造、业绩贡献的技能人才薪酬分配制度，以提高技能人才薪酬待遇为重点开展工资集体协商，探索对大国工匠、高技能人才实行年薪制、协议工资制和股权激励等。指导有条件的地区发布分职业（工种、岗位）、分技能等级的工资价

位信息。

（十五）加强产业工人服务保障。建立以社会保障卡为载体的产业工人电子档案，实现培训信息与就业、社会保障信息联通共享、服务事项一网通办。督促企业与产业工人签订书面劳动合同。严格规范劳务派遣用工，保障劳动者合法权益。坚持和发展新时代“枫桥经验”，完善劳动争议多元处理机制，妥善化解劳动领域矛盾纠纷。强化劳动保障监察执法，加强与劳动人事争议调解仲裁联动，依法纠治劳动领域违法侵权行为。

（十六）有效维护产业工人安全健康权益。压实企业安全生产责任，实施高危行业领域从业人员安全技能提升专项行动，发挥职工代表大会对企业安全生产工作的监督作用。加强对高危行业建设项目的劳动安全保护。加强职业病防治。督促企业依法落实工时和休息休假制度，健全并落实产业工人疗养休养制度，促进产业工人身心健康。

（十七）做好新就业形态劳动者维权服务工作。研究推动新就业形态领域立法。全面推行工会劳动法律监督“一函两书”，加强对平台企业和平台用工合作企业的监管。积极做好新就业形态劳动者建会入会和维权服务工作，畅通诉求表达渠道，解决急难愁盼问题。健全灵活就业人员、农民工、新就业形态劳动者社保制度，扩大新就业形态劳动者职业伤害保障试点。推动平台企业建立与工会、劳动者代表常态化沟通协商机制。

七、搭建建功立业平台，发挥产业工人主力军作用

（十八）深入开展劳动和技能竞赛。围绕重大战略、重大工程、重大项目、重点产业，广泛开展各层级多形式的竞赛活动。持续办好各级各类职业技能赛事活动。支持企业开展形式多样的劳动竞赛、技能比武，不断激发产业工人投身推动高质量发展的积极性主动性创造性。

（十九）激发产业工人创新创造活力。鼓励产业工人立足工作岗位、解决现场实际问题，广泛开展面向生产全过程的技术革新、技术创新、技术攻关、技术创造和小发明、小创造、小革新、小设计、小建议等群众性创新活动，完善发挥企业班组作用的制度。引导和支持大国工匠、高技能人才参与重大技术革新、科技攻关项目。加强产业工人创新成果知识产权保护，做好产业工人申报国家科技进步奖等工作。

（二十）发挥劳模和工匠人才的示范引领作用。加强劳模工匠创新工作室、技能大师工作室、职工创新工作室、青创先锋工作室等平台建设。推动在专精特新中小企业、专精特新“小巨人”企业中加强创新工作室建设。鼓励发展跨区域、跨行业、跨企业的创新工作室联盟。实施“劳模工匠助企行”，促进专精特新中小企业发展。

八、壮大产业工人队伍，不断巩固党长期执政的阶级基础和群众基础

（二十一）稳定制造业产业工人队伍。支持制造业企业围绕转型升级和产业基础再造工程项目，实施制造业技能根基工程和制造业人才支持计划。统筹推进制造业转型升级和保持产业工人队伍稳定，支持和引导企业加强转岗培训，提高产业工人多岗位适应能力。

（二十二）大力培养大国工匠。实施大国工匠人才培育工程。持续办好大国工匠创新交流大会暨大国工匠论坛。加强巾帼工匠培养，充分发挥作用。广泛深入开展工匠宣传，在全社会大力弘扬工匠精神，讲好工匠故事，按规定开展表彰工作。

（二十三）吸引更多青年加入产业工人队伍。加强政策支持和就业指导、就业服务，搭建校企对接平台。改善工作环境和劳动条件，丰富精神文化生活，增强制造业岗位对青年的吸引力。搭建产业工人成长发展平台，引导更多大学生走技能成才、技能报国之路。

（二十四）把农民工培养成高素质现代产业工人。围绕产业转型升级，加强对农民工的技能培训，广泛实施求学圆梦行动。促进农民工融入城市，进一步放开放宽城市落户政策，促进进城农民工平等享有城镇基本公共服务。加大公益法律服务惠及农民工力度，保障合法权益，促进稳定就业。

九、加强组织领导，合力推进产业工人队伍建设改革

（二十五）强化组织保障。各级党委和政府要加强对产业工人队伍建设改革的组织领导，强化统筹协调，结合实际抓好本意见贯彻落实。各级工会要牵头抓总，各级产业工人队伍建设改革组织推进机构要加强分类指

导，推动形成工作合力。推动促进产业工人队伍建设方面的立法。

（二十六）发挥企业作用。强化国有企业政治责任，充分发挥中央企业和地方大型国有企业带动作用。支持民营企业更好履行社会责任。鼓励企业将产业工人队伍建设改革情况纳入企业社会责任报告、可持续发展报告。发布推进产业工人队伍建设改革蓝皮书。对推进产业工人队伍建设改革成效显著的企业，各级党委和政府以及工会等按规定予以表彰和相应政策支持。

（二十七）健全社会支持体系。加大对产业工人队伍建设改革的宣传力度，营造浓厚社会氛围。建立产业工人队伍数据统计、调查、监测体系。加强产业工人队伍建设改革课题研究。（新华社北京10月21日电）

附录二

中华全国总工会关于印发《大国工匠人才培育工程实施办法(试行)》的通知

各省、自治区、直辖市总工会,各全国产业工会,中央和国家机关工会联合会,全总各部门、各直属单位:

《大国工匠人才培育工程实施办法(试行)》已经中华全国总工会第十八届书记处第4次会议审议通过,现印发给你们,请遵照执行。

中华全国总工会

2024年1月3日

大国工匠人才培育工程实施办法(试行)

第一章　总则

第一条　为深入贯彻习近平新时代中国特色社会主义思想,认真贯彻落实党的二十大精神,深化产业工人队伍建设改革,加快建设国家战略人才力量,努力培养造就更多大国工匠,为推进中国式现代化、推动高质量发展提供人才支撑,中华全国总工会实施大国工匠人才培育工程。

第二条　目标任务。深入贯彻落实制造强国战略、人才强国战略、创新驱动发展战略,围绕推进中国式现代化、推动高质量发展,为支撑中国制造、中国创造培养造就一大批大国工匠、高技能人才。每年有计划、有重点地遴选培育一批工匠人才,每年培育200名左右大国工匠,示范引导各地、各行业每年积极支持培养1000名左右省部级工匠人才、5000名左右市级工匠,形成大国工匠带头引领,工匠人才不断涌现,广大职工积极走技能成才、技能报国之路的良好局面。

第二章　培育对象

第三条　基本条件。培育对象要政治素质过硬,有5年以上一线生产现场工作经历,长期践行精益求精、执着专注、一丝不苟、追求卓越的工匠精神,具有突出技术技能素质,以制造业等实体经济领域职工为主,兼顾行业、地区等因素。

第四条　突出潜能。培育对象应在大国工匠能力标准上有突出潜能,即在引领力、实践力、创新力、攻关力、传承力等"工匠五力"上显现明显发展潜力:(一)引领力。1.勇挑重担:在本职岗位上兢兢业业、勇于担当,承担本单位、本行业的工作重任。2.追求卓越:始终秉持工匠精神,不断超越进取,突破本单位、本行业的先进水平。3.示范带动:通过以身作则引领职工群众立足岗位、创新创效,获得省、部或行业的工匠称号。(二)实践力。1.技能精湛:在本岗位核心业务上达到行业领先水平,获得高级技师以上技能等级,或在本行业全国性职业技能比赛中获得名次。2.业绩突出:核心业务成绩连续三年显著高于本岗位平均水平。3.持续学习:具有终身学习的意识和持续提升的韧劲,掌握本职工作之外的知识技能,或有相关学习经历。(三)创新力。1.业务洞察:善于在生产实践中发现问题、探索分析、总结规律,提出解决问题、生产优化等方案,或找出疑难问题的症结所在。2.创新成果:持续开展技术改进或项目研发,形成工艺工法、专利、论文专著、软件著作权、行业标准等知识产权。3.价值创造:取得的创新成果、实施的生产优化等,形成显著的经济社会效益。(四)攻关力。1.担当重任:参与省、部或行业的重大工程、重大项目等并发挥重要作用,或已获得省、部或行业的科技奖项。2.协同配合:具有团结协作意识,能够与科学家、工程师以及其他岗位技术技能人员顺畅沟通、形成团队,在创新链、产业链协同攻关中发挥重要作用。3.直面难题:深入了解、积极研究制约本行业发展的瓶颈问题,参与解决"卡脖子"难题,或正投身于推动解决"卡脖子"难题。(五)传承力。1.总结继承:注重学习梳理、吸收借鉴优良传统,总结、归纳、提炼已有技术技能。2.培养人才:积极开展师徒帮带,培养出一批具有发展前景的中青年人才。3.应用智能：积极参与推动本领域知识技能的智能化、数字化，促进专业知识技能与智能工具相融合。

第三章 遴选程序

第五条 部署。中华全国总工会根据整体工作安排，每年制定印发遴选工作通知，明确年度目标任务、培育数量、时间进度和工作要求等，推荐名额分配综合考虑地区发展状况、行业技术水平、职工人数、人才培育环境等因素。

第六条 推荐。按照属地管理和行业归口推荐的原则，以各省（区、市）总工会和各全国产业工会为推荐单位，经研究批准中央国家机关有关部门、中央企业及试点单位也可作为推荐单位。由推荐单位组织各企事业单位申报，申报人选应得到3位非本单位同行高级专家推荐，并围绕上述"工匠五力"，提供体现本人突出能力的支撑材料。推荐单位根据申报条件、分配名额，兼顾行业、性别等，优中选优研究确定推荐人选，按程序报中华全国总工会。

第七条 评审。中华全国总工会劳动和经济工作部对照申报条件和名额等，对推荐人选进行形式审查；形式审查通过后，组织专家组成专家评审委员会，对所有人选依据支撑材料逐项打分；汇总评分后，组织召开专家评审会议，集体研究提出建议名单，呈报中共中华全国总工会党组审议。

第八条 公示。建议名单审定后，对拟入选人员进行公示，认真核查处理公示期间反映的问题。

第九条 公布。中华全国总工会发文公布本年度大国工匠人才培育工程的入选对象。

第四章 培育措施

第十条 培育期。培育期一般为两年。培育期满，由中华全国总工会向完成培育任务并评价合格的入选对象颁发大国工匠证书。

第十一条 单位培育。培育期内，推荐单位制定实施本单位的大国工匠培养方案，定期报备培育情况。

第十二条 培训研修。中华全国总工会建立工匠人才库对有关情况动态跟踪评价。通过举办劳模工匠创新培训营、大国工匠高级研修班、境外培训计划、工匠学院等培训项目，支持培育对象参加国内外相关培训、研修。

第十三条 交流学习。中华全国总工会定期举办大国工匠创新交流大会暨大国工匠论坛，组织工匠、创新工作室交流学习活动，为培育对象联系选聘导师或参与攻关项目，支持培育对象参加国内外相关展会、论坛、研讨等活动。培育对象应立足岗位，充分发挥专长，在弘扬工匠精神、培育工匠人才、深化劳模工匠创新工作室创建、劳模工匠助企行等工会组织开展的工作中积极承担责任义务。

第五章 支撑保障

第十四条 资金。中华全国总工会设立大国工匠激励保障专项资金，支持工匠开展项目攻关、技能传承等工作。两年培育期内，每年予以培育对象 5 万元经费用以开展培训研修和交流学习活动，鼓励各级工会配套经费。

第十五条 创新工作室。鼓励以培育对象名字命名其所在班组，创建以其领衔、命名的创新工作室，符合条件的优先命名为“全国示范性劳模和工匠人才创新工作室”，给予一次性 10 万元经费补助。鼓励引导创新工作室数字化智能化升级，特别优异的给予一次性 20 万元经费支持。

第十六条 项目。设立大国工匠人才培育工程重点支持项目，每年支持若干在国家重大战略、重大工程、重大项目、重点产业中担当重任的培育对象开展创新攻关项目，给予一次性 50 万元项目资助，以项目需求为导向联系有关部委、高校科研院所、专家学者、媒体等各方面资源予以支持。支持培育对象的在研项目，由中华全国总工会联系相关专家提供指导、咨询、成果申报等服务，优先获得职工创新补助资金等资助，优先推荐申报国家科学技术进步奖、中国专利奖、全国创新争先奖等奖项。

第十七条 待遇。培育期满获得大国工匠证书后，工会比照全国劳模标准为人选落实走访慰问、健康体检、疗休养、就医服务等待遇，所在单位根据人选实际能力水平研究核定薪酬等待遇。切实加大新闻宣传力度，积极推荐培育对象作为大国工匠年度人物、大国工匠新闻人物，推荐和组织参加各类重要活动。

第十八条 推荐使用。支持培育对象进一步发挥作用。积极向各级党委组织部门汇报,推荐纳入各级党委联系服务范围;积极联系教育、科技、工信等部门,推动进入国家创新人才链;着力培养担任党代表、人大代表、政协委员的履职能力;推荐担任地市、行业工会兼职副主席及相关社会职务;打通职业发展通道,推荐培养担任企业、行业有利于发挥其专长的高级职务。

第六章 组织实施

第十九条 组织领导。中华全国总工会书记处加强对大国工匠人才培育工作的领导。劳动和经济工作部作为大国工匠人才培育工作办公室,具体负责有关工作。各省级总工会成立工匠人才工作机构,因地制宜研究制定本地本行业工匠培育方案并向中华全国总工会报备,扎实推进工匠培育工作,每年向中华全国总工会提交省部级、市级工匠人才培育年度报告。

第二十条 形成合力。各级工会要积极争取党政重视支持,主动加强与组织、宣传、教育、科技、工信、人社、国资委、工商联等部门沟通协调,认真做好与国家战略人才相关政策的有效衔接,形成多方发力、共同支持培育大国工匠的良好局面。积极争取相关部门、企事业单位和社会各方面支持,为工匠人才的创新才智充分涌流创造条件和环境。

第二十一条 加大投入。切实保障大国工匠激励保障专项资金,持续加大对大国工匠人才培育工程的投入力度。充分发挥专项资金的引导、撬动作用,拓宽资金来源,支持鼓励各级工会、企事业单位、社会资金对大国工匠培育进行经费配套。加大工匠学院等培育基地建设力度,加强与理工科高校、职业院校、技术学院等沟通,合作共建工匠培育、研修基地。加大对各级工会制定实施本地本行业工匠培育工程的支持指导力度,鼓励使用本级工会经费开展工匠培育相关工作。

第二十二条 服务管理。建立健全全国工匠数据平台,加大工匠工作数字化建设力度,切实提高服务水平。建立常态化联系机制,加强与培育对象的日常沟通,及时了解思想动态、工作生活的情况,帮助推动解决有关问题。对于存在弄虚作假、违纪违法以及其他不宜继续培育的对象,经中华全国总工会审核批准，停止其培育工作，收回证书，终止享受的相关待遇。

第二十三条 强化宣传。充分利用各类媒体渠道，加大对大国工匠人才培育工程的宣传力度。把弘扬工匠精神贯穿大国工匠支持培养全过程和职业生涯全周期。大力开展大国工匠系列宣传活动，通过解读政策、分享案例、挖掘事迹等，营造技能成才、技能报国的新风尚，形成全社会重视工匠培养、支持工匠发展的良好氛围。

第七章 附则

第二十四条 本办法由中华全国总工会劳动和经济工作部负责解释。

第二十五条 本办法自发布之日起施行。

附录三

国家乡村振兴局　教育部　工业和信息化部
人力资源社会保障部　住房城乡建设部
农业农村部　文化和旅游部　全国妇联
关于推进乡村工匠培育工作的指导意见

国乡振发〔2022〕16号

各省、自治区、直辖市乡村振兴局、协作(对口)办、教育厅(局)、工业和信息化厅(局)、人力资源社会保障厅(局)、住房城乡建设厅(局)、农业农村(农牧)厅(局、委)、文化和旅游厅(局)、妇联:

为深入贯彻党的二十大精神,认真落实习近平总书记关于推动乡村人才振兴的重要指示精神,按照《中共中央办公厅、国务院办公厅印发〈关于加快推进乡村人才振兴的意见〉的通知》相关要求,现就加快推进乡村工匠培育工作提出如下意见。

一、总体要求

(一)指导思想。以习近平新时代中国特色社会主义思想为指导,全面贯彻党的二十大精神,认真落实党中央、国务院决策部署,围绕巩固拓展脱贫攻坚成果、全面推进乡村振兴,建立和完善乡村工匠培育机制,挖掘培养一批、传承发展一批、提升壮大一批乡村工匠,激发广大乡村手工业者、传统艺人创新创造活力,带动乡村特色产业发展,促进农民创业就业,为乡村全面振兴提供重要人才支撑。

（二）基本原则。

1.传承优秀传统文化。广泛发掘传统技艺技能人才，维护和弘扬传统技艺所蕴含的文化精髓和价值，活态传承发展优秀传统乡土文化，展现新魅力、新风采，促进乡村文化振兴。

2.服务产业就业。尊重市场规律，把握产业发展趋势，激发乡村工匠队伍活力，发挥辐射带动作用，引导助力创业就业，打造乡村工匠品牌，带动群众稳定增收，促进乡村产业振兴。

3.弘扬工匠精神。弘扬敬业、精益、专注、创新等工匠精神内涵，营造尊重劳动、尊重人才、尊重创造的良好环境，提高乡村技术技能人才社会地位，促进乡村人才振兴。

4.统筹协调推进。坚持中央统筹、省负总责、市县乡抓落实，构建上下联动、部门协同、分级负责的乡村工匠推进机制。动员社会力量，集聚各方资源，形成参与广泛、优势互补、共建共享的工作格局。

5.因地因人制宜。坚持实事求是，立足本地资源、特色产业优势，顺应乡土人才成长规律，挖掘培育乡村各类技能人才，分类分层精准施策，激发乡村工匠内生动力，促进技能乡村建设。

（三）目标任务。“十四五”期间，乡村工匠培育、支持、评价、管理体系基本形成，乡村振兴部门统筹、多部门协同推进的乡村工匠培育工作机制有效运行。挖掘一批传统工艺和乡村手工业者，认定若干技艺精湛的乡村工匠，遴选千名乡村工匠名师、百名乡村工匠大师，培育一支服务乡村振兴的乡村工匠队伍。设立一批乡村工匠工作站、名师工作室、大师传习所，扶持乡村工匠领办创办特色企业，打造乡村工匠品牌。

二、认定条件和程序

（一）范围。乡村工匠主要为县域内从事传统工艺和乡村手工业，能够扎根农村，传承发展传统技艺、转化应用传统技艺，促进乡村产业发展和农民就业，推动乡村振兴发展的技能人才。目前，主要从刺绣印染、纺织服饰、编织扎制、雕刻彩绘、传统建筑、金属锻铸、剪纸刻绘、陶瓷烧造、文房制作、漆器髹饰、印刷装裱、器具制作等领域中产生。各地可结合实际拓展认定范围。

（二）资格。乡村工匠应具备以下条件：爱党爱国、遵纪守法、品行端正、德艺双馨、个人信用记录良好；能传承工匠精神，从事本行业及相关产业5年以上，在本行业内有一定影响，带动当地乡村产业发展和农民就业增收效果明显的乡村手工业者、传统艺人和非遗传承人等。乡村工匠名师原则上从乡村工匠中产生，技艺精湛、业内有一定知名度、对技艺传承和产业发展作出一定贡献。乡村工匠大师原则上从乡村工匠名师中产生，在行业内享有盛誉、对促进传统工艺发展振兴作出突出贡献，带动县域特色产业发展成效明显。

（三）规模。乡村工匠、省级乡村工匠名师规模，由各省（区、市）根据实际情况确定。国家级乡村工匠名师、大师规模每年由国家乡村振兴局与教育、工业和信息化、人力资源和社会保障、住房城乡建设、农业农村、文化和旅游、全国妇联等相关部门共同商定。

（四）程序。乡村工匠由本人申请或组织推荐，市县乡村振兴部门分别会同相关部门进行资格审核，采取技能比赛、综合评价等方式评选，公示后认定。省级乡村工匠名师由各省（区、市）自行组织认定，报国家乡村振兴局备案。国家级乡村工匠名师和大师由国家相关部门和各省（区、市）推荐，国家乡村振兴局组织评审复核，公示公告后认定。

三、重点工作

（一）挖掘乡村工匠资源。各地结合本地实际，挖掘县域内有传承基础、规模数量、市场需求、社会价值、发展前景的传统工艺。发现一批有培养潜力的乡村手工业者、传统艺人，认定一批技艺精湛、带动产业发展能力强的乡村工匠，建立省市县目录清单，实施动态管理。

（二）构建多元乡村工匠培育机制。各地可结合实际，鼓励支持乡村工匠设立乡村工匠工作站、名师工作室、大师传习所，开展师徒传承，传授传统技艺。各地各部门可结合实际制定专项研培计划，提升工匠技艺水平与创新能力。各行业部门要统筹各类资源，对乡村工匠开展技艺提升、主体创办、品牌打造、电商营销等能力提升培训。相关高校、职业院校要加强传统工艺特色专业建设，开发精品课程，开展学历和非学历提升教育培训，培养传统工艺专业人才。鼓励和支持聘请乡村工匠名师、大师进学校、进课堂，构建传统工艺传承教育体系，弘扬优秀传统文化。动员社会力量开展乡村工匠培训、交流，带动更多人员参与，厚植社会基础，提高乡村工匠的职业认可度、影响力。

（三）实施“双百双千”培育工程。“十四五”期间，全国推出百名乡村工匠大师，鼓励设立百个大师传习所；遴选千名乡村工匠名师，鼓励设立千个名师工作室。着力打造一批技艺技能水平精湛、带动产业就业作用明显、善经营会管理的高素质乡村工匠名师和乡村工匠大师队伍。积极探索乡村工匠特色学徒制，依托名师工作室和大师传习所，开展师徒传承、提升乡村工匠技艺、创作传统工艺精品、转化技艺研究成果，发挥乡村工匠领军人才作用，传承发展创新传统技艺，带动特色产业发展，稳定就业增收，为推动乡村振兴提供人才保障。

（四）支持创办特色企业。鼓励各地围绕乡村振兴战略，打造一批“工匠园区”，结合当地实际成立乡村工匠产业孵化基地，打造众创空间。扶持一批基础条件好、有一定经营规模的就业帮扶车间、非遗工坊、妇女手工基地等转型升级、发展壮大。培育乡村传统工艺龙头企业与新型经营主体，推动县域特色产业高质量发展。支持乡村工匠自主创业，领办创办特色企业。健全乡村工匠创办的经营主体与农户利益联结机制，发挥其促进就业、带动增收的作用。

（五）打造乡村工匠品牌。鼓励文化和旅游企业、相关高校、职业院校、科研院所和社会组织等与乡村工匠合作，传承发展、守正创新，出精品、树品牌。鼓励各地通过开展技能比赛、产品展览展示等活动，加大乡村工匠品牌宣传推介力度，提升品牌公信力，扩大市场占有率。定期推出乡村工匠知名品牌，讲好品牌故事，提升品牌价值。

（六）完善乡村工匠评价体系。各地要制定适合本地发展的与乡村工匠相关职业（工种）评价办法和评价标准，建立健全具有地域特点的乡村工匠技能分类分级评价体系，纳入人力资源社会保障部门的技能认定体系。鼓励制定符合乡村工匠特点的技能评价标准条件和程序，建立以实操能力为导向，实用技能为重点，注重职业道德和知识水平，结合业绩贡献、经济社会效益和示范带动作用的多层次综合评价方式。

四、激励措施

（一）支持乡村工匠培育。各地各部门要结合实际和职能，充分发挥各类教育培训资源作用，支持乡村工匠培育工作。鼓励乡村手工业者、乡村工匠参加人力资源社会保障部门组织的专项职业能力培训考核。组织动员符合条件的乡村工匠参加教育、人力资源和社会保障、农业农村、文化和旅游等有关部门组织的教育培训活动。对参加教育培训的脱贫人口、防止返贫监测对象、高校毕业生等，符合条件的按规定给予支持。

（二）扶持发展特色产业。统筹利用金融、保险、用地等产业帮扶政策，支持乡村工匠发展特色企业。对乡村工匠和乡村工匠名师、大师领办创办的传统工艺特色产业发展项目，经严格论证审批符合条件的，纳入巩固拓展脱贫攻坚成果和乡村振兴项目库，在县级政府门户网站主动公开。对乡村工匠领办创办的乡村工匠工作站、名师工作室、大师传习所开展师徒传承、研习培训、示范引导、精品创作、组织实施传统工艺特色产业项目等，按规定统筹使用东西部协作资金、定点帮扶资金等现有资金政策给予支持；对符合条件的脱贫人口、防止返贫监测对象按规定落实就业帮扶政策。鼓励各地结合实际，出台扶持乡村工匠发展产业、带动就业的支持政策。

（三）加大人才支持力度。支持鼓励返乡青年、职业院校毕业生、大学生、致富带头人等群体参加乡村工匠技能培训，列入乡村工匠后备人才库。鼓励符合条件的乡村工匠参加职称评审，文化和旅游部门优先将符合条件的乡村工匠纳入非物质文化遗产代表性传承人、乡村文化和旅游带头人评选范围，妇联可按照有关规定在进行城乡妇女岗位先进集体（个人）评选表彰活动时对乡村工匠适当倾斜。在全国乡村振兴职业技能大赛、巾帼创新创业大赛等比赛中设置乡村工匠大师、名师展示环节。

五、组织实施

（一）加强组织领导。各地各部门要高度重视乡村工匠培育工作，将其作为乡村人才振兴重要内容，制定工作方案，统筹各方力量，落实相关工作。各级乡村振兴部门要具体组织、统筹实施乡村工匠培育工作，负责制定年度工作计划，组织协调乡村工匠培育认定等工作，会同有关部门开展日常管理监测。各级教育、工业和信息化、住房城乡建设、农业农村、文化和旅游、妇联等部门负责本领域乡村手工业者、传统艺人挖掘摸排和乡村工匠组织推荐、资格审核、评选认定，落实相关支持政策。

（二）建立工作机制。成立乡村工匠培育工作推进小组，由国家乡村振兴局牵头，教育、工业和信息化、人力资源和社会保障、住房城乡建设、农业农村、文化和旅游、全国妇联等部门参加，研究乡村工匠培育政策措施，制定年度工作计划，协调推进乡村工匠名师、大师评选组织、赛事举办、资格认定等事宜。

（三）强化监测评估。各地乡村振兴部门要开展动态监测评估，对乡村工匠技艺传承、促进就业、品牌培育、带动特色产业发展等进行评估，加强日常管理。建立动态调整机制，对严重违法违纪违规、造成恶劣影响的，违反职业道德、弄虚作假的，不再从事技艺传承、不带动农民就业增收发展产业的，予以清理退出；对符合条件的及时认定纳入。健全评选监督、回避机制，确保评选过程阳光透明。引导乡村工匠注重保护知识产权，保障产品质量安全。加强资金使用监管与绩效管理，将乡村工匠带动发展特色产业实绩作为乡村工匠认定、评优晋级的主要依据。

（四）加大宣传力度。充分利用各类媒体平台，宣传乡村工匠培育政策，激励城乡劳动者积极参与。策划举办乡村工匠主题宣传活动，选树一批乡村工匠先进典型，传播技能文化，弘扬工匠精神，营造良好的舆论导向和社会氛围。（国家乡村振兴局官网 2022 年 11 月 14 日）

附录四

中共中央办公厅　国务院办公厅印发《关于推动现代职业教育高质量发展的意见》

（2021年10月12日）

职业教育是国民教育体系和人力资源开发的重要组成部分，肩负着培养多样化人才、传承技术技能、促进就业创业的重要职责。在全面建设社会主义现代化国家新征程中，职业教育前途广阔、大有可为。为贯彻落实全国职业教育大会精神，推动现代职业教育高质量发展，现提出如下意见。

一、总体要求

（一）指导思想。以习近平新时代中国特色社会主义思想为指导，深入贯彻党的十九大和十九届二中、三中、四中、五中全会精神，坚持党的领导，坚持正确办学方向，坚持立德树人，优化类型定位，深入推进育人方式、办学模式、管理体制、保障机制改革，切实增强职业教育适应性，加快构建现代职业教育体系，建设技能型社会，弘扬工匠精神，培养更多高素质技术技能人才、能工巧匠、大国工匠，为全面建设社会主义现代化国家提供有力人才和技能支撑。

（二）工作要求。坚持立德树人、德技并修，推动思想政治教育与技术技能培养融合统一；坚持产教融合、校企合作，推动形成产教良性互动、校企优势互补的发展格局；坚持面向市场、促进就业，推动学校布局、专业设置、人才培养与市场需求相对接；坚持面向实践、强化能力，让更多青年凭借一技之长实现人生价值；坚持面向人人、因材施教，营造人人努力成才、人人皆可成才、人人尽展其才的良好环境。

（三）主要目标

到2025年，职业教育类型特色更加鲜明，现代职业教育体系基本建成，技能型社会建设全面推进。办学格局更加优化，办学条件大幅改善，职业本科教育招生规模不低于高等职业教育招生规模的10%，职业教育吸引力和培养质量显著提高。

到2035年，职业教育整体水平进入世界前列，技能型社会基本建成。技术技能人才社会地位大幅提升，职业教育供给与经济社会发展需求高度匹配，在全面建设社会主义现代化国家中的作用显著增强。

二、强化职业教育类型特色

（四）巩固职业教育类型定位。因地制宜、统筹推进职业教育与普通教育协调发展。加快建立“职教高考”制度，完善“文化素质+职业技能”考试招生办法，加强省级统筹，确保公平公正。加强职业教育理论研究，及时总结中国特色职业教育办学规律和制度模式。

（五）推进不同层次职业教育纵向贯通。大力提升中等职业教育办学质量，优化布局结构，实施中等职业学校办学条件达标工程，采取合并、合作、托管、集团办学等措施，建设一批优秀中等职业学校和优质专业，注重为高等职业教育输送具有扎实技术技能基础和合格文化基础的生源。支持有条件的中等职业学校根据当地经济社会发展需要试办社区学院。推进高等职业教育提质培优，实施好“双高计划”，集中力量建设一批高水平高等职业学校和专业。稳步发展职业本科教育，高标准建设职业本科学校和专业，保持职业教育办学方向不变、培养模式不变、特色发展不变。一体化设计职业教育人才培养体系，推动各层次职业教育专业设置、培养目标、课程体系、培养方案衔接，支持在培养周期长、技能要求高的专业领域实施长学制培养。鼓励应用型本科学校开展职业本科教育。按照专业大致对口原则，指导应用型本科学校、职业本科学校吸引更多中高职毕业生报考。

（六）促进不同类型教育横向融通。加强各学段普通教育与职业教育渗透融通，在普通中小学实施职业启蒙教育，培养掌握技能的兴趣爱好和职业生涯规划的意识能力。探索发展以专项技能培养为主的特色综合高中。推动中等职业学校与普通高中、高等职业学校与应用型大学课程互选、学分互认。鼓励职业学校开展补贴性培训和市场化社会培训。制定国家资历框架,建设职业教育国家学分银行,实现各类学习成果的认证、积累和转换,加快构建服务全民终身学习的教育体系。

三、完善产教融合办学体制

(七)优化职业教育供给结构。围绕国家重大战略,紧密对接产业升级和技术变革趋势,优先发展先进制造、新能源、新材料、现代农业、现代信息技术、生物技术、人工智能等产业需要的一批新兴专业,加快建设学前、护理、康养、家政等一批人才紧缺的专业,改造升级钢铁冶金、化工医药、建筑工程、轻纺制造等一批传统专业,撤并淘汰供给过剩、就业率低、职业岗位消失的专业,鼓励学校开设更多紧缺的、符合市场需求的专业,形成紧密对接产业链、创新链的专业体系。优化区域资源配置,推进部省共建职业教育创新发展高地,持续深化职业教育东西部协作。启动实施技能型社会职业教育体系建设地方试点。支持办好面向农村的职业教育,强化校地合作、育训结合,加快培养乡村振兴人才,鼓励更多农民、返乡农民工接受职业教育。支持行业企业开展技术技能人才培养培训,推行终身职业技能培训制度和在岗继续教育制度。

(八)健全多元办学格局。构建政府统筹管理、行业企业积极举办、社会力量深度参与的多元办学格局。健全国有资产评估、产权流转、权益分配、干部人事管理等制度。鼓励上市公司、行业龙头企业举办职业教育,鼓励各类企业依法参与举办职业教育。鼓励职业学校与社会资本合作共建职业教育基础设施、实训基地,共建共享公共实训基地。

(九)协同推进产教深度融合。各级政府要统筹职业教育和人力资源开发的规模、结构和层次,将产教融合列入经济社会发展规划。以城市为节点、行业为支点、企业为重点,建设一批产教融合试点城市,打造一批引领产教融合的标杆行业,培育一批行业领先的产教融合型企业。积极培育市场导向、供需匹配、服务精准、运作规范的产教融合服务组织。分级分类编制发布产业结构动态调整报告、行业人才就业状况和需求预测报告。

四、创新校企合作办学机制

（十）丰富职业学校办学形态。职业学校要积极与优质企业开展双边多边技术协作，共建技术技能创新平台、专业化技术转移机构和大学科技园、科技企业孵化器、众创空间，服务地方中小微企业技术升级和产品研发。推动职业学校在企业设立实习实训基地、企业在职业学校建设培养培训基地。推动校企共建共管产业学院、企业学院，延伸职业学校办学空间。

（十一）拓展校企合作形式内容。职业学校要主动吸纳行业龙头企业深度参与职业教育专业规划、课程设置、教材开发、教学设计、教学实施，合作共建新专业、开发新课程、开展订单培养。鼓励行业龙头企业主导建立全国性、行业性职教集团，推进实体化运作。探索中国特色学徒制，大力培养技术技能人才。支持企业接收学生实习实训，引导企业按岗位总量的一定比例设立学徒岗位。严禁向学生违规收取实习实训费用。

（十二）优化校企合作政策环境。各地要把促进企业参与校企合作、培养技术技能人才作为产业发展规划、产业激励政策、乡村振兴规划制定的重要内容，对产教融合型企业给予“金融+财政+土地+信用”组合式激励，按规定落实相关税费政策。工业和信息化部门要把企业参与校企合作的情况，作为各类示范企业评选的重要参考。教育、人力资源社会保障部门要把校企合作成效作为评价职业学校办学质量的重要内容。国有资产监督管理机构要支持企业参与和举办职业教育。鼓励金融机构依法依规为校企合作提供相关信贷和融资支持。积极探索职业学校实习生参加工伤保险办法。加快发展职业学校学生实习实训责任保险和人身意外伤害保险，鼓励保险公司对现代学徒制、企业新型学徒制保险专门确定费率。职业学校通过校企合作、技术服务、社会培训、自办企业等所得收入，可按一定比例作为绩效工资来源。

五、深化教育教学改革

（十三）强化双师型教师队伍建设。加强师德师风建设，全面提升教师素养。完善职业教育教师资格认定制度，在国家教师资格考试中强化专业教学和实践要求。制定双师型教师标准，完善教师招聘、专业技术职务评聘和绩效考核标准。按照职业学校生师比例和结构要求配齐专业教师。加强职业技术师范学校建设。支持高水平学校和大中型企业共建双师型教师培养培训基地，落实教师定期到企业实践的规定，支持企业技术骨干到学校从教，推进固定岗与流动岗相结合、校企互聘兼职的教师队伍建设改革。继续实施职业院校教师素质提高计划。

（十四）创新教学模式与方法。提高思想政治理论课质量和实效，推进习近平新时代中国特色社会主义思想进教材、进课堂、进头脑。举办职业学校思想政治教育课程教师教学能力比赛。普遍开展项目教学、情境教学、模块化教学，推动现代信息技术与教育教学深度融合，提高课堂教学质量。全面实施弹性学习和学分制管理，支持学生积极参加社会实践、创新创业、竞赛活动。办好全国职业院校技能大赛。

（十五）改进教学内容与教材。完善“岗课赛证”综合育人机制，按照生产实际和岗位需求设计开发课程，开发模块化、系统化的实训课程体系，提升学生实践能力。深入实施职业技能等级证书制度，完善认证管理办法，加强事中事后监管。及时更新教学标准，将新技术、新工艺、新规范、典型生产案例及时纳入教学内容。把职业技能等级证书所体现的先进标准融入人才培养方案。强化教材建设国家事权，分层规划，完善职业教育教材的编写、审核、选用、使用、更新、评价监管机制。引导地方、行业和学校按规定建设地方特色教材、行业适用教材、校本专业教材。

（十六）完善质量保证体系。建立健全教师、课程、教材、教学、实习实训、信息化、安全等国家职业教育标准，鼓励地方结合实际出台更高要求的地方标准，支持行业组织、龙头企业参与制定标准。推进职业学校教学工作诊断与改进制度建设。完善职业教育督导评估办法，加强对地方政府履行职业教育职责督导，做好中等职业学校办学能力评估和高等职业学校适应社会需求能力评估。健全国家、省、学校质量年报制度，定期组织质量年报的审查抽查，提高编制水平，加大公开力度。强化评价结果运用，将其作为批复学校设置、核定招生计划、安排重大项目的重要参考。

六、打造中国特色职业教育品牌

（十七）提升中外合作办学水平。办好一批示范性中外合作办学机构和项目。加强与国际高水平职业教育机构和组织合作，开展学术研究、标准研制、人员交流。在“留学中国”项目、中国政府奖学金项目中设置职业教育类别。

（十八）拓展中外合作交流平台。全方位践行世界技能组织2025战略，加强与联合国教科文组织等国际和地区组织的合作。鼓励开放大学建设海外学习中心，推进职业教育涉外行业组织建设，实施职业学校教师教学创新团队、高技能领军人才和产业紧缺人才境外培训计划。积极承办国际职业教育大会，办好办实中国–东盟教育交流周，形成一批教育交流、技能交流和人文交流的品牌。

（十九）推动职业教育走出去。探索“中文+职业技能”的国际化发展模式。服务国际产能合作，推动职业学校跟随中国企业走出去。完善“鲁班工坊”建设标准，拓展办学内涵。提高职业教育在出国留学基金等项目中的占比。积极打造一批高水平国际化的职业学校，推出一批具有国际影响力的专业标准、课程标准、教学资源。各地要把职业教育纳入对外合作规划，作为友好城市（省州）建设的重要内容。

七、组织实施

（二十）加强组织领导。各级党委和政府要把推动现代职业教育高质量发展摆在更加突出的位置，更好支持和帮助职业教育发展。职业教育工作部门联席会议要充分发挥作用，教育行政部门要认真落实对职业教育工作统筹规划、综合协调、宏观管理职责。国家将职业教育工作纳入省级政府履行教育职责督导评价，各省将职业教育工作纳入地方经济社会发展考核。选优配强职业学校主要负责人，建设高素质专业化职业教育干部队伍。落实职业学校在内设机构、岗位设置、用人计划、教师招聘、职称评聘等方面的自主权。加强职业学校党建工作，落实意识形态工作责任制，开展新时代职业学校党组织示范创建和质量创优工作，把党的领导落实到办学治校、立德树人全过程。

（二十一）强化制度保障。加快修订职业教育法，地方结合实际制定修订有关地方性法规。健全政府投入为主、多渠道筹集职业教育经费的体制。优化支出结构，新增教育经费向职业教育倾斜。严禁以学费、社会服务收入冲抵生均拨款,探索建立基于专业大类的职业教育差异化生均拨款制度。

(二十二)优化发展环境。加强正面宣传,挖掘宣传基层和一线技术技能人才成长成才的典型事迹,弘扬劳动光荣、技能宝贵、创造伟大的时代风尚。打通职业学校毕业生在就业、落户、参加招聘、职称评审、晋升等方面的通道,与普通学校毕业生享受同等待遇。对在职业教育工作中取得成绩的单位和个人、在职业教育领域作出突出贡献的技术技能人才,按照国家有关规定予以表彰奖励。各地将符合条件的高水平技术技能人才纳入高层次人才计划,探索从优秀产业工人和农业农村人才中培养选拔干部机制,加大技术技能人才薪酬激励力度,提高技术技能人才社会地位。(新华社北京 2021 年 10 月 12 日电)

附录五

在全社会弘扬工匠精神

从一桥飞架三地的港珠澳大桥到时速350公里的京张高铁,从北斗卫星导航系统到空间站天和核心舱……一个个超级工程、一件件国之重器、一项项高精尖技术背后,除了科技发展的突破,也离不开工匠精神的支撑。我国有超过1.7亿技术工人活跃在各行各业,他们是支撑中国制造、中国创造的重要力量,肩负着我国从制造业大国迈向制造业强国的时代使命。

2019年9月,习近平总书记对我国选手在世界技能大赛上取得佳绩作出重要指示强调:“要在全社会弘扬精益求精的工匠精神,激励广大青年走技能成才、技能报国之路。”2020年11月24日,习近平总书记在全国劳动模范和先进工作者表彰大会上指出:“在长期实践中,我们培育形成了爱岗敬业、争创一流、艰苦奋斗、勇于创新、淡泊名利、甘于奉献的劳模精神,崇尚劳动、热爱劳动、辛勤劳动、诚实劳动的劳动精神,执着专注、精益求精、一丝不苟、追求卓越的工匠精神。”

工匠精神为社会发展进步提供了强大精神动力

伟大精神的诞生,必然要以伟大的实践作为现实土壤。在中国共产党领导的血与火的革命中、如火如荼的建设中、意气风发的改革中,涌现出了一大批辛勤付出、无私奉献甚至不畏牺牲的工匠,促使具有无产阶级和社会主义性质的工匠精神应运而生。

新民主主义革命时期,在大大小小的革命根据地上,成长起一大批优秀工匠,他们为赢得革命胜利发挥了重要作用。陕甘宁边区农具厂化铁工人赵占魁,在高达上千摄氏度的熔炉前穿着湿棉袄代替石棉防护服,终日汗流浃背,从不叫苦叫累,钻研技术改进工艺,提高产品质量;被誉为中国“保尔·柯察金”的兵工专家吴运铎,在生产和研制武器弹药中多次负伤,仍以顽强毅力战胜伤残,战斗在生产第一线,用简陋的设备研制成功枪榴筒,参与设计平射炮以及定时、踏火等各种地雷,为提高部队火力作出了贡献。

新中国成立后,各行各业涌现出一批批能工巧匠,推动了社会主义建设事业的蓬勃发展。北京永定机械厂钳工倪志福,经过反复钻研改进,发明出适应钢、铸铁、黄铜、薄板等多种材质的"倪志福钻头",在国内外切削界引起重大反响;青岛国棉六厂细纱挡车工郝建秀,凭着一股不服输的倔脾气,独创出一套多纺纱、多织布的高产、优质、低耗的"细纱工作法",也被称为"郝建秀工作法",成为全国纺织系统的一大创举……1968 年 12 月底,南京长江大桥全面建成通车,更充分诠释了我国劳动者对工匠精神的追求和传承。这是当时中国自行设计建造的最大的铁路、公路两用桥,也是一座在艰苦环境下靠"独立自主,自力更生"建起的"争气桥"。如今,投入使用 50 多年的大桥依然保持"壮年"状态,也证明了建桥时的精益求精。

在改革开放后,各行各业的劳动者大力发扬工匠精神,将专业专注、精益求精的理念和要求融入技术、产品、质量、服务的每一个环节,创造了无数"中国制造"的奇迹。"汉字激光照排系统之父"王选,"金牌工人"许振超,从事高铁研制生产的铁路工人,从事特高压、智能电网研究运行的电力工人,风餐露宿、跋山涉水的青藏铁路建设者们……他们都是工匠精神的忠实传承者和践行者,用自己的创造发明和艰苦劳动为国家、人民作出了巨大贡献。

中国特色社会主义进入新时代,工匠精神的时代价值更加凸显。"世界第一吊"的主设计师孙丽,港珠澳大桥岛隧工程项目总工程师林鸣,被称为矿山"华佗"的煤矿维修电工李杰,在国际上打响中国品牌的水泥生产技术行家郭玉全,拥有以自己名字命名的焊接方法的首席女焊工王中美,练就一手"绝活"的数控机床试车工麻建军,圆梦"大飞机"的上海飞机制造有限公司 C919 事业部总装车间全体职工……他们都是平凡岗位上的劳动者,用点点滴滴的实际行动诠释着工匠精神,用奋斗与追求树立起一面面光辉的旗帜。

工匠精神激励广大劳动者立志成为高技能人才和大国工匠

回顾历史，工匠精神培育了人才、积累了经验、创造了财富。新征程上，我们比以往任何时候都更加需要工匠精神。

“执着专注、精益求精、一丝不苟、追求卓越”，这16个字生动概括了工匠精神的深刻内涵，激励广大劳动者走技能成才、技能报国之路，立志成为高技能人才和大国工匠。

执着专注，是工匠的本分。许多优秀工匠短则十几年、长则几十年专注于一项技艺或一个岗位，经过持续不断地磨炼，才最终获得卓越的成就。“我和工人们一块儿摸爬滚打了将近50年，中国的码头工人不比别人差！”山东港口青岛港前湾集装箱码头，71岁的许振超依然意气风发。成为集装箱桥吊司机后，许振超坚持“干就干一流，争就争第一”，经常顾不上吃饭休息苦练技术。终于，他练就了“一钩准”“一钩净”“无声响操作”等绝活，还带领团队多次刷新集装箱装卸世界纪录，让“振超效率”成为港航界的“金字招牌”。

精益求精，是工匠的追求。不骄傲、不满足、不凑合，精益求精是大国工匠共有的精神气质，正是因为追求完美，才让他们不断超越自我。“再仔细一点点，离一微米的精度就能更近一点点！”工作中，“80后”技术工人、无锡微研股份有限公司高级技师陈亮给自己定下这样的准则。为了提高产品精度，陈亮打破常规思维，通过“移植工序”，把“铣”和“磨”组合使用，终于在不断尝试中成功。一微米有多长？大约是一粒尘埃的颗粒直径、一根头发丝直径的1/60。追求精益求精，让陈亮带领团队获得多项发明专利和实用新型专利。

一丝不苟，是工匠的作风。“炮制虽繁必不敢省人工，品味虽贵必不敢减物力”，同仁堂楹联说的正是这个道理。辽宁沈阳的铆焊专家杨建华，从一名初中没读完的普通工人到登上国家科技进步奖领奖台，用了39年。《铆工工艺学》，随便提一个要点，就知道在哪一页；随身携带记录本，几十年来足足记了上百万字……“岗位可以平凡，追求必须崇高。”杨建华这样说。

追求卓越，是工匠的使命。很多大国工匠不惜花费大量时间和精力，努力把产品品质从99%提升到99.9%,再提升到99.99%,向更高、更好、更精的方向努力。航天特种熔融焊接工高凤林,被称为“金手天焊”。火箭发动机大喷管焊缝长近900米,管壁比一张纸还薄,焊枪多停留0.1秒就有可能把管子烧穿或焊漏,导致损失上百万元……高凤林经过艰苦的努力,最终成功完成任务。为练就过硬本领,高凤林吃饭拿筷子练习送焊丝,端着盛满水的缸子练稳定性,休息时就举着铁块练耐力,还冒着高温观察铁水流动规律。正是凭借这种不断超越自我的精神,他成为国内权威的焊接专家。

无论从事什么劳动,都要干一行、爱一行、钻一行

匠心聚,百业兴。当今世界,综合国力的竞争归根到底是人才的竞争、劳动者素质的竞争。面对日趋激烈的国际竞争,一个国家发展能否抢占先机、赢得主动,越来越取决于国民素质特别是广大劳动者素质。

2016年4月26日,习近平总书记在安徽合肥主持召开知识分子、劳动模范、青年代表座谈会时指出:“无论从事什么劳动,都要干一行、爱一行、钻一行。在工厂车间,就要弘扬‘工匠精神’,精心打磨每一个零部件,生产优质的产品。在田间地头,就要精心耕作,努力赢得丰收。在商场店铺,就要笑迎天下客,童叟无欺,提供优质的服务。只要踏实劳动、勤勉劳动,在平凡岗位上也能干出不平凡的业绩。”

“工匠精神不仅存在于制造业,也存在于服务业,不仅物质生产领域需要,精神生产领域也同样需要,体现为整个社会物质和精神的生产者、服务者职业精神的崇高境界。”中国人民大学马克思主义学院教授刘建军说。

如今,工匠精神的时代内涵早已超越了工匠群体,延伸到更广泛的行业和群体。第一代核潜艇总设计师黄旭华,在没有计算机的情况下,和团队一起为我国第一代核潜艇画了4.5万张设计图纸,为了在艇内合理布置数以万计的设备、仪表、附件,不断调整、修改、完善,让艇内100多公里长的电缆、管道各就其位,这是一种工匠精神;语文特级教师于漪,每晚学习到深夜,备课时把讲课要说的每句话都写下来,然后像改作文一样修改,之后再背下来、口语化,最终成为“人民教育家”,这是一种工匠精神……

“三百六十行,行行出状元”。今天,我国进入高质量发展阶段,这既

对广大劳动者提出了更高的要求,也为每个人提供了难得的人生舞台。每个人不管处在什么岗位,只要大力传承弘扬工匠精神,就能在劳动中体现价值、展现风采、感受快乐。

大国崛起,匠心筑梦。习近平总书记在党的十九大报告中指出:“建设知识型、技能型、创新型劳动者大军,弘扬劳模精神和工匠精神,营造劳动光荣的社会风尚和精益求精的敬业风气。”让我们在全社会大力弘扬工匠精神,激励广大青年走技能成才、技能报国之路,加快建设知识型、技能型、创新型劳动者大军,为全面建设社会主义现代化国家提供有力人才支撑!(《人民日报》2021 年 10 月 11 日第五版)

参考文献

[1]习近平.决胜全面建成小康社会　夺取新时代中国特色社会主义伟大胜利：在中国共产党第十九次全国代表大会上的报告[R/OL].(2017-10-18)[2024-10-10].jhsjk.people.cn/article/29613660.

[2]李克强.政府工作报告：2017年3月5日在第十二届全国人民代表大会第五次会议上[R/OL].(2017-03-05)[2024-10-10].politics.people.com.cn/n1/2017/0317/c1024-29150205.html.

[3]崔学良,何仁平.工匠精神：员工核心价值的锻造与升华[M].北京：中华工商联合出版社,2016.

[4]曹顺妮.工匠精神：开启中国精造时代[M].北京：机械工业出版社,2016.

[5]郭峰民.工匠精神[M].北京：电子工业出版社,2016.

[6]工业和信息化部工业文化发展中心.工匠精神：中国制造品质革命之魂[M].北京：人民出版社,2016.

[7]刘敏.工匠精神：让工作成为一种修行[M].北京：中国言实出版社,2016.

[8]惠新.工匠精神：伟大公司的驱动力[M].北京：中国商业出版社,2016.

[9]杨乔雅.大国工匠：寻找中国缺失的工匠精神[M].北京：经济管理出版社,2017.

[10]付守永.工匠精神：成为一流匠人的12条工作哲学[M].北京：机械工业出版社,2017.

[11]马斌.工匠精神：价值型员工的十项素质修炼[M].北京：中国纺织出版社,2018.

[12]唐金唐,卢衍江,刘华.世界各国工匠精神的比较研究及对我国工匠精神重塑的启示[J].山东工会论坛,2022,28(6):7.

[13]李德富,廖益.中德日之“工匠精神”的演进与启示[J].中国科技高校,2016(7):3.

[14]杨生文.大国工匠精神是什么？(一)[J].职业,2017(6):3.

后　记

本书在编写过程中参考了大量的文献资料、媒体报道，对原作者、媒体同仁表示衷心感谢。因出版前联系不便，届时我将会赠送样书并奉上稿酬。

本书力求系统、科学、准确和可读，但是由于水平有限，缺点、疏漏在所难免，恳请各位读者的批评指正。

在编写、出版过程中，陕西省纪委原副厅级纪律检查员马银录，西安科技大学苏建军教授，扶风高中杨育民恩师以及同学董拴林、马绪强、刘军涛多次参与讨论和修改，本人深受感动，在此一并表示衷心的感谢！

郭魂强

2024 年 10 月于西安